U0338756

C语言程序设计

胡燏 专著

知识产权出版社

全国百佳图书出版单位

责任编辑：于晓菲

图书在版编目（CIP）数据

C 语言程序设计/胡燏专著. —北京：知识产权出版社，2012.9

ISBN 978-7-5130-1503-5

Ⅰ.①C… Ⅱ.①胡… Ⅲ.①C 语言—程序设计 Ⅳ.①TP312

中国版本图书馆 CIP 数据核字（2012）第 207830 号

C 语言程序设计

胡　燏　专著

出版发行：知识产权出版社

社　　址：北京市海淀区马甸南村 1 号		邮　　编：100088
网　　址：http://www.ipph.cn		邮　　箱：bjb@cnipr.com
发行电话：010－82000893 转 8101		传　　真：010－82005070/82000893
责编电话：010－82000860 转 8363		责编邮箱：yuxiaofei@cnipr.com
印　　刷：北京中献拓方科技发展有限公司		经　　销：新华书店及相关销售网点
开　　本：787mm×1092mm　1/16		印　　张：23.5
版　　次：2012 年 9 月第 1 版		印　　次：2012 年 9 月第 1 次印刷
字　　数：480 千字		定　　价：48.00 元

ISBN 978-7-5130-1503-5/TP·008（4342）

前 言

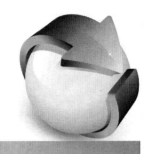

FOREWORD

本教材以"普通高等教育'十二五'高职高专规划教材"编写精神为准绳,以本科、高职高专的学生为主要读者对象,以全国计算机等级考试(二级)(C语言方向)的知识点为框架,以"项目规划"为载体,将C语言程序设计的基础知识与实际的程序设计相融合,让读者在掌握基础知识的同时,将所学知识得以应用于程序编写过程中。本书不仅可以作为本科、高职高专院校的计算机网络技术、计算机应用技术、数控技术等专业《C语言程序设计》课程的教材,还可供各类培训、计算机等级考试人员参考使用。

本教材具有如下的特色:

(1)按照程序设计需要的单项能力组织教学项目,不拘泥于传统的C语言教学顺序,可以重新整合内容按项目教学。

(2)每个项目都包含:"项目学习目的"、"项目学习内容"和"项目学习实践"。

(3)每项语法内容如语句格式等,以**单色底纹**加以突出。按照"格式"、"功能"、"执行过程",并以适当的"说明"或"注意"等进行表述。

(4)根据内容需要,安排适当的"验证实例",结合最基本的运用,接受、理解、消化基本知识;安排适当的"应用实例"和"程序设计实践"等实际运用例题或综合运用例题,以加深对知识理解,进一步提高解决实际问题的能力。在个别教学项目中,安排了典型算法实例或一题多解等形式帮助学生拓展学习思路。

(5)设有"综合应用实例与程序调试"项目。

(6)每个实例都有"运行结果"。使用的所有程序,均经实际调试通过。

(7)整本教材从读者的学习习惯考虑,先介绍C语言的基础,如标识符、基本数据、运算符、表达式,这些基础以"C语言"的"单词"形式介绍给读者;然后再引入C语言的"语法",如三大结构(顺序、选择、循环);接着介绍C语言的核心,如函数、数组、指针、结构体共用体;最后介绍C语言的"其他知识",如文件、宏定义等。

教学内容参考学时如下表所示:

内容	项目总学时	各节学时
项目1 C语言概述	6	
1.1 程序设计语言简介		1
1.2 计算机中的进制及相互转换		3
1.3 C语言简介		2
习题一		

内容	项目总学时	各节学时
项目2 C语言的数据类型、运算符及表达式	14	
2.1 C语言的数据类型结构		1
2.2 标识符、常量及变量		1
2.3 基本数据类型		4
2.4 运算符及表达式		6
2.5 编译预处理		2
习题二		
项目3 顺序结构程序设计	9	
3.1 C语句概述		1
3.2 赋值语句		1
3.3 C语言中数据的输入输出		1
3.4 字符数据的输入输出		2
3.5 格式输入与输出		2
项目学习实践:顺序程序设计		2
习题三		
项目4 选择结构程序设计	7	
4.1 if语句		2
4.2 条件运算符		1
4.3 switch语句		2
项目学习实践:选择程序设计		2
习题四		
项目5 循环结构程序设计	9	
5.1 while语句		1
5.2 do—while语句		1
5.3 for语句		2
5.4 循环的嵌套		2
5.5 break语句与continue语句		1
项目学习实践:循环程序设计		2
习题五		
项目6 数组	10	
6.1 一维数组		2
6.2 二维数组		2
6.3 字符数组		4
项目学习实践:数组应用		2
习题六		
项目7 函数	14	
7.1 结构化程序设计和C语言程序组成		1
7.2 库函数		1
7.3 函数的定义和调用		2
7.4 函数参数和函数的值		1

内容	项目总学时	各节学时
7.5 函数调用时参数间的传递		2
7.6 函数的嵌套调用		2
7.7 函数的递归调用		2
7.8 变量的作用域、生存期和存储类别		1
项目学习实践:函数的应用		2
习题七		
项目8 指针	11	
8.1 指针的基本概念		1
8.2 指针变量		1
8.3 数组与指针		2
8.4 指针与字符串		1
8.5 函数的指针		1
8.6 返回指针值的函数		1
8.7 指针数组		1
8.8 指向指针的指针		1
项目学习实践:指针的应用		2
习题八		
项目9 结构体和共用体	13	
9.1 结构体		1
9.2 结构体数组		1
9.3 结构体和指针		1
9.4 动态存储分配		1
9.5 指针链表		4
9.6 共用体		2
9.7 枚举类型		2
9.8 类型定义符 typedef		1
习题九		
项目10 文件概述	6	
10.1 文件		1
10.2 文件的打开和关闭		1
10.3 文件的读写		1
10.4 文件定位		1
10.5 文件检测函数和处理函数		1
项目学习实践:文件		1
习题十		
合计学时	99	99

本书由四川建筑职业技术学院胡燏独立编写完成,书中难免有些疏漏和不足之处,敬请有关专家和广大读者不吝指正。

编者

2012 年 3 月于四川德阳

目 录

CONTENTS

项目 1
C 语言概述

 项目学习目的

学习 C 语言之前必须先掌握一些计算机的基础知识,才能保证在 C 语言的学习过程中,不仅能看懂 C 语言程序的结果,还能明白 C 语言程序编写的理由。本项目将提供学习 C 语言所必备的基础知识,补充和弥补读者在计算机领域中的知识空白。通过本项目的学习,既可以丰富读者的计算机知识,也可以为学习 C 语言程序设计做好充分的准备。

本项目的学习目标:
1. 计算机中程序设计语言的分类及其特点
2. 计算机中的进制及进制之间的相互转换
3. C 语言程序结构的特点
4. C 语言程序的运行环境

 项目学习内容简述

21 世纪科技高速发展,人类以崭新的步伐迈入计算机时代。在计算机的世界里,要加深对计算机的认识了解,就必须做到"入乡随俗"。小时候,我们就开始学习汉语,于是我们可以和国人自由地交流;在步入学校的大门后,我们开始了英语的学习,于是我们可以和世界上其他国家讲英语的人快乐地沟通,今天我们要交流的对象是计算机,于是我们就需要学习计算机家族的语言,而 C 语言就是计算机家族中极为重要的一门语言。C 语言不但继承了低级语言的特点,而且还拥有了高级语言的特点,是计算机语言中可以控制计算机硬件的高级语言。接下来,就让我们携手步入计算机的语言世界吧。

1.1 程序设计语言简介

计算机在其发展过程中,先后经历了机器语言、汇编语言、高级语言的时代,下面就简要地介绍一下计算机语言的发展历程。

1.1.1 机器语言

机器语言是第一代计算机语言,是面向机器的低级语言,是直接能被计算机执行的语言,是 0 和 1 两种元素组成的机器指令的集合。

要使计算机按人的意图工作,就需要有一种与计算机之间能相互交流、相互理解的语言。机器语言就是人类和计算机都能读懂的语言。机器语言只能识别 0 和 1 两种状态,而这两种状态的表示极为简单和方便,如光电输入中,纸带有孔的地方代表 1,纸带无孔的地方代表 0;通电的状态代表 1,断电的状态代表 0;……。

直接用 0 和 1 组成的机器指令编写的程序,叫做机器语言的源程序,这是计算机唯一能够直接"听"懂的语言。但对于使用计算机的人类来说,机器语言具有难读、难记、难写、容易出错,通用性差等特点,是一门十分难懂的语言。为了提高人类与计算机之间的沟通和交流,人们势必要发明一种能让用户与计算机交流起来更方便的语言。因此,迫于形势的需求,计算机语言需要不断地发展,这势必将诞生出新一代的计算机语言。

1.1.2 汇编语言

汇编语言是第二代计算机语言,也叫符号语言,它是用一些便于人们记忆的符号去表示计算机中二进制数的相关指令。下面是用汇编语言完成两个数加法运算的源代码。

LDA	A	(语句作用:将 A 放入寄存器中)
ADD	B	(语句作用:将 B 与寄存器中的 A 相加)
STA	C	(语句作用:将 A 与 B 相加之后的和放在 C 中)
PRINT	C	(语句作用:输出 C 的值)
STOP		(语句作用:程序停止)

这种用助记符号代替二进制代码指令的计算机语言,称为汇编语言,如 LDA、ADD 等都是汇编语言中的助记符或指令符号。用汇编语言编写的程序,称为汇编语言源程序,常常简称为汇编语言程序。

汇编语言,相对于机器语言来说更容易读、更容易记,但是汇编语言不能被计算机直接识别。因此要让计算机能够"读懂"汇编语言,就需要有一个"翻译官",将汇编语言翻译成计算机能"读懂"的机器语言,这个翻译官就是"汇编程序",把汇编语言程序翻译成机器能直接识别的机器语言程序的过程叫做"汇编"。计算机中的汇编过程如图 1-1 所示。

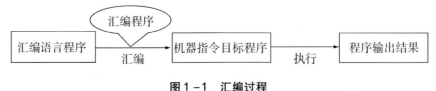

图 1-1 汇编过程

1.1.3 高级语言

高级语言是第三代计算机语言,也叫算法语言,它是一种更接近自然语言和数学表达式的计算机语言,由表示不同意义的"关键字"、"变量"、"表达式"等元素按照一定的计算机语言语法规则组合而成,实现一定的编程思想和编程目的。高级语言编制出来的程序方便了人们之间的交流沟通,易读易记,也便于修改、调试,大大提高了程序开发的效率和程序的可移植性。

高级语言的发展也经历了一系列的演变历程,由早期的 C、QBasic、Foxbase 等单一的纯代码编程的计算机语言,发展为目前的可视化图形界面的 VC、VB、VF、JAVA 等多种类多类别的计算机语言,目前比较流行的计算机语言有 C、VC、VB、VF、JAVA 等几类语言,接下来以 C 语言作为程序设计语言,编程实现两个数的加法运算。

```
#include "stdio. h"        (语句作用:包含头文件,以便使用相关函数)
main( )                    (语句作用:C 语言的主函数)
{  int x,y,sum;            (语句作用:定义 x,y,sum 为整型变量,以便使用)
   scanf("% d,% d",&x,&y); (语句作用:从键盘上输入任求和的两个数 x,y)
   sum = x + y;            (语句作用:将 x 与 y 相加的和,放在 sum 中)
   printf("sum = % d\n",sum); (语句作用:输出求和结果 sum 的值)
}
```

这样的程序代码就是利用高级语言实现编程算法的相应语句和代码。不难发现,高级语言离人们的理解越近,离计算机的理解也就越远了。因此和汇编语言一样,要将高级语言转变为计算机能读懂的机器语言,就需要像"汇编程序"一样的"翻译官",将高级语言翻译成机器语言,一般有两种做法:编译方式和解释方式。

编译方式,即事先编好一个称为编译程序的机器指令程序,并放在计算机中,当有高级语言编写的源程序输入计算机时,编译程序便把源程序整个翻译成用机器指令表示的目标程序,然后执行该目标程序以便得到计算结果,如图 1-2 所示。

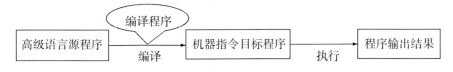

图 1-2　编译过程

解释方式,即事先编好一个称为解释程序的机器指令程序,并放在计算机中,当有高级语言编写的源程序输入计算机时,它会逐句地翻译,译出一句执行一句,即边解释边执行,而不像编译方式那样把源程序整个翻译成机器指令然后执行,这种方法较编译方式更花费时间,其过程如图 1-3 所示。

图 1-3　解释过程

通过编译或者解释过程,能将高级语言源程序翻译为机器指令程序,大大拉近了人与计算机的距离,从而降低了编程人员的工作量。因此可以说,有了高级语言的出现,人们能很快地学会使用计算机,可以完全不顾机器指令,就能方便地使用计算机进行各种科学计算或事务处理等工作,高级语言的诞生是人类掌握计算机的一个重要里程碑。

在高级语言中,又常分为面向过程的程序设计语言和面向对象的程序设计语言。面向过程的程序设计语言是以过程为基本程序结构单位的程序设计语言,如 C、QBasic、Foxbase 等。面向对象的程序设计语言,也叫非过程化的语言,是一类以对象为基本程序结构单位的程序设计语言。面向对象的语言用于以对象为核心的程序设计中,对象是程序运行时的基本成分。面向对象的语言与之前的面向过程的语言相比,多提供了类、继承等成分,使程序的编写更加灵活和方便。

20 世纪 60 年代后,崛起的结构化程序设计,希望以规范的软件结构消除软件自身的复杂性和混乱性,解决"软件危机"的诸多问题。结构化程序设计在起初的使用阶段还顺风顺水,但随着硬件的发展,软件规模的逐步扩大,结构化程序设计在解决"软件危机"的问题上越来越显得"力不从心"。为了解决程序设计中的尴尬局面,在 20 世纪 90 年代初,面向对象的程序设计(Object Oriented Programming,OOP)应运而生,它的到来给软件产业带来了新的春天。面向对象的程序设计的主要特征有:数据隐藏,并发程序设计,重载与类型的多态性,重用的继承机制,数据抽象和抽象数据模型等。

面向对象的程序设计语言有近百种,其中具有代表性的有 C + +、Object - C、Object Pascal、Actor、Smalltalk、Eiffel、Java 等。在这些语言中,Smalltalk、Eiffel、Actor 属于纯面向对象的语言,其余的称为混合型面向对象语言(即具有面向对象语言的特点,又有面向过程语言的特点,即属于非过程化语言,又属于过程化的高级语言)。纯面向对象语言比较重视实用性,混合型面向对象语言是在传统的过程式语言中增加面向对象的语言成分,因而在实用性上更具有优势。例如 C + +语言,是在 C 语言基础上扩充的,对 C 语言兼容,在保留了 C 语言的所有语言机制,简洁高效的编程优点的基础上,增加了类和对象、继承、重载、虚函数、友元、内联等支持面向对象程序设计的机制,因此 C + +顺理成章地称为目前应用最广泛的面向对象的程序设计语言。

1.2 计算机中的进制及相互转换

1.2.1 计算机中的几种进制

1. 计算机中进制的基本概念

所谓进位计数制是指按照进位的方法进行计数的数制,简称进位制。在计算机中主要采用的数制是二进制,同时在计算机中还存在八进制、十进制、十六进制的数据表示法。下面先来看看进制中的一些基本概念。

(1)基数

计算机中的数制是以表示数值所用的符号个数来命名的,其中用来表明计数制允许选用的基本数码的个数称为基数,用 R 表示。例如:二进制数,每个数位上允许选用 0 和 1,共 2 个不同数码,因此它的基数 $R = 2$;八进制数,每个数位上允许选用 0,1,2,3,4,5,6,7,共八个不同数码,因此它的基数 $R = 8$;十六进制数,每个数位上允许选用 0,1,2,3,4,5,6,7,8,9,

A,B,C,D,E,F,共 16 个不同数码,它的基数 $R=16$。

（2）权

在进位计数制中,一个数码处在数列中的不同位置,所代表的数值也是不一样的。每一个数位赋予的对应的数值称为位权,简称权。

权的大小是以基数 R 为底,数位的序号 i 为指数的整数次幂,用 i 表示数位的序号,用 R^i 表示数位的权。例如,二进制数 10010.01,其各个数位的权由左至右,分别为 2^4、2^3、2^2、2^1、2^0、2^{-1}、2^{-2};八进制数 1276.5,其各个数位的权由左至右,分别为 8^3、8^2、8^1、8^0、8^{-1};十进制数 543.21,其各个数位的权由左至右,分别为 10^2、10^1、10^0、10^{-1} 和 10^{-2};十六进制数 1EDB.CA,其各个数位的权由左到右,分别为 16^3、16^2、16^1、16^0、16^{-1}、16^{-2}。

（3）进位计数制的按权展开式

在进位计数制中,每个数位的数值等于该位数码与该位的权之乘积,用 K_i 表示第 i 位的系数,则该位的数值为 $K_i R^i$。任意进制的数都可以写成按权展开的多项式和的形式。

例如:二进制数 10010.01,按权展开的多项式形式为

$$10010.01 = 2^4 \times 1 + 2^3 \times 0 + 2^2 \times 0 + 2^1 \times 1 + 2^0 \times 0 + 2^{-1} \times 0 + 2^{-2} \times 1;$$

八进制数 1276.5,按权展开的多项式形式为

$$8^3 \times 1 + 8^2 \times 2 + 8^1 \times 7 + 8^0 \times 6 + 8^{-1} \times 5;$$

十进制数 543.21,按权展开的多项式形式为

$$10^2 \times 5 + 10^1 \times 4 + 10^0 \times 3 + 10^{-1} \times 2 + 10^{-2} \times 1;$$

十六进制数 1EDB.CA,按权展开的多项式形式为

$$16^3 \times 1 + 16^2 \times 14 + 16^1 \times 13 + 16^0 \times 11 + 16^{-1} \times 12 + 16^{-2} \times 10。$$

2. 计算机中常用的几种进制

在计算机中常用的进制有二进制、八进制、十进制和十六进制。二进制数的区分符常用字母 B 表示,八进制数的区分符常用字母 O 表示,十进制数的区分符常用字母 D 表示或不用字母表示,十六进制数的区分符常用字母 H 表示。

（1）二进制（Binary System）

在二进制数中,数值按"逢二进一"的原则进行计数。其使用的数码为 0,1,二进制数的基数为"2",权是以 2 为底的幂。

（2）八进制（Octal Numberal System）

在八进制数中,数值按"逢八进一"的原则进行计数。其使用的数码为 0,1,2,3,4,5,6,7,八进制数的基数为"8",权是以 8 为底的幂。

（3）十进制（Decimal System）

在十进制数中,数值按"逢十进一"的原则进行计数。其使用的数码为 0,1,2,3,4,5,6,7,8,9,十进制数的基数为"10",权是以 10 为底的幂。

（4）十六进制（Hexadecimal System）

在十六进制数中,数值按"逢十六进一"的原则进行计数。其使用的数码为 0,1,2,3,4,5,6,7,8,9,A,B,C,D,E,F,十六进制数的基数为"16",权是以 16 为底的幂。

1.2.2 计算机中机器数的表示方法

在计算机中机器数常用的表示方法有以下四种:原码、反码、补码和移码。

1. 原码表示法

原码表示法:最高位为符号位(正数的符号位置为0,负数的符号位置为1),数值位是真值的二进制的绝对值。例如:

真值为 $X_1 = +1001010B$, $X_2 = -1001010B$, 则

原码为:$[X_1]_原 = 0\ 1\ 0\ 0\ 1\ 0\ 1\ 0B$　　　　$[X_2]_原 = 1\ 1\ 0\ 0\ 1\ 0\ 1\ 0B$

2. 反码表示法

反码表示法:最高位为符号位,正数的符号位为0,数值位取真值的二进制值;负数的符号位为1,数值位是真值的二进制值的相反码。例如:

真值为 $X_1 = +1100111B$, $X_2 = -1100111B$, 则

原码为:$[X_1]_原 = 0\ 1\ 1\ 0\ 0\ 1\ 1\ 1B$　　　　$[X_2]_原 = 1\ 1\ 1\ 0\ 0\ 1\ 1\ 1B$

反码为:$[X_1]_反 = 0\ 1\ 1\ 0\ 0\ 1\ 1\ 1B$　　　　$[X_2]_反 = 1\ 0\ 0\ 1\ 1\ 0\ 0\ 0B$

3. 补码表示法

(1)补码的概念

首先认识一下模,模是指一个计量系统的测量范围,其大小以计量进位制的基数为底,数的位数为指数的幂。计算机是一种有限长的数字系统,它的模是 2^n, n 是计算机的字长。在模一定的条件下,负数总可以用一个正数等价,这个负数的等价数就称为负数的补码。

(2)补码表示方法

用补码表示计算机中带有符号的整数,最高位为符号位,正数的符号位为0,数值位取真值的二进制值;负数的符号位为1,数值位取真值的二进制值的相反码加1。例如:

真值为 $X_1 = +1001110B$, $X_2 = -1001110B$, 则

原码为:$[X_1]_原 = 0\ 1\ 0\ 0\ 1\ 1\ 1\ 0B$　　　　$[X_2]_原 = 1\ 1\ 0\ 0\ 1\ 1\ 1\ 0B$

反码为:$[X_1]_反 = 0\ 1\ 0\ 0\ 1\ 1\ 1\ 0B$　　　　$[X_2]_反 = 1\ 0\ 1\ 1\ 0\ 0\ 0\ 1B$

补码为:$[X_1]_补 = 0\ 1\ 0\ 0\ 1\ 1\ 1\ 0B$　　　　$[X_2]_补 = 1\ 0\ 1\ 1\ 0\ 0\ 1\ 0B$

4. 移码表示法

移码也称为增码,就是在补码的基础上增加一个偏移量。根据多数高级程序语言软件包的实数标准格式,字长为8位的移码,其偏移量为127(7FH);字长为11位的移码,其偏移量为1023(3FFH)。例如:

真值为 $X_1 = +0000011B$, $X_2 = -0000011B$, 则

原码为:$[X_1]_原 = 0\ 0\ 0\ 0\ 0\ 0\ 1\ 1B$　　　　$[X_2]_原 = 1\ 0\ 0\ 0\ 0\ 0\ 1\ 1B$

反码为:$[X_1]_反 = 0\ 0\ 0\ 0\ 0\ 0\ 1\ 1B$　　　　$[X_2]_反 = 1\ 1\ 1\ 1\ 1\ 1\ 0\ 0B$

补码为:$[X_1]_补 = 0\ 0\ 0\ 0\ 0\ 0\ 1\ 1B$　　　　$[X_2]_补 = 1\ 1\ 1\ 1\ 1\ 1\ 0\ 1B$

移码为:$[X_1]_移 = [X_1]_补 +$ 偏移量 $= 0\ 0\ 0\ 0\ 0\ 0\ 1\ 1B + 0\ 1\ 1\ 1\ 1\ 1\ 1\ 1B = 1\ 0\ 0\ 0\ 0\ 0\ 1\ 0B$

　　　　$[X_2]_移 = [X_2]_补 +$ 偏移量 $= 1\ 1\ 1\ 1\ 1\ 1\ 0\ 1B + 0\ 1\ 1\ 1\ 1\ 1\ 1\ 1B = 0\ 1\ 1\ 1\ 1\ 1\ 0\ 0B$

1.2.3 计算机中进制之间的相互转换

1. 二进制数转换成八进制数

转换原则:以二进制数的小数点为中心,整数部分从右向左,小数部分从左向右,"三位一体,不足补零",然后分别求出每三位二进制数对应的一位八进制数,按对应位置排放即

可。例如:

$$(10101010.1111)_B = (\underline{010}\ \underline{101}\ \underline{010}.\ \underline{111}\ \underline{100})_O = (252.74)_O$$

2. 二进制数转换成十进制数

转换原则:让二进制数各位上的系数乘以对应的权,然后将每一项的值加起来求得其和,即可得对应的十进制数。例如:

$$(111.11)_B = (1 \times 2^2 + 1 \times 2^1 + 1 \times 2^0 + 1 \times 2^{-1} + 1 \times 2^{-2})_D = (7.75)_D$$

3. 二进制数转换成十六进制数

转换原则:以二进制数的小数点为中心,整数部分从右向左,小数部分从左向右,"四位一体,不足补零",然后分别求出每四位二进制数对应的一位十六进制数,按对应位置排放即可。例如:

$$(101010101.111)_B = (\underline{0001}\ \underline{0101}\ \underline{0101}.\ \underline{1110})_H = (\underline{1}\ \underline{5}\ \underline{5}.\ \underline{E})_H$$

4. 八进制数转换成二进制数

转换原则:将八进制数的每一位数码"一分为三",然后按对应位置排放即可得对应的二进制数。例如:

$$(765.43)_O = (\underline{111}\ \underline{110}\ \underline{101}.\ \underline{100}\ \underline{011})_B$$

5. 八进制数转换成十进制数

转换原则:让八进制数各位上的系数乘以对应的权,然后将每一项的值加起来求得其和,即可得对应的十进制数。例如:

$$(123.13)_O = (1 \times 8^2 + 2 \times 8^1 + 3 \times 8^0 + 1 \times 8^{-1} + 3 \times 8^{-2})_D = (83.172)_D$$

6. 八进制数转换成十六进制数

转换原则一:先将八进制数转换为等价的十进制数,再由所得的十进制数转换成等价的十六进制数。例如:

$$(77.77)_O = (63.984)_D = (3F.FC)_H$$

转换原则二:先将八进制数转换成等价的二进制数,再由所得的二进制数转换成等价的十六进制数。例如:

$$(77.77)_O = (111111.111111)_B = (\underline{0011}\ \underline{1111}.\ \underline{1111}\ \underline{1100})_B = (3F.FC)_H$$

7. 十进制数转换成 $n(n=2,8,16)$ 进制数

转换原则:将十进制数转换为其他进制数需要分为整数部分和小数部分分别进行转换。对于整数部分的转换原则是"除 n 取余逆序写";对于小数部分的转换其原则是"乘 n 取整顺序写",小数部分一般保留三位,末位"四舍五入"。例如:

(1) $(18.55)_D = (12.8CC)_H$

(2) $(21.55)_D = (25.431)_O$

(3) $(18.75)_D = (10010.11)_B$

8. 十六进制转换成二进制

转换原则:将十六进制数的每一位数码"一分为四",然后按对应位置排放即可得对应的二进制数。例如:

$$(FEC.BA)_H = (\underline{1111}\ \underline{1110}\ \underline{1100}.\ \underline{1010}\ \underline{1001})_B$$

9. 十六进制转换成八进制

转换原则一:先将十六进制数转换为等价的十进制数,再由所得的十进制数转换成等价

的八进制数。例如：

$(3F. FC)_H = (63.984)_D = (77.77)_O$

转换原则二：先将十六进制数转换成等价的二进制数，再由所得的二进制数转换成等价的八进制数。例如：

$(3F. FC)_H = (\underline{0011}\ \underline{1111}.\ \underline{1111}\ \underline{1100})_B = (\underline{111}\ \underline{111}.\ \underline{111}\ \underline{111})_B = (77.77)_O$

10. 十六进制数转换成十进制数

转换原则：让十六进制数各位上的系数乘以对应的权，然后将每一项的值加起来求得其和，即可得对应的十进制数。例如：

$(12F. C)_H = (1 \times 16^2 + 2 \times 16^1 + 15 \times 16^0 + 12 \times 16^{-1})_D = (303.75)_D$

1.3 C 语言简介

1.3.1 C 语言概述

C 语言是国际上最流行的计算机高级语言之一。它适合作为系统描述的语言，可以用来编写系统软件，同时在开发图形处理、数据分析、数值计算等应用软件的过程中也起着举足轻重的作用。C 语言是由美国电话电报公司贝尔实验室的 D. M. 里奇（D. M. Ritchie）于1972 年在 B 语言的基础上发展起来的，并首先在一台 UNIX 操作系统的 DEC PDP – 11 计算机上实现。C 语言最早的雏形是 ALGOL60，诞生至今已经有了 40 年的历程，它的发展经历了一个长期的演变过程，其演变过程如下：ALGOL(1960 年)→ CPL(1963 年)→ BCPL(1967年)→B 语言(1970 年)→ C 语言(1972 年)。

1.3.2 C 语言的程序结构及特点

1. C 语言的程序结构

C 语言本身语句很少，许多功能都是通过函数来完成的。在编写 C 语言程序时应尽量利用 C 语言的库函数所提供的函数功能，来实现程序编写的目的。下面先介绍一些简单的C 语言程序，然后从中分析 C 语言程序的结构特点。

【例 1 –1】在屏幕上显示一行信息。

源程序：

```
#include "stdio. h"              /* 包含输入输出头文件 */
main( )                          /* 定义主函数 */
{
printf("press any key to continue! \n");   /* 在屏幕上输出"press any key to continue!" */
}
```

运行结果：

    press any key to continue!

【例 1 –2】求两个数之和。

源程序：

```
#include "stdio. h"              /* 包含输入输出头文件 */
```

```
main()                          /*定义主函数*/
{
    int x,y,z;                  /*定义三个整型变量x,y,z*/
    x=12;y=34;                  /*给x,y赋初值*/
    z=x+y;                      /*对z赋值为x+y*/
    printf("z is %d\n",z);      /*输出z的值*/
}
```
运行结果:

    z is 46

【例1-3】由键盘输入a、b两个数,输出a、b两个数的较小数。

源程序:
```
#include "stdio.h"              /*包含输入输出头文件*/
main()                          /*定义主函数*/
{
    int min(int x,int y);       /*对所调用函数min的声明*/
    int a,b,c;                  /*定义三个整型变量a,b,c*/
    scanf("%d,%d",&a,&b);       /*从键盘输入a,b*/
    c=min(a,b);                 /*调用min函数,将其返回的值赋值给c*/
    printf("min=%d",c);         /*输出最小数c的值*/
}
int min(int x,int y)            /*定义求x,y中最小值的函数min*/
{
    int z;                      /*定义整型变量z*/
    if(x>y) z=y;                /*如果x大于y,则z赋值为y*/
    else z=x;                   /*否则z赋值为x*/
    return(z);                  /*返回z,则min函数值为z的值*/
}
```
运行结果:

    4,-1   <回车>
    min=-1

【说明】

【例1-1】是C语言程序中最简单的程序之一,它所实现的功能就是输出相应的字符串。

【例1-2】是C语言程序中涉及运算符的程序,它需要通过计算机进行简单的运算后,输出相应的计算结果。

【例1-3】是C语言程序中包括函数调用的程序,程序需要通过函数参数的传递来实现相应函数的调用,从而得到对应的返回值,以达到程序所能实现的目的。

通过对上述三个程序的分析,不难得出以下结论:

(1)#include "stdio.h"的意义为"包含输入输出函数的头文件"。由于C语言程序本身没有输入输出语句,它的输入输出是通过调用函数实现的,因此在使用输入函数scanf、输出函数 printf 等时,都需要在程序的开头添加程序行#include "stdio. h"。

（2）C 语言程序是由函数构成的。函数是 C 语言程序的基本单位。一个 C 语言程序必须包含一个 main 函数,也可以包含若干个其他函数。比如,【例 1 - 1】及【例 1 - 2】中就只有main( )函数,而【例 1 - 3】中除了 main( )函数外,还包括了 min( )函数。

（3）不论 main 函数位于程序中的什么位置,C 语言程序总是从 main 函数开始,最终也在 main 函数中结束。main 函数可以调用其他函数,其他函数之间也可以相互调用,最终在main 函数中结束整个程序。

（4）一个函数通常由两个部分组成:

1）函数的首部。确定函数的名称、函数类型、函数的形式参数名及其形参的类型。

例如:【例 1 - 3】的 min 函数的首部为:

int	min	(int	x,	int	y)
函数类型	函数名	函数参数类型	函数参数名	函数参数类型	函数参数名

一个函数名后面必须跟一对圆括号,括号内可以写函数的参数名及其参数类型,也可以什么都不写［如 main( )］。

2）函数体。由函数的首部后面的第一对花括号"{ }"内的若干语句构成。

函数体一般包括两个部分:

①声明部分。

对程序中将要使用的变量及要调用的函数进行声明。如【例 1 - 3】中 main 函数中的语句"int a,b,c;"就是对变量的定义,而语句"int min(int x, int y) ;"则是对函数的声明。

②执行部分。

函数的执行部分由若干个语句组成,完成相应的功能。在函数体内,除去声明部分,剩下的都是执行部分。

（5）C 语言程序书写自由,一行可写多条语句,也可以将一条语句分写在多行上。如【例 1 - 2】中的"x = 12;y = 34;"就是在一行上写了两条语句。

（6）分号是一条 C 语句的结束符。每个语句的末尾必须要有一个分号,分号是 C 语句必要的组成部分。例如,语句"z = x + y;"中,分号是必不可少的。

（7）在每条 C 语句后,可用"/ * … * /"或"//"对语句进行注释,以增加程序的可读性。"/ * … * /"用于注释内容为一行或多行的情况,而"//"用于注释内容为一行的情况。注释只作程序解释的作用,并且在程序运行的时候不编译。

2. C 语言的结构特点

虽然 C 语言诞生的年代久远,也不属于面向对象的程序设计语言,但是它却依然具有强大的生命力,这是因为 C 语言具有以下特点:

（1）简洁、紧凑的语言。C 语言一共有 32 个关键字,9 种控制语句,程序书写形式自由,输入工作量少。

（2）丰富的运算符。C 语言的运算符一共有 34 种。C 语言把括号、赋值、强制类型转换都作为运算符处理。

（3）丰富的数据类型。C 语言具有整型、浮点型、字符型、数组类型、指针类型、结构体类型、共用体类型等多种数据类型。特别是 C 语言的指针类型,是 C 语言程序设计的特色,使用十分灵活和多样化。

（4）结构化的控制语句。C 语言的控制结构语句符合结构化程序设计的要求，C 语言用函数作为程序的模块单位，是完全的模块化和结构化的语言。

（5）C 语言允许直接访问物理地址，能进行位操作，能实现汇编语言的大部分功能，可以直接对硬件进行操作。因此，C 语言既有高级语言的功能，又具有低级语言的功能。

（6）高质量高效率的目标代码。C 语言不仅可以调用和嵌入汇编语言代码，而且经过 C 编译程序可以生成质量高、执行效率高的目标代码，C 语言一般只比汇编程序生成的目标代码效率低 10%～20%。

（7）可移植性好。用 C 语言编写的程序，基本上可以不做修改就能用于各种类型的计算机和操作系统上。

1.3.3 运行 C 程序的环境与步骤

在程序设计领域中，有很多种编译软件都可以运行 C 语言程序，在这里着重推荐两种编译环境：一种是 Visual C++6.0 编译环境，简称 VC，这是目前常用的编译环境，也是国家计算机等级考试上机考试的编译环境；另一种是 C - free 4.0 编译环境，这也是目前常用的编译环境，由于该编译环境所占空间小，方便安装，方便存储，因此得到了广泛的应用。

1. Visual C++6.0 编译环境

采用 Visual C++6.0 编译环境编写 C 语言源程序，其操作步骤如下：

（1）打开 Visual C++ 主题窗口的主菜单栏，单击"File（文件）"菜单，在其下拉菜单中单击"New（新建）"选项，弹出一个对话框，如图 1-4 所示。单击此对话框的左上角的 File（文件）选项卡，选择"C++ Source File"选项。若使用默认的文件存储路径则可以不必更改"Location（目录）"文本框，如果需要更改文件的存储路径，则单击 Location（目录）文本框后的按钮，在弹出的对话框中进行相应的路径选择即可。在对话框右上方的"name（文件名）"文本框中输入准备编辑的源程序文件的名字（local. c），单击"确定"按钮后，就可以在弹出的代码编辑区中输入相应的 C 语言程序代码了。需要提醒的是：输入源程序文件名时，其文件名的形式应该为"文件名 . c"的形式，不能只写"文件名"，否则生成的文件将自动以"文件名 . cpp"的形式出现，那就是 C++语言的源程序文件，而不是 C 语言的源程序文件。

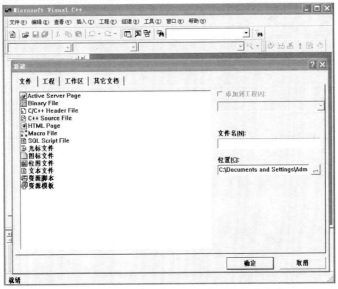

图 1-4　Visual C++6.0 主窗口及程序命名

需要再次强调:使用 VC++6.0 编译环境时,文件的主文件名为任意,但扩展名一定为".c",即为"×××.c"的形式,如:language.c。

(2)输入完相应代码后,单击主菜单栏中的"Build(构建)"菜单,在其下拉菜单中选择"Compile local.c"(编译 local.c)选项。屏幕上将出现一个对话框"This build command requires an active project workspace. Would you like to create a default project workspace?(此编译命令要求一个有效的项目工作区,你是否同意建立一个默认的项目工作区?),单击"是(Y)"按钮,表示同意由系统建立默认的项目工作区;单击"否(N)"按钮,表示不同意由系统建立默认的项目工作区,如图1-5所示。

图1-5 编译程序

(3)在编译过程中,主窗口下方会出现相应的调试信息,显示格式为"n error(s),m warning(s)",调试程序直到没有错误提示为止,即显示为"0 error(s),0 warning(s)"。不过在编译过程中,有警告信息"warning(s)",系统是可以容忍的,但有错误信息"error(s)",系统是绝对不能容忍的,如图1-6所示。

图1-6 产生目标文件

(4)运行程序("组建"菜单中的"执行"命令),如图1－7所示。

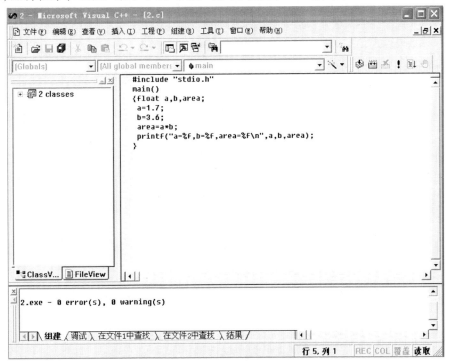

图1－7　生成可执行文件

(5)查看程序的运行结果,按 ESC 返回,如图1－8所示。

图1－8　显示结果

(6)单击 File(文件)菜单中的 Close Workspace(关闭工作空间)命令,在弹出的对话框中点击"是(Y)"按钮,即关闭 VC＋＋6.0 编译环境。

2. C－free 4.0 编译环境

采用 C－free 4.0 的编译环境运行 C 语言程序,其操作步骤如下:

(1)在 C－free 4.0 编译环境主题窗口的菜单栏单击"工具"菜单,在其下拉菜单中单击"环境选项",弹出一个对话框,单击此对话框的左上角的"一般"选项卡,将选项卡中的"新建文件类型"中的新建文件类型由"cpp"改为"c",然后点击"确定"按钮,如图1－9所示。

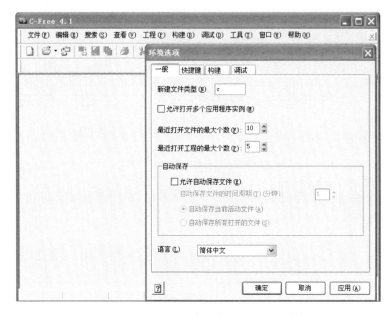

图1-9　C-free 4.0 主题窗口及设置文件类型

（2）在 C-free 4.0 主题窗口的主菜单栏单击"文件"菜单,再在其下拉菜单中单击"新建"选项,即可在出现的代码编辑区输入相应的 C 语言程序代码,如图1-10所示。

图1-10　C-free 4.0 中编写程序代码

（3）输入完相应代码后,单击主菜单栏中的"构建"菜单,在其下拉菜单中选择"运行"菜单项,系统就开始生成程序相对应的可执行程序,同时主窗口下方会出现调试的信息窗口,显示格式为"n 个错误, m 个警告",当程序调试到没有错误时,即显示为"0 个错误, 0 个警告",同时弹出运行结果的对话框,按 ESC 返回,如图1-11所示。

图1-11 C-free 4.0中运行程序结果

（4）单击"文件"菜单中的"退出"命令，即关闭C-free 4.0编译环境。

习　题　一

一、选择题

1. 一个C语言程序的执行是从（　　　）。
   A. 本程序的main函数开始，到main函数结束
   B. 本程序文件的第一个函数开始，到本程序文件的最后一个函数结束
   C. 本程序的main函数开始，到本程序文件的最后一个函数结束
   D. 本程序文件的第一个函数开始，到本程序main函数结束

2. 以下叙述正确的是（　　　）。
   A. 在C语言程序中，main函数必须位于程序的最前面
   B. 在C语言程序的每一行只能写一条语句
   C. C语言本身没有输入输出语句
   D. 在对一个C语言程序进行编译的过程中，可发现注释中的拼写错误

3. 以下叙述不正确的是（　　　）。
   A. 一个C语言源程序可由一个或多个函数组成
   B. 一个C语言源程序必须包含一个main函数
   C. C语言程序的基本组成单位是函数
   D. 在C语言程序中，注释说明只能位于一条语句的后面

4. C语言规定：在一个源程序中，main函数的位置（　　　）。
   A. 必须在最开始　　　　　　　　　　B. 必须在系统调用的库函数的后面
   C. 可以任意　　　　　　　　　　　　D. 必须在最后

5. 一个C语言程序是由（　　　）的。
   A. 一个主程序和若干个子程序组成　　B. 若干函数组成
   C. 若干过程组成　　　　　　　　　　D. 若干子程序组成

6. C 语言中用于结构化程序设计的 3 种基本结构是(　　　)。

  A. 顺序结构、选择结构、循环结构   B. if、switch、break

  C. for、while、do – while   D. if、for、continue

7. 为解决某一特定问题而设计的指令序列称为(　　　)。

  A. 文档   B. 语言   C. 程序   D. 系统

8. 用高级程序设计语言编写的程序称为(　　　)。

  A. 目标程序   B. 可执行程序   C. 源程序   D. 伪代码

9. 能将高级语言编写的源程序转换成目标程序的是(　　　)。

  A. 编辑程序   B. 编译程序   C. 驱动程序   D. 链接程序

二、填空题

1. C 语言源程序的基本单位是_____。

2. 一个 C 语言源程序中至少应包括一个_____。

3. C 语言有_____种控制语句。

4. 程序中以"#"开头的程序行称为_____。

5. 在函数后面用一对花括号"{ }"括起来的部分称为_____。

6. C 语言的语句必须以_____结束。

7. 在一个 C 语言源程序中,注释部分两侧的分界符分别为_____

和_____。

8. 在 C 语言中,输入操作是由库函数_____完成的,输出操作是由库函数_____完成的。

9. 有以下程序:

```
#include < stdio. h >
main( )
{
    printf( "I love china! \n" );
    printf( "we are students. \n" );
}
```

程序的运行结果为_____。

10. 有以下程序:

```
#include " stdio. h"
main( )
{
    int a ;
    a = 5 ;
    printf( " \n% d" , a + 1 );
}
```

程序的运行结果为_____。

项目 2
C 语言的数据类型、运算符及表达式

 项目学习目的

通过本项目的学习,需要掌握 C 语言中标识符的定义、规则及分类,掌握 C 语言中整型、实型、字符型等数据的定义及使用,还需要掌握 C 语言中各种运算符及其对应表达式的定义及使用。如果掌握了本项目的学习目标,就可以进入下一项目的学习了。

本项目的学习目标:

1. C 语言的基本数据类型及其定义方法
2. C 语言运算符的种类、运算优先级和结合性
3. 不同类型数据间的转换与运算
4. C 语言表达式类型(赋值表达式,算术表达式,关系表达式,逻辑表达式,逗号表达式)和求值规则
5. 位运算符的含义及使用
6. 简单的位运算
7. 宏定义和调用(不带参数的宏,带参数的宏)
8. "文件包含"处理

 项目学习内容简述

C 语言是人类与计算机交流的语言,就好比用英语和英国人交流,用法语和法国人交流,用德语和德国人交流……与不同的对象,使用不同的语言交流一样。要掌握 C 语言,首先要掌握 C 语言中的"单词"。C 语言中的"单词"包括 C 语言的标识符、基本数据类型、运算符及表达式等,只有掌握了这些"单词",才能更深入地掌握 C 语言和理解 C 语言的精髓。因此,在本项目的学习中必须牢记这些"单词",才能使用这些"单词"勾画出美丽的 C 语言程序。值得提醒的是:在本项目的学习中,记忆"单词"是相当必要的手段哦。

2.1. C语言的数据类型结构

  计算机的基本功能是进行数据的相应处理,一种计算机语言如果它支持的数据类型越丰富,则它的应用范围也就越广泛。C语言提供的数据类型是相当丰富的,其数据类型的大致分类如图2-1所示,用这些数据类型可以构建出不同的数据结构,以便实现相应的程序设计需求,从而编写出具有实际意义的应用程序。

  在设计一个程序时,首先要确定采用什么类型的数据,对不同的需求,采用的数据类型应不同。C语言规定,程序中所使用的任何一个变量和数据都必须指定其数据类型。在C语言中,数据有常量和变量之分,它们分别属于如图2-1的类型。例如整型数据包括整型常量和整型变量,实型数据包括实型常量和实型变量,字符型数据包括字符型常量和字符型变量。这些都将会在后续的项目里一一道来。

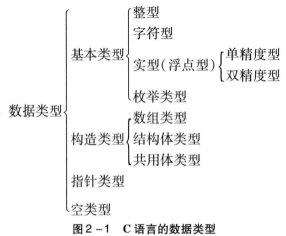

图2-1　C语言的数据类型

  在C语言中,拥有丰富的数据类型,不仅能表示和处理基本的数据(如整型、实型、字符型等),还可以组建复杂的数据结构(如链表、共用体等)。必须好好把握每一个数据类型的用途和特点,才能在未来的编程世界里随心所欲。

2.2. 标识符、常量及变量

2.2.1 标识符

2.2.1.1 标识符的定义

  标识符是由系统或者用户自行定义的标识符号,用来标识常量、变量、函数、符号以及一些具有专门含义的有效字符序列,就好比人类的姓名、生活中的商品名一样。

2.2.1.2 标识符的规定

  在C语言中,标识符的命名存在一定的规则,就好比我们中国人的人名其规则大多是姓氏在前,名字在后,而外国人的人名则是姓氏在后,名字在前。俗话说"不以规矩,不成方圆",只要有了规则,万事万物都有规律可循,因此只有符合了 C 语言的标识符命名规则,才能成为 C 语言程序中"合法的一分子"。在 C 语言中,标识符的命名应遵循以下几条原则:

(1)标识符只能由字母、数字或下划线这三种字符组成,且第一个字符必须为字母或下划线。例如:ABC、A1、_A、abc345_、a_4、_4 等都是合法的标识符;1ABC、&A1、-A、a+b、4#、7@ 等都是不合法的标识符。

(2)大写字母和小写字母在 C 语言中被视为两个不同的字符。例如:ABC 与 abc 在 C 语言中被视为不同的标识符。在实际编程中,为了增加程序的可读性,一般变量名用小写字母表示。

(3)标识符的长度一般规定取前 8 个字符为有效字符,多余的字符将不被识别。例如:abcdefgh123 与 abcdefgh456 在 C 语言中由于前面 8 个字符相同,即使从第 9 个字符不同,也会被认为是同一个标识符。虽然 ANSI C 标准中没有规定标识符的长度,但各个 C 编译系统都有自己的规定,如 IBM-PC 的 MS C 只取 8 个字符作为变量名,而 Turbo C 则允许变量名有 32 个字符等。为了保证程序良好的可移植性以及阅读程序的方便,标识符的长度一般不超过 8 个字符。

2.2.1.3 标识符的分类

在 C 语言程序设计中,标识符通常分为三类:关键字标识符、预定义标识符和用户自定义标识符。接下来就一一介绍这三类标识符。

1. 关键字标识符

C 语言中的关键字标识符又称为 C 语言的命令符,在 C 语言程序中具有特定的含义,不能另作他用,也不能被其他字符直接替代。下面列出了 C 语言中主要的关键字:

auto	break	case	char	const
continue	default	do	double	else
enum	extern	float	for	goto
if	int	long	register	return
short	signed	sizeof	static	struct
switch	typedef	union	unsigned	void
volatile	while			

关键字在程序设计中具有独特的作用,其地位是不可动摇的,在以后的编程过程中,只要将关键字合理利用在程序中,就达到学习它们的目的了。

2. 预定义标识符

ANSI C 标准规定,可以在 C 语言的源程序中加入一些"预处理命令",以改进程序设计环境,提高编程效率。用于表示预处理命令的标识符就是预定义标识符。

预处理命令虽然是由 ANSI C 标准规定的,但它不是 C 语言本身的组成部分,不能直接进行编译,必须在对程序进行通常的编译之前,对程序中这些特殊的命令进行"预处理",也就是根据预处理命令对程序作相应的处理。经过预处理后的程序不再包含预处理命令,然后由编译程序对预处理后的源程序进行通常的编译处理,即可得到可执行的目标代码。目前使用的许多 C 语言程序编译系统都包括了预处理、编译和连接等部分,在进行编译的过程中这些步骤貌似一气合成,因此不少编程者误认为预处理命令是 C 语言的一部分,甚至以为它们是 C 语言的语句,这都是不对的。

在 C 语言中,预定义标识符一般是指 C 语言提供的库函数名和预编译处理命令。C 语言提供的预处理功能主要有以下三种:

（1）宏定义。

（2）文件包含。

（3）条件编译。

这三种预处理功能分别用宏定义命令、文件包含命令、条件编译命令来实现。为了与一般 C 语言语句有所区别,这些命令都以符号"#"开头。在 2.5 节中会着重介绍这三种预处理命令的使用。

3. 用户自定义标识符

由用户自行定义符合标识符命令规则的标识符就称为用户自定义标识符。使用用户自定义标识符时应注意以下三点:

（1）最好根据其含义选用英文缩写或汉语拼音作标识符。例如可以定义"求和"的标识符为 sum 或者 qiuhe,定义"个数"的标识符为 number 或者 geshu,这些都是可以的,当然也可以随意取名,只要满足标识符的规则即可。

（2）用户自定义标识符绝不能与关键字相同,否则编译时会显示错误信息。这点是特别需要注意的,也是编程者在编程过程中极易出错的地方,请注意"用户自定义标识符"绝对不能是系统的"关键字"。读者可试想一下,如果在计算机程序设计中,有一个用户自定义的标识符叫"int",也有一个关键字叫"int",那计算机执行该命令的时候是按关键字处理,还是按用户自定义标识符处理呢? 把这点弄明白,就不难理解用户自定义标识符为什么不能与关键字相同了。也就是说,计算机中一定要尽量避免"二义性",要保证每个标识符的含义唯一。

（3）如果用户自定义标识符与预定义标识符相同,系统不会报错,并且程序仍能运行,只是预定义标识符失去原来的含义,代之以用户自定义标识符的含义,这样会造成编程混乱的现象。在这里就不对这样的现象进一步描述,在以后的项目里,会给读者进行讲述。

2.2.2 常量

在 C 语言程序运行过程中,其值不能改变,保持恒定的量称为常量。在 C 语言中,常量分为直接常量和符号常量两种。

1. 直接常量

直接常量也称为字面常量,一般从其字面形式即可判别其为常量。在 C 语言中,直接常量分为不同的类型,包括整型常量、实型常量和字符型常量。如 – 16、0、18 为整型常量,4.6、– 123.4 为实型常量,'H'、'$' 为字符型常量。

2. 符号常量

符号常量是用一个标识符代表一个常量,仿佛与变量有些类似,但应注意其本质是有区别的。符号常量是用一个预定义标识符代表一个常量,以方便使用,在程序使用过程中,不能再对此预定义标识符进行数值的修改;而变量是用来存放常量的"容器",在程序使用过程中,其值随时可以发生变化。

【例 2 – 1】已知圆半径为 3,求圆的面积。

源程序:

```
#define PI 3.14159          /*定义 PI 为符号常量,表示 3.14159*/
#include "stdio.h"          /*包含头文件"stdio.h",以便使用其中的函数 printf*/
void main()                 /*主函数*/
{ float r,s;                /*定义实型变量 r,s*/
  r = 3;                    /*对变量 r 赋值为 3*/
  s = PI * r * r;           /*利用圆面积公式,圆面积 s 被赋值为 PI 乘以 r 的平方*/
  printf("圆的半径为%.2f\n 圆的面积为%.2f\n",r,s);   /*按照一定的格式输出
                                                     计算结果*/

}
```

运行结果:

> 圆的半径为 3.00
> 圆的面积为 28.27

程序中用#define 命令行定义 PI 代表常量 3.14159,此后在本程序中出现的字符 PI,则一律代表 3.14159,可以和常量一样进行运算。

关于#define 的使用将在本项目最后一节详细介绍,这里就不再过多讲述。

2.2.3 变量

在 C 语言中,变量代表内存中具有特定属性的一个存储单元,它用来存放数据,也就是变量的值。在程序运行的过程中,变量的值是可以改变的。在使用变量时,应注意区分变量名和变量值这两个不同的概念。变量名实际上就是用一个名字(即标识符),代表一个地址,用来存放相应的变量值。

变量值就是存放在变量名中的一个数值。如图 2-2 所示,b 为变量名,10 为变量值,方框表示存储单元。

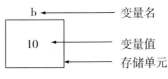

图 2-2　变量

在对程序编译连接时由编译系统给每一个变量名分配相应数量的内存地址。在编译过程中,从变量中取值的时候,实际上是先通过变量名找到相应的内存地址,再从其中的存储单元中读取数据。

在 C 语言中,要求对所有用到的变量做到强制定义,也就是说变量必须"先定义,后使用,不定义,必非法"。有读者就会置疑,这样的规则是不是有些不人性化了,其实呀,这样的规定恰恰在编写程序的过程中更加的人性化和合理化,这样的强制定义要求,其目的主要有以下几点:

(1)凡未被事先定义的变量,系统不把它视为变量名,这样就能保证程序中变量名使用的正确性。例如:如果在变量名声明部分有语句:

float sum;

不难看出,通过定义后 sum 这个变量成为了合法变量,并在计算机中分配了一定的内存单元,但是在执行语句中如果将 sum 错写成 sam。例如:

sam = 1000；

则会在编译时检查出 sam 未经定义,不作为变量名,提示"undeclared identifier"的信息,提醒用户检查错误,避免使用变量名时出错。

(2)每一个变量被指定为一个确定的类型,在编译时就能为其分配相应的存储单元。例如指定 x、y 为 float 型,则在 Turbo C 和 VC 中编译系统都会为 x、y 分别分配四个字节的存储单元,并按实数形式存储。如指定 x、y 为 int 型,则在 Turbo C 编译系统会为 x、y 分别分配 2 个字节的存储单元,而在 VC 编译系统中则会为 x、y 分别分配 4 个字节的存储单元。由此不难看出,不同的编译系统对于相同的数据类型也会有分配不同存储单元的现象。

(3)定义变量为某一类型,便于在程序编译过程中检查变量进行的运算是否合法。例如,在 C 语言中,有一种运算叫做求模运算,也叫求余运算,它要求参与运算的变量都为整型变量,假设定义变量如下:

float a,b,c;

而在程序中出现

c = a% b;

则在编译时会出现相应的错误信息,以提示修改。

由以上分析可以看出:在 C 语言中,先定义,再使用变量是很有必要的。

在具体编写程序的过程中,使用常量和变量时都是按具体的数据类型进行区分使用的,它们一般属于整型、实型和字符型数据。接下来就分别介绍整型数据、实型数据和字符型数据的具体使用的细节。

2.3. 基本数据类型

2.3.1 整型数据

2.3.1.1 整型常量

整型常量,也就是常说的整数,在 C 语言中,整数可以用以下三种形式表示:

(1)十进制整型常量。用 0~9 组成的十进制数表示,如 789、0、-321。

(2)八进制整型常量。以数字 0 开头,用 0~7 组成的八进制数表示。如 0132 表示八进制数 132,换算成十进制为 $1 \times 8^2 + 3 \times 8^1 + 2 \times 8^0$,等于十进制数 90;-013 表示八进制数 -13,换算成十进制,等于十进制数 -11。

(3)十六进制整型常量。以数字 0 和字母 x(可大写)开头,用 0~9 和 a~f(可大写)组成的十六进制数表示。如 0x2f 表示十六进制数 2f,换算成十进制为 $2 \times 16^1 + 15 \times 16^0$,等于十进制数 47;-0x13 表示十六进制数 -13,等于十进制数 -19。

2.3.1.2 整型变量

1. 整型变量的分类

在 C 语言中,整型变量的基本类型是 int 型。整型变量可以根据数值的范围分为基本整型、短整型、长整型,也就是关键字分别为 int 型、short 型、long 型的整型变量。为了充分利用变量的取值范围,可以将上述三种变量区分为"有符号"类型和"无符号"类型,这样就形成

了 C 语言整型变量的 6 种形态的格局, 即:

(1)有符号基本整型:(signed)int。

(2)无符号基本整型:unsigned(int)。

(3)有符号短整型:(signed)short(int)。

(4)无符号短整型:unsigned short(int)。

(5)有符号长整型:(signed)long(int)。

(6)无符号长整型:unsigned long(int)。

为了便于进一步了解这六种整型变量, 特制定了表 2-1 和表 2-2。利用表 2-1 归纳总结出在 Turbo C 中 6 种整型变量的有关数据。利用表 2-2 归纳总结出在 Visual C 6.0 中六种整型变量的有关数据。

表 2-1   Turbo C 环境下整型数据的有关数据

类型名	字节数	比特数	取值范围
(signed)int	2	16	$-32768 \sim 32767$ 即 $-2^{15} \sim 2^{15}-1$
(signed)short(int)	2	16	$-32768 \sim 32767$ 即 $-2^{15} \sim 2^{15}-1$
(signed)long(int)	4	32	$-2147483648 \sim 2147483647$ 即 $-2^{31} \sim 2^{31}-1$
unsigned(int)	2	16	$0 \sim 65535$ 即 $0 \sim 2^{16}-1$
unsigned short(int)	2	16	$0 \sim 65535$ 即 $0 \sim 2^{16}-1$
unsigned long(int)	4	32	$0 \sim 4294967295$ 即 $0 \sim 2^{32}-1$

表 2-2   Visual C 环境下整型数据的有关数据

类型名	字节数	比特数	取值范围
(signed)int	4	32	$-2147483648 \sim 2147483647$ 即 $-2^{31} \sim 2^{31}-1$
(signed)short(int)	2	16	$-32768 \sim 32767$ 即 $-2^{15} \sim 2^{15}-1$
(signed)long(int)	4	32	$-2147483648 \sim 2147483647$ 即 $-2^{31} \sim 2^{31}-1$
unsignecd(int)	4	32	$0 \sim 4294967295$ 即 $0 \sim 2^{32}-1$
unsigned short(int)	2	16	$0 \sim 65535$ 即 $0 \sim 2^{16}-1$
unsigned long(int)	4	32	$0 \sim 4294967295$ 即 $0 \sim 2^{32}-1$

在使用类型名时, 表 2-1 及表 2-2 括号中的单词可以省略, 例如短整型变量可简写为 short。通过表 2-1 和表 2-2 即可得出以下结论:

(1)整型变量有以下六类:基本整型 int、短整型 short、长整型 long、无符号基本整型 unsigned、无符号短整型 unsigned short、无符号长整型 unsigned long。

(2)在不同编译环境下, 各种整型变量类型所占字节数可能不同。通过表 2-1 和表 2-2 的对比, 可以清楚地看到:基本整型 int 在 Turbo C 和 Visual C 中的字节数不一致, 在 Turbo C 中为两个字节, 在 Visual C 中为四个字节, 其他的数据类型都一致。本书在后续的课程中, int 型变量均默认为两个字节, 如需在 Visual C 中运行, 则进行相应的字节数换算即可。

（3）虽然在不同编译环境下，各种变量类型所占字节数可能不同，但 short 和 int 型最少占 2 个字节（即 16 位），long 型最少占 4 个字节（即 32 位），而且 short 型不可长于 int 型，int 型不可长于 long 型。

（4）如不特别指明，各种整型数据默认为有符号类型。如果为无符号整数，则需在整数的末尾加上字母后缀 u 或 U 以示区别。

（5）对于基本整型 int、短整型 short、无符号基本整型 unsigned、无符号短整型unsigned short 这几种形式的变量在使用的过程中应格外注意它们的数值范围，如 short 型变量其数值范围为 −32768 ~ 32767，如果在编程中涉及的数值大于 32767，则应考虑使用 int 型或者 long 型，而不能使用 short 型，否则会出错。在后续的课程中，还会进一步讲述这个问题。

2. 整型变量的定义

有了上述的整型变量类型的介绍，对于整型变量的定义也就显得顺理成章了，正如前面项目里所说，C 语言规定在程序中所有用到的变量都必须"先定义，后使用"，即"强制定义"一说。现在，就可以利用整型变量的六种形式对变量进行定义说明，例如：

int w, x;	（指定变量 w,x 为基本整型）
unsigned a,b;	（指定变量 a,b 为无符号基本整型）
short y;	（指定变量 y 为短整型）
unsigned short c,d;	（指定变量 c,d 为无符号短整型）
long z;	（指定变量 z 为长整型）
unsigned long e;	（指定变量 e 为无符号长整型）

在程序编写过程中，对变量的定义一般是放在一个函数开头的声明部分，也可以放在函数中某一段分程序内（此时的变量作用域只局限在它所在的分程序中）。这里首先讲解放在开头部分的变量定义，至于放在函数中的某一段分程序中的变量定义，将在后续课程中讲解。

【例 2 − 2】整型变量的定义与使用的程序举例。

源程序：

```
#include "stdio. h"
void main( )
{ int x,y,z;                  /*指定变量 x,y,z 为基本整型*/
  unsigned a,b,c;            /*指定变量 a,b,c 为无符号基本整型*/
  short e,f,g;               /*指定变量 e,f,g 为短整型*/
  unsigned long i,j,k;       /*指定变量 i,j,k 为无符号长整型*/
  x = 12;y = − 14;           /*对变量 x,y 分别赋以十进制整数的初值*/
  a = 12;b = − 14;           /*对变量 a,b 分别赋以十进制整数的初值*/
  e = 012;f = − 017;         /*对变量 e,f 分别赋以八进制整数的初值*/
  i = 0x1e;j = − 0x2f;       /*对变量 i,j 分别赋以十六进制整数的初值*/
  z = x + y;c = a + b;g = e + f;k = i + j;   /* 完成各组变量的加法运算*/
  printf("x + y = % d\na + b = % d\ne + f = % d\ni + j = % ld\n",z,c,g,k);   /*输出
  打印运行结果*/
}
```

运行结果：

```
x + y = -2
a + b = -2
e + f = -5
i + j = -17
```

3. 整型数据在内存中的存放形式

数据在计算机内存中以二进制的形式存放,内存中的最小存储单位是"位",且每一位中仅能存放 0 或 1,此为二进制位。8 个二进制位称为一个字节,字节是计算机存储的基本单位。根据一般的表示习惯,将二进制数的最右边一位称为最低位,最左边一位称为最高位,从右至左,位数依次升高。

在 C 语言中,有符号整数的最高位表示符号位。最高位为 0 时表示正整数;最高位为 1 时表示负整数。因此可以通过查看最高位就能判别存放的整数是正整数还是负整数。

在 C 语言中,对于无符号整数,因为不存在负数的可能性,因此就无须用最高位来表示符号位,所有的二进制位全部用来表示数值位。无符号整数和有符号整数的最高位的区别在于:无符号整数的最高位为数值位,而有符号整数的最高位为符号位。

在计算机中,每一个整型数值在内存中是以补码形式存放的。下面就进一步讨论有符号整数的存储形式。

(1)正整数。一个正整数的补码与其原码、反码的形式相同。因此只需要求得原码,就可以得到反码和补码。一个正整数表示为原码,其实质就是将最高位设为 0,表示正号,将其数值转换为对应的二进制形式即可。

例如:正整数 10 对应的原码、反码、补码为:

原码:0 0 0 0 0 0 0 0 0 0 0 0 1 0 1 0

反码:0 0 0 0 0 0 0 0 0 0 0 0 1 0 1 0

补码:0 0 0 0 0 0 0 0 0 0 0 0 1 0 1 0

由上可见,正整数 10 属于 int 型,占两个字节,也就是 16 位,每一位只能为 0 或者 1,其最高位为符号位为 0,表示正号,数值 10 对应的二进制是 1010,因此正整数 10 的原码、反码、补码相同,为 0000 0000 0000 1010。

(2)负整数。

一个负整数的原码、反码、补码各不相同。

一个负整数的原码为:将最高位设为 1,表示负号,将其数值的绝对值转换为对应的二进制形式。

一个负整数的反码为:保持最高位 1 不变,将该负整数的原码按位取反。

一个负整数的补码为:在该负整数的反码的基础上加 1;也可以是将该负整数的原码保持最高位 1 不变,然后按位取反加 1;还可以是将该负整数的绝对值的二进制形式,按位取反再加 1。

例如:负整数 -10 对应的原码、反码、补码为:

原码:1 0 0 0 0 0 0 0 0 0 0 0 1 0 1 0

反码:1 1 1 1 1 1 1 1 1 1 1 1 0 1 0 1

补码:1 1 1 1 1 1 1 1 1 1 1 1 0 1 1 0

根据上面的内容很容易得出结论:如果在内存中得到一个整数的补码,要知道它对应的数值是多少,就应该先看其最高位是1还是0,如果是0,说明是正整数,直接通过二进制转换为十进制的方法得到对应的数值;如果是1,说明是负整数,那么就应该将得到的补码减1,保持最高位1不变,按位取反,再通过二进制与十进制之间的转换得到相应的值。

其实,负整数的补码通过转换得到其原码还有另一种方法:让补码先加1,然后保持最高位1不变,再按位取反。读者可以自行分析一下,这是什么原理?

无符号整数存放在内存中时,最高位不再用来代表"符号位"。当16个二进制位全部为1时,即1111 1111 1111 1111,如果它所代表的是有符号的整数,则最高位1表示"负"号,将其余的15个二进制1按照补码转换为原码的方法得到对应的二进制,再将所得的二进制转换得到其对应的十进制数,即可得所表示的有符号整数为 −1。如果它所代表的是无符号的整数,则最高位1表示数值位,即 2^{15},此时只需要将这16个二进制数直接转换为十进制数,即可得所表示的无符号整数为65535。

4. 整型变量的溢出

一个 int 型变量如果在系统中是两个字节,则其最大允许值为32767。如果再加1,得到的将不是32768,那会是多少呢? 看看下面的程序,就可以得出结果。

【例2－3】int 数据溢出的程序举例。

源程序:

```c
#include "stdio. h"
void main( )
{ int a,b;
  a = 32767;
  b = a + 1;
  printf ("% d,% d", a ,b);
}
```

运行结果:

```
32767, − 32768
```

有了上面例题的提醒,相信大家在使用 int 型变量编程的时候一定会考虑到它的数据范围,否则就会让程序出错。

2.3.2 实型数据

2.3.2.1 实型常量

实型常量,也就是常说的实数,又称为浮点数。实数有以下两种表示形式。

1. 十进制小数形式

实数用十进制小数形式表示时,由数字和小数点组成(注意必须要有小数点)。如:0.123,123.0,0.0 都是十进制小数形式。需要提醒的是:小数点的前面或者后面没有数字,也被认为是十进制小数形式,如 .25,18. 认定为是合法的小数形式,但不能是小数点前后同时没有数字,如 . 就被认定为是非法的实数。

2. 指数形式

实数用指数形式表示时,由小数部分和指数部分组成,由于在 C 语言中没有上下标的表示方法,因此对 10^n 次方表示为 En 或 en,在 C 语言中用 1. 23e3 或 1. 23E3 都能代表 1.23×10^3。在这里需要着重强调的是:用指数形式表示实数时,字母 e(或 E)之前必须有数字,且 e(或 E)后面的指数必须为整数。如 7e8、1. 36E + 5、 - 1. 2E - 7、. 2e0 都是合法的指数形式,而 E5、3. 72E、2. 4E5. 6 都是不合法的指数形式。

一个实数可以有多种指数形式。因此需要设置一种形式为其"规范化的指数形式",即在字母 e(或 E)之前的小数部分中,小数点左边应有一位非零的数字。例如 123. 456 可以表示为:1. 23456e2、123. 456e0、12. 3456e1、0. 123456e3、0. 00123456e5,其中 1. 23456e2 称为该数的"规范化的指数形式"。

2.3.2.2 实型变量

1. 实型变量(也称浮点型变量)的分类

实型变量,也称为浮点型变量,按照数值表示的范围及其精度可以分为单精度型(float)、双精度型(double)和长双精度型(long double)3 类。实型变量的数据特点见表 2 - 3。

表 2 - 3　实型变量的数据特点

类型名	字节数	比特数	有效数字	小数位数	数值范围
float	4	32	6 ~ 7	6 位	$-3.4 \times 10^{-38} \sim 3.4 \times 2^{38}$
double	8	64	15 ~ 16	15 位	$-1.7 \times 10^{-308} \sim 1.7 \times 2^{308}$
long double	16	128	18 ~ 19		$-1.2 \times 10^{-4932} \sim 1.2 \times 2^{4932}$

ANSI C 并未具体规定每种数据类型的长度、精度和数值范围。有的系统将 double 型所增加位的部分全用于存储小数部分,可以增加数值的有效位数,减少误差;有的系统则将所增加位的一部分用于存储指数部分,可以扩大数值的范围。

由于 long double 型用得较少,读者了解有此类型便可,因此不再详细介绍。

2. 实型数据(也称浮点型数据)在内存中的存储形式

一个实型数据一般在内存中占四个字节。与整型数据的存储方式不同,浮点型数据是按照指数形式存储的。系统把一个实型数据分成小数部分和指数部分,分别存放。实数 7. 56432 在内存中的存放形式可以表示为:

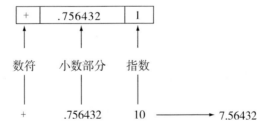

3. 实型数据的舍入误差

由于实型变量提供的有效数字总是有限的,在有效位以外的数字将被舍去,因此可能产生一些误差。

【例 2 - 4】浮点型数据的舍入误差。

源程序:

```
#include "stdio. h"
void main( )
```

```
{ float a,b,c;
  a = 27.777777;
  b = 76.111111;
  c = a + b;
  printf ("%f\n",c);
}
```

运行结果：

103.888893

程序内 printf 函数中"%f"的作用是指定实数 c 用小数形式进行输出。但是通过运行结果不难发现，得到的结果并不精确，这是因为：a + b 的理论值应是 103.888888，而一个浮点型变量只能保证的有效数字是 7 位，后面的数字是无意义的，因此并不能准确无误地表示该数。对于这个数来说，前七位数字是准确的，后两位是不准确的。

通过上面的例子，不难得出结论：在编写程序时，应当尽量考虑有效数字的位数和数据的准确性。

2.3.3 字符型数据

2.3.3.1 字符常量

C 语言的字符常量是用单撇号括起来的一个字符。如：'b'、'X'、'! '、'&'等都是字符常量。使用字符常量需要注意以下三点：①用的是单撇号，而不是单引号，单撇号是英文状态下的标点，单引号是中文状态下的标点，如'B'是字符常量，'B'则不是字符常量；②字符常量是一个字符，而不是多个字符，如'b'是字符常量，'boy'则不是字符常量；③大写字母和小写字母是不同的字符，如'h'与'H'是不同的字符。

除了上面提及的普通字符常量外，C 语言还允许使用一种特殊形式的字符常量，就是以一个字符"\"开头的字符序列。"控制字符"在屏幕上是不能显示的，在程序中也无法用一般形式的字符表示，只能采用特殊形式表示，按其表示的意义输出，因此称为"转义字符"。表 2 - 4 中列出了常用的以"\"开头的特殊字符。

表 2 - 4 转义字符及其作用

字符形式	含义	ASC Ⅱ代码（10 进制）
\0 或 \000	空操作	0
\a	响铃符	7
\n	回车换行，将当前位置移到下一行开头	10
\t	水平制表符，跳到下一个 Tab 位置，跳行为 1～8 列	9
\v	纵向制表符，将当前位置移到下一行该列	11
\b	退格，将当前位置移到前一列	8
\r	回车不换行，将当前位置移到本行开头	13
\f	走纸换页，将当前位置移到下页开头	12
\?	代表一个问号字符"？"	63

字符形式	含义	ASCⅡ代码(10进制)
\\	代表一个反斜杠字符"\"	92
\'	代表一个单撇号字符"'"	39
\"	代表一个双撇号字符"""	34
\ddd	1到3位八进制数所代表的字符	
\xhh	1到2位十六进制数所代表的字符	

通过对表2-4的了解和分析,应该注意以下几个问题:

(1)"\t"字符表示水平制表,表示由当前位置跳到下一个区的第一列,如果当前位置处于该区的第一列,执行"\t",则跳到下一个区第一列,所跳列数为最大即为八列;如果当前位置处于该区第八列,执行"\t",则跳到下一个区第一列,所跳列数为最小即为一列。

(2)垂直制表符"\v"和换页符"\f"对屏幕显示输出结果没有任何影响,但会影响打印机输出结果。

(3)字符常量中需要使用单撇号、反斜杠以及双撇号时,都必须使用转义字符表示,即在这些字符前加上反斜杠。

(4)"\?"其实不必要。只要用"?"就可以了。也就是说表示字符"?"可以使用"\?"或"?"任意一种即可。

(5)"\ddd"是一个ASCⅡ码(八进制数)表示一个字符。如"\101"代表ASCⅡ码(八进制数)为101的字符,由于八进制数101相当于十进制数65,从ASCⅡ码表中可知,十进制数为65的字符是大写字母"A",即"\101"代表的字符就是大写字母"A"。

(6)"\xhh"是一个ASCⅡ码(十六进制数)表示一个字符。如"\x61"代表ASCⅡ码(十六进制)为61的字符,由于十六进制数61相当于十进制数97,从ASCⅡ表中可知,十进制数为97的字符是小写字母"a",即"\x61"代表的字符就是小写字母"a"。

(7)"\0"或"\000"是代表ASCⅡ码为0的控制字符,即"空操作"字符,它常用在字符串中。

(8)在C语言程序中,使用不可打印字符时,通常用转义字符实现。转义字符可以表示任何可输出的普通字符、专用字符、图形字符和控制字符。同时需要注意的是:转义字符中只能使用小写字母,不能使用大写字母,并且每个转义字符只能看做一个字符。即只能使用"\n",不能使用"\N",而"\376"这样的转义字符被视为一个字符,它表示图形符号"■"。

【例2-5】C语言中转义字符的使用。(注意在打印机和显示屏上输出的不同结果)

源程序:

```
#include " stdio. h"
void main( )
{ printf( "12345678901234567890\n" );
  printf( "abc\tdef\n" );
  printf( "12 3\t 45\r6\t7\n" );
  printf( "abcde\babc\rh\n" );
  printf( "7\t2\b\b3 6\n" );
}
```

运行结果：

在打印机上的输出结果：

```
1 2 3 4 5 6 7 8 9 0 1 2 3 4 5 6 7 8 9 0
a b c           d e f
6 1 2   3       7 4 5
h b c d a b c
7               3 2 6
```

在显示屏上的输出结果：

```
1 2 3 4 5 6 7 8 9 0 1 2 3 4 5 6 7 8 9 0
a b c           d e f
6               7 4 5
h b c d a b c
7               3   6
```

程序分析：

（1）程序中没有字符变量，用 printf 函数直接输出双撇号内的各个字符。

（2）第一个 printf 函数：printf（"12345678901234567890\n"），先输出数字，然后执行"\n"，作用是"使当前位置移到下一行的开头"。

（3）第二个 printf 函数：printf("abc\tdef\n")，先输出"abc"，然后执行"\t"，使当前输出位置移到第 9 列，输出"def"，最后执行"\n"，回车换行。

（4）第三个 printf 函数：printf(" 12 3\t 45\r6\t7\n")，先输出" 12 3"，然后执行"\t"，使当前输出位置移到第 9 列，输出"45"，然后执行"\r"，将当前输出位置移动到该行第 1 列，输出"6"，然后执行"\t"，将当前输出位置移动到该行第 9 列，输出"7"，最后执行"\n"，回车换行。

（5）第四个 printf 函数：printf(" abcde\babc\rh\n")，先输出"abcde"，然后执行"\b"，作用是"退格"，将当前位置退格至第 5 列，然后输出"abc"，然后执行"\r"，将当前输出位置移动到该行第 1 列，输出"h"，最后执行"\n"，回车换行。

（6）第五个 printf 函数：printf("7\t 2\b\b3 6\n")，先输出"7"，然后执行"\t"，将当前位置移动到第 9 列，输出"2"，然后执行"\b\b"，即在当前位置向前退 2 列，由于当前位置为第 10 列，因此退到第 8 列，输出"3 6"，最后执行"\n"，回车换行。

（7）上述运行结果可以看出，打印机与显示屏对程序的结果输出是有差别的。这是因为"\r"使当前位置回到本行开头，自此输出的字符（包括空格和跳格所经过的位置）将取代原来屏幕该位置上显示的字符。实际上，屏幕上完全按程序要求输出了全部的字符，只是因为在输出前面的字符后很快又输出后面的字符，在人们还未看清楚之前，新的字符已经取代了旧的字符，所以误认为未输出应输出的字符。而使用打印机输出结果时，不像显示屏那样会"擦除"原来的字符，而是留下了曾经的痕迹，它能真正反映输出的过程和结果。

2.3.3.2 字符变量

1. 字符变量的分类

字符变量用来存放字符常量，且只能存放一个字符，而不能存放一个字符串。字符变量的分类很简单,因为它只有一类,即 char 型,占一个字节。

字符变量的定义形式为:

char   a1,a2;

它表示 a1 和 a2 为字符型变量,分别可以存放一个字符。因此可以用赋值语句对 a1 和 a2 赋初值:

a1 = 'x';a2 = 'y';

在所有的编译系统中,一个字符变量在内存中占一个字节。

2. 字符数据在内存中的存储形式

字符数据在内存中是按二进制形式的 ASCⅡ 码存放的。将一个字符常量放到一个字符变量中,实际上是将该字符相应的 ASCⅡ 代码放到存储单元中,而不是把字符本身放到内存单元中。因此在 ASCⅡ 码允许的范围内,即在 0～255 范围内,字符型数据和整型数据可以通用。

【**例 2 -6**】字符型数据与整型数据在 0～255 范围内通用的举例。

源程序:

```
#include "stdio. h"
void main( )
{ char c1,c2 ;
  c1 =97;
  c2 =98;
  printf ( "% c % c\n",c1,c2);
  printf ( "% d % d\n",c1,c2);
}
```

运行结果:

```
 a b
 97 98
```

从 ASCⅡ 码表中可以看到:每一个小写字母比它对应的大写字母的 ASCⅡ 码在数值上要大 32。C 语言允许字符型数据与整型数据直接进行算术运算,即 'A' +32 会得到整数 97,'a' -32 会得到整数 65。

【**例 2 -7**】大写字母与小写字母相互转换。

源程序:

```
#include "stdio. h"
void main( )
{ char c1 , c2 ;
  c1 = 'a';
  c2 = 'B';
  printf ( "% c % c\n",c1,c2);
  c1 = c1 -32;
  c2 = c2 +32;
  printf ( "% c % c\n",c1,c2);
```

```
    }
```

运行结果：

```
    a B
    A b
```

2.3.3.3 字符串常量

C 语言除了允许使用字符常量外，还允许使用字符串常量。字符串常量是用一对双撇号括起来的字符序列。需要注意的是：用的是双撇号，而不是双引号。例如：

"How do you do. " , "BOY" , " $456. 34"

可以利用 printf 函数输出一个字符串，例如：

printf ("How are you. \n");

则输出

How are you.

字符常量与字符串常量是不同的，是有区别的。′h′是字符常量，"h"是字符串常量，二者不同。假定 x 被指定为字符变量：

char x ;

x = ′h′;

是正确的。而

x = "h" ;

是错误的。

′h′与"h"的不同在于：′h′是字符常量，只占一个字节的内存空间；而"h"是字符串常量，占两个字节的内存空间，包括′h′和′\0′两个字符的空间，因为字符串常量所占内存空间等于字符串的双撇号中包含的字符所占字节数再加上一个字节（该字节为字符串结束标志′\0′所占空间）。

如果有

char x ;

x = "CHINA" ;

是错误的。不能将一个字符串常量赋给一个字符变量。

C 语言规定：在每一个字符串的结尾加一个"字符串结束标志"，以便系统据此判断字符串是否结束。C 语言规定以字符′\0′作为字符串结束标志。′\0′是一个 ASCⅡ码为 0 的字符，从 ASCⅡ码表中可以看到 ASCⅡ码为 0 的字符是"空字符"，即不起任何控制动作，也不是一个可显示的字符。值得注意的是，在使用字符串时不必加′\0′，否则会多此一举，系统会将字符′\0′自动加在字符串的末尾。

如果字符串常量是"PROGRAM"，则在内存中的存放形式是：

P	R	O	G	R	A	M	\0

它在内存单元中占用的不是 7 个字符，而是 8 个字符，最后一个字符为′\0′。但在输出时不输出′\0′。例如 printf ("program")，从第一个字符开始逐个输出字符，直到遇到最后的′\0′字符，字符串方才结束停止输出，输出结果为 program。

在 C 语言中没有专门的字符串变量，如果想将一个字符串存放在内存中，必须使用字符数组,即用一个字符型数组来存放一个字符串,数组中每个元素将存放一个字符。字符数组将在后面项目中讲述。

2.3.4 变量赋初值

C语言允许在定义变量的同时使变量初始化,也允许使被定义的变量中的一部分赋予初值。例如:

    int a = 6;   /*定义 a 为整型变量,并赋初值为 6 */
    float f = 3.14159;   /*定义 f 为实型变量,并赋初值为 3.14159 */
    char c = 'a';   /*定义 c 为字符变量,并赋初值为'a'*/
    int a,b,c = 5;   /*定义 a,b,c 为整型变量,并只对 c 赋值为 5 */

如果对几个变量赋予同一个初值,不可写成

    int a = b = c = 3;

而应改成

    int a = 3,b = 3,c = 3;

又有

    int a = 3;

其实它相当于:

    int a;
    a = 3;

值得注意的是:初始化不是在编译阶段完成的,而是程序运行时在执行本函数期间赋予初值的,相当于一个赋值语句。

2.3.5 不同类型数据间的相互转换

1.数据类型的自动转换

在 C 语言中,各类数据间的混合运算一般都要进行相应的数据类型的转换后才能顺利进行,数据间的相互转换大致分为以下几类:

(1)不同类型数据间的转换。

(2)赋值转换。

(3)强制类型转换。

下面就介绍一下数据间的相互转换。

2.不同类型数据间的混合运算

在 C 语言中,整型、实型、字符型数据间可以进行混合运算。例如:

18 + 'A' − 1.78 + 1e 6/2 + 6%2 * 'c'

要进行运算时,首先需要将不同类型的数据通过一定的法则转换成同一类型,然后再进行运算。在 C 语言中,数据类型之间相互转换的原则如图 2 −3 所示。

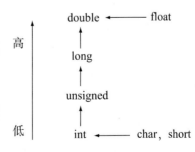

图 2 −3 数据类型的相互转换

3. 赋值转换

在 C 语言中,所谓赋值转换,就是在使用赋值运算符" = "完成赋值运算后,数值存在相应变化的情况,赋值运算符" = "是 C 语言中最常使用的运算符,其作用是将赋值号" = "右边的数值,赋值给赋值号" = "左边的变量。下面就来看看赋值转换的具体实现。

(1)将实型数据(包括单、双精度)赋给整型变量时,舍弃实数的小数点和实数的小数部分。例如:有语句

int a;

a = 3.56;

则 a 的值为 3。

(2)将整型数据赋给单、双精度变量,其数值不变,但需要以浮点形式存储到变量中。例如:有语句

float a;

a = 3;

则 a 的值为 3.000000。

(3)将一个 double 型数据赋给 float 变量时,截取其前面七位有效数字,存放到 float 变量的存储单元(32 位)中。但应注意其数值范围不能有溢出。例如:有语句

float f;double d;

d = 123.456789E100;

f = d;

则会出现溢出,f 将得到一个值,但是该值已经和实际值发生了重大的偏离。

(4)字符型数据赋给整型变量时,由于字符只占一个字节,而整型变量为两个字节,因此将字符数据(八位)放到整型变量低八位中。

如果所用系统将字符处理为无符号的字符类型,或程序已将字符变量定义为 unsigned char 型,则将字符的八位放到整型变量低八位,高八位补 0。例如:有语句

int i;

char c = '\201';

i = c;

则如图 2 - 4(a)所示。i 的值为 129。

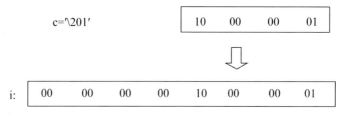

图 2 - 4 (a)char 型数据赋值给 int 型变量

如果所用系统将字符处理为带符号的字符类型,若字符最高位为 0,则在整型变量中将高八位补 0;若字符最高位为 1,则将高八位全补 1,这样做可以使数值保持不变。为什么能保持不变,读者可以参考前面的整数存储方式——"补码"方式。例如:有语句

int i;

char c = '\201';

i = c;

则如图 2 -4(b)所示。即高位补 0,i 的值为 129。例如:有语句

int i;

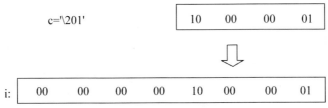

图 2 -4　(b)char 型数据赋值给 int 型变量

char c = '\201';

i = c;

则如图 2 -4(c)所示。即高位补 1,i 的值为 -127。

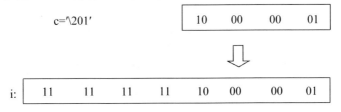

图 2 -4　(c)char 型数据赋值给 int 型变量

(5)将一个 int、short、long 型数据赋给一个 char 型变量时,只将其低八位原封不动地送到 char 型变量(即截断)。

例如:有语句

int i = 1089;

char c = 'h';

c = i;

则如图 2 -4(d)所示。c 的值为 65,如果用"% c"输出 c,将得到字符"A"('A'字符的 ASCⅡ码值为 65)。

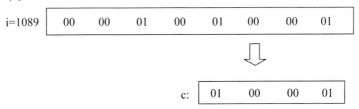

图 2 -4　(d)int、short、long 型赋值给 char 型变量

(6)将带符号的整型数据(int 型)赋给 long 型变量时,要进行符号扩展,将整型数的 16 位送到 long 型低 16 位中。

如果 int 型数据为正值(符号位为 0),则 long 型变量的高 16 位补 0,保持数值不变。例如:有语句

```
int a = 8;

long b;

b = a;
```

则如图 2 - 4(e)所示。即高位补 0,b 的值为 8。

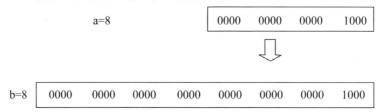

图 2 - 4　(e)int 型数据赋值给 long 型变量

如果 int 型变量为负值(符号位为 1),则 long 型变量的高 16 位补 1,保持数值不变。例如:有语句

```
int a = - 8;

long b;

b = a;
```

则如图 2 - 4(f)所示。即高位补 1,b 的值为 - 8。

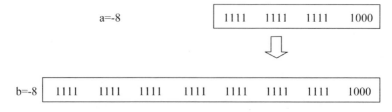

图 2 - 4　(f)int 型数据赋值给 long 型变量

(7)若将一个 long 型数据赋值给一个 int 型变量,只将 long 型数据中低 16 位原封不动地送到整型变量中,即截断。例如:有语句

```
int a;

long b = 65537;

a = b;
```

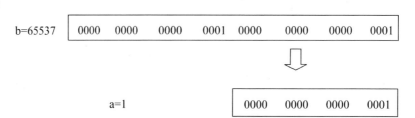

图 2 - 4　(g)long 型数据赋值给 int 型变量

则如图 2 - 4(g)所示。a 值为 b 值的低 8 位,即为 1。

(8)将 unsigned int 型数据赋给 long int 型变量,不存在符号扩展问题,只需将高位补 0 即可。例如:有语句

```
unsigned int a;

long b

a = 65535;
```

b = a;

则如图 2 - 4(h)所示。b 的值为 65535。

a=65535

| 1111 | 1111 | 1111 | 1111 |

b=65535

| 0000 | 0000 | 0000 | 0000 | 1111 | 1111 | 1111 | 1111 |

图 2 - 4 （h）unsigned int 型数据赋值给 long 型变量

（9）将一个 unsigned 类型的整型数据赋给一个占字节数相同的非 unsigned 型整型变量（即 unsigned int 赋值给 int，unsigned short 赋值给 short，unsigned long 赋值给 long），需要将 unsigned 型变量内容原样送到非 unsigned 型变量中,但如果数据范围超出了相应整型数据的范围,则会出现数据错误。

例如:有语句

unsigned int a;

int b

a = 65535;

b = a;

则如图 2 - 4(i)所示。虽然 a 与 b 在计算机中的存储形式一样,但是 a 为无符号的基本整型,其最高位为数值位,其余的数也表示其数值,而 b 是有符号的基本整型,最高位为符号位,由于为 1,因为表示负数,其他数为该数在计算机中存储的数值的补码形式,因此求得 b 为 -1。

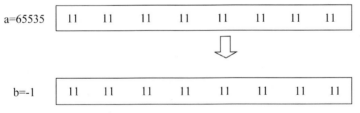

图 2 - 4 （i）unsigned int 型数据赋值给 int 型变量

（10）将非 unsigned 型数据赋给字节数相同的 unsigned 型变量,也是原样赋值。例如:有语句

unsigned int a;

int b = -2;

a = b;

则如图 2 - 4(j)所示。其方法与图 2 - 4(i)一致,故 a = 65534。

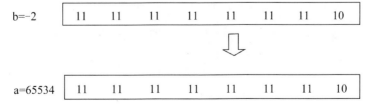

图 2 - 4 （j）int 型数据赋值给 unsigned int 型变量

4. 强制类型转换

在 C 语言中,由于编程的需要,有时候需要将数据的类型强制转换为另一种类型方可进行计算,因此可以利用强制类型转换运算符将一个表达式转换成所需的另一种类型。其形式为:

(类型名)(表达式)

例如:

(float) b   (将 b 转换为 float 类型)

(int)(a + b)   (将 a + b 的值转换成 int 型)

(float)(8%3)   (将 8%3 的值转换成 float 型)

【注意】表达式应该用圆括号括起来。

如果将

(int)(a + b)

写成

(int) a + b

则只将 a 的值转换成整型,然后再与 b 值相加。

需要强调的是:在强制类型转换时,得到一个所需类型的中间变量,原来变量的类型未发生变化。下面通过例 2 – 8 说明这一点。

【例 2 – 8】强制类型转换举例说明。

源程序:

```
#include "stdio. h"
void main( )
{ float a;
   int b;
   a = 3. 14159;
   b = (int)a%2;
   printf ("a = % f, b = % d\n",a,b);
}
```

运行结果:

    a = 3. 141590,b = 1

在进行 b = (int)a%2 运算时,(int)a 强制 a 的类型为 int 型,值为 3,但当变量 a 在非强制类型转换时,其类型仍为 float 型,值仍为 3. 14159。

综上所述,在 C 语言中有两种形式的转换:一种是由系统自动完成的转换,包括数据类型转换和赋值转换,在运算时不必用户指定,而由系统自动运行的类型转换,如 5 + 3. 5,为一个整型数与另一个单精度实型数相加,在运算时自动转换为单精度实型数,其值为 8. 500000;第二种是系统不能自动完成的转换,需要采取强制类型转换,当自动类型转换不能实现目的时,可以用强制类型转换,此种情况一般都是将高字节的数据类型向低字节的数据类型转换,如例 2 – 8。此外,在函数调用时,有时为了使实参与形参类型一致,可以用强制类型转换运算符得到一个所需类型的参数。

2.4. 运算符及表达式

2.4.1 C语言运算符简介

C语言的运算符相当丰富,共有34种运算符。在C语言中,除了控制语句和输入输出操作以外,其他的处理操作都可视为使用运算符来处理完成的。C语言的运算符有以下几类:

(1)算术运算符	+	–	*	/	%
(2)关系运算符	>	<	==	>=	<=	! =
(3)逻辑运算符	!	&&	‖		
(4)位运算符	<<	>>	~	!	^	&
(5)赋值运算符	=				
(6)条件运算符	?:				
(7)逗号运算符	,				
(8)指针运算符	*				
(9)求字节数运算符	sizeof				
(10)强制类型转换运算符	(类型)				
(11)分量运算符	.	– >			
(12)下标运算符	[ ]				
(13)其他	如函数调用运算符( )				

本项目中只介绍几种常见的运算符,在以后的项目中将陆续结合相关内容介绍其他运算符。运算符见本书附录三。

2.4.2 算术运算符和算术表达式

1. 算术运算符

C语言提供了五种算术运算符:

(1) +　　加法运算符或正值运算符,如2+3、+1;

(2) –　　减法运算符或负值运算符,如3–1、–7;

(3) *　　乘法运算符,如4*6;

(4) /　　除法运算符,如5/2;

(5) %　　模运算符,或称求余运算符,%两侧均为整型数据,如12%5。

对于算术运算符的使用需要注意以下几点:

(1)两个整数相除的结果为整数,如5/2的结果为2,而不是2.5,即直接舍去小数部分,并且小数部分不考虑四舍五入。

（2）两个整数相除，如果除数或被除数中有一个为负值，则舍入的方向是不固定的。如 $-7/3$ 在有的系统中得到的结果为 -2，在有的系统中则得到结果为 -3。多数 C 编译系统（如 Turbo C）采取"向零取整"的方法，即取整后向零靠拢，如 $7/3=2$，$-7/3=-2$。

（3）如果参加 $+$、$-$、$*$、$\sqrt{\ }$ 运算的两个数中有一个数为实数，则结果的类型为实型。

2. 算术表达式

用算术运算符和圆括号将运算对象连接起来，符合 C 语言语法规则的表达式，称为 C 语言的算术表达式。例如：

$x+a\%3*(\text{int})(x+y)\%2/4+'a'$

3. 运算符的优先级与结合性

C 语言规定了运算符的优先级和结合性，在表达式求值时，先按运算符优先级别的高低次序执行，即先乘除求余，后加减，有括号先算括号里面的。如果在一个运算对象两侧的运算符的优先级别相同，如 $a+b-c+d$，则按规定的"结合方向"处理。

C 语言规定了各种运算符的结合方向（即结合性），有"左结合性"和"右结合性"两种。"左结合性"，即结合方向为"自左向右"，算术运算符就属于这种结合性，运算对象先与左面的运算符结合，如 $a+b-c$ 就是先执行 $a+b$ 的运算，然后再执行减 c 的运算。"右结合性"，即结合方向为"自右向左"，赋值运算符就属于这种结合性。"结合性"是 C 语言的特点之一，其他的高级语言中是不涉及"结合性"的。

2.4.3 赋值运算符和赋值表达式

1. 赋值运算符

赋值运算符就是赋值号" $=$ "，它的作用是将一个数据赋给一个变量。例如：假定下面的举例中变量都已经定义，则

a = 3;　　　　（将常量 3 赋值给变量 a）

a = b;　　　　（将变量 b 赋值给变量 a）

a = 3 + y;　　（将常量 3 加变量 y 得到的和赋值给变量 a）

由此可见，赋值运算符的使用是如此的简单明了，但需要注意：赋值运算符" $=$ "与数学中的等于符号" $=$ "很相似，但意义和用法完全不一样，在使用时一定注意使用赋值运算符时要使用" $=$ "，如果使用等于运算符，则要用符号" $==$ "才正确。

2. 赋值表达式

用赋值运算符" $=$ "将运算对象连接起来的，符合 C 语言语法规则的表达式，称为赋值表达式。其一般形式为：

＜变量＞＜赋值运算符＞＜表达式＞

例如：

a = c + d - b

a = b = c = 6

y = 7 + (c = 7)

z = (x = 3) + (y = 4)

很显然，赋值表达式的运算过程就是将赋值运算符右侧的"表达式"的值赋给左侧的变

量。赋值表达式虽然使用方便，但很容易出错，应注意以下几点：

（1）赋值运算符"＝"的执行顺序和数学中的等于符号"＝"执行顺序刚好相反，赋值运算符"＝"是将其右边的数值赋值给左边的变量，而数学中的等于符号"＝"是先计算好左边的数值，再用等于符号"＝"得出右边表示的结果。

（2）赋值运算符"＝"的左边只能是变量，而赋值运算符"＝"的右边可以是常量、变量或者表达式。例如：

a）a＋b＝c＋d　　　　b）3＝4＋5　　　　c）3＋y＝a　　　是错误的。

d）a＝c＋d－b　　　　e）x＝4＋5　　　　f）y＝a　　　　　是正确的。

3. 复合的赋值运算符

在赋值运算符"＝"之前加上其他运算符，可以构成复合赋值运算符。如果在"＝"前加一个加法运算符"＋"就构成了复合赋值运算符"＋＝"。例如，可以有：

x＋＝6　　　　等价于 x＝x＋6

a＊＝b＋3　　　等价于 a＝a＊（b＋3）

"x＋＝6"相当于x进行了一次自加6的操作。即先执行x＋6，然后再将所得值赋给x；而"a＊＝b＋3"则是将赋值号右边"b＋3"看成一个整体，先执行a＊（b＋3），然后再赋值给a。

凡是二元（二目）运算符，都可以与赋值运算符一起组合成复合赋值运算符。C语言规定可以使用10种复合赋值运算符。即

＋＝，－＝，＊＝，／＝，％＝，＜＜＝，＞＞＝，＆＝，^＝，|＝

前五种是有关算术运算符的，后五种是有关位运算符的。位运算符将在本节后续课程中介绍。

C语言采用复合赋值运算符，一是为了简化程序，使程序精练；二是为了提高编译效率，能产生质量较高的目标代码。专业人员通常喜欢使用复合运算符进行相应的程序设计，但对初学者来说，可以根据自己的情况选择使用复合赋值运算符，但首先必须保证程序清晰易懂。

如果x的值为12，下面的复合赋值运算符的值分别是多少呢？

（1）x＋＝2　　　　　　　（2）x－＝－x　　　　　　　　　（3）x＊＝2＋1

（4）x／＝x＋x　　　　　（5）x％＝（y＊＝3），y的值为3

（6）x＋＝x－＝x＊＝2　　（7）x＋＝x－＝x＊2

通过计算，不难得到（1）的值为x＝14；（2）的值为x＝24；（3）的值为x＝36；（4）的值为x＝0；（5）的值为x＝3；（6）的值为x＝0；（7）的值为x＝－24。其中（1）、（2）、（3）、（4）的求解可以按照规则求解，相对简单，这里就不多阐述，着重讲述一下（5）、（6）、（7）。对于（5）x％＝（y＊＝3），首先计算y＊＝3，得y＝9，从而原式子化简为x％＝9，最后得到值x＝3；（6）x＋＝x－＝x＊＝2，首先计算x＊＝2，即x＝x＊2，得x＝24，同时原式子化简为x＋＝x－＝24，然后计算x－＝24（此处计算最容易出错，一定要弄清楚此时x的值为多少，此时x的值已经不再是12，而是变成了24，因为在计算x＊＝2时，x被重新赋值24，有了这个认识，再计算x－＝24，就不容易出错了），即x＝x－24，得x＝0，原式子化简为x＋＝0，最后计算x＋＝0，即x＝x＋0，得x＝0；（7）计算过程与（6）相同，请自行推算。

通过上面的举例，读者应该对复合赋值运算符有了比较深入的了解，在使用的时候对于

多重复合赋值运算符的计算,一定要注意变量在计算过程中其值的不断变化,第(6)题和第(7)题充分地说明了这个道理。

2.4.4 自增、自减运算符

自增、自减运算符是 C 语言特有的运算符,它的作用是使变量的值增 1 或减 1。其具体含义为:

+ +i	在使用 i 之前,先使 i 的值加 1
− −i	在使用 i 之前,先使 i 的值减 1
i + +	在使用 i 之后,再使 i 的值加 1
i − −	在使用 i 之后,再使 i 的值减 1

粗略地看,+ +i 和 i + +的作用相当于 i = i + 1;− −i 和 i − −的作用相当于 i = i − 1。但 + +i 与 i + +,− −i 与 i − −存在不同之处。+ +i 与 i + +的不同之处在于 + +i 是先执行 i = i + 1 后,再使用 i 的值;而 i + +是先使用 i 的值后,再执行 i = i + 1。− −i 与 i − −的不同之处在于 − −i 是先执行 i = i − 1 后,再使用 i 的值;而 i − −是先使用 i 的值后,再执行 i = i − 1。如果 i 的原值为 5,则下面的语句的值该为多少呢?

语句 1:h = + +i;

计算过程:i 的值先自增 1 变成 6,再赋给 h,h 的值为 6,最终:h = 6,i = 6。

语句 2:h = i + +;

计算过程:先将 i 的值 5 赋给 h,h 的值为 5,然后 i 的值自增 1 变成 6,最终:h = 5,i = 6。

为了加深对自增自减运算符的理解,看看下面的例子。例如,如果 i 的初值都为 3,a 的初值都为 0,经过自增自减后,i 的值与相应变量的值该分别是多少,将其分为四组进行观察,如表 2 − 5 所示。

表 2 − 5　自增自减运算符运用实例表

组号	运算前变量初值		运算	运算后变量的值	
	i	a	公式	i	a
第一组	3	0	a = + +i	4	4
第二组	3	0	a = i + +	4	3
第三组	3	0	a = − −i	2	2
第四组	3	0	a = i − −	2	3

由表 2 − 5 不难看出,自增(自减)运算符在运算过程中,无论是 + +i,还是 i + +,对 i 自身值的变化无影响,只是对其参与运算的式子会产生影响,如上表中 a = + +i 与 a = i + +,运算后两个式子的 a 值是不一样的。

此外,在使用自增自减运算符的过程中,还应该注意以下几个问题:

(1)自增运算符(+ +)和自减运算符(− −)只用于变量,而不能用于常量或表达式。如 6 + +是不合法的,因为 6 是常量,常量的值是不能改变的;又如(x + y) + +也是不合法的,假如 x + y 的值为 8,那么自增后得到的数值 9 该存放在什么地方呢? 是存放在变量 x 中,还是存放在变量 y 中,因此根本无法确定,也就是无变量可供存放。

（2）自增运算符（＋＋）和自减运算符（－－）的结合方向是"自右至左"，即"右结合性"。例如i的原值为3，对于表达式－i＋＋来说，i左边是负号运算符，右边是自增运算符，由于负号运算符"－"与自增运算符"＋＋"同优先级，而结合方向为"右结合性"，所以表达式－i＋＋等价于－（i＋＋），其结果为－3，而i最后的值为4。前面已经讲述过的算术运算符的结合方向为"自左至右"，即"左结合性"。在C语言中，"右结合性"的运算符相对较少，因此读者只需要记住"右结合性"的运算符，其余的运算符就是"左结合性"运算符。

（3）自增运算符（＋＋）和自减运算符（－－）常用于循环语句中，使循环变量自动加1或减1；也用于指针变量，使指针指向下一个地址。这些内容将在后续的课程中讲述。

2.4.5 关系运算符和关系表达式

所谓"关系运算"实际上就是"比较运算"，即将两个数据进行比较，判定两个数据是否符合给定的关系。

例如，"a＞b"中的"＞"表示一个大于关系运算。如果a的值是5，b的值是3，则大于关系运算"＞"的结果为"真"，即条件成立；如果a的值是2，b的值是3，则大于关系运算"＞"的结果为"假"，即条件不成立。

1. 关系运算符

C语言提供六种关系运算符：

（1）＜　　小于运算符

（2）＜＝　　小于或等于运算符

（3）＞　　大于运算符

（4）＞＝　　大于或等于运算符

（5）＝＝　　等于运算符

（6）！＝　　不等于运算符

对于关系运算符的使用应注意以下几点：

（1）在C语言中，"等于"关系运算符是双等号"＝＝"，而不是单等号"＝"（赋值运算符）。

（2）关系运算符内部的优先级：在关系运算符中，前四个优先级相同，后两个优先级相同，且前四个的优先级高于后两个。

（3）关系运算符与其他种类运算符的优先级关系：低于算术运算符，高于赋值运算符。

2. 关系表达式

所谓关系表达式就是用关系运算符将两个表达式连接起来，进行关系运算的式子。例如，下面的关系表达式都是合法的：

a＞b，a＋b＞c－d，（a＝3）＜＝（b＝5），′a′＞′b′，（a＞b）＝＝（b＞c）

在程序设计领域，关系表达式的值是一个逻辑值，逻辑值只有两种"真"或者"假"，非"真"即"假"，非"假"即"真"。由于C语言没有逻辑型数据，所以用整数"1"表示"逻辑真"，用整数"0"表示"逻辑假"。

例如，假设 num1＝3，num2＝4，num3＝5，则：

（1）num1＞num2 的值＝0。

（2）（num1＞num2）！＝num3 的值＝1。

（3）num1 < num2 < num3 的值 = 1。

（4）（num1 < num2）+ num3 的值 = 6，因为 num1 < num2 的值 = 1，1 + 5 = 6。

假如此例中的 num1 = 5，num2 = 4，num3 = 3，则关系表达式（1）num1 < num2，（2）（num1 < num2）！ = num3，（3）num1 > num2 > num3，（4）（num1 > num2）+ num3 的值又该是多少呢？想想看，您能得到正确答案的，正确的答案是（1）0，（2）1，（3）0，（4）6。您算对了吗？

最后，需要再次强调：C 语言用整数"1"表示"逻辑真"，用整数"0"表示"逻辑假"。所以关系表达式的值还可以参与其他种类（如算术表达式、逻辑表达式等）的运算。

2.4.6 逻辑运算符和逻辑表达式

1. 逻辑运算符

C 语言提供了三种逻辑运算符：

&&　　逻辑与（相当于其他语言中的 AND）

||　　逻辑或（相当于其他语言中的 OR）

!　　逻辑非（相当于其他语言中的 NOT）

"&&"和"||"是"双目（二元）运算符"，它要求有两个操作数（运算量），如 a&&b，x||y。而"!"是"一目（一元）运算符"，只要求有一个操作数，如！x，！（x + y）。

逻辑运算符的运算规则是：

（1）逻辑与 &&：当且仅当两个运算量的值都为"真"时，运算结果为"真"，否则为"假"。即 a、b 皆为真，则 a&&b 为真；a 为真，b 为假，则 a&&b 为假；a 为假，b 为真，则 a&&b 为假；a、b 皆为假，则 a&&b 为假。

（2）逻辑或 ||：当且仅当两个运算量的值都为"假"时，运算结果为"假"，否则为"真"。即 a、b 皆为真，则 a||b 为真；a 为真，b 为假，则 a||b 为真；a 为假，b 为真，则 a||b 为真；a、b 皆为假，则 a||b 为假。

（3）逻辑非 !：当运算量的值为"真"时，运算结果为"假"；当运算量的值为"假"时，运算结果为"真"。即 a 为真，则！a 为假；a 为假，则！a 为真。

2. 逻辑运算符的运算优先级

（1）逻辑非的优先级最高，逻辑与次之，逻辑或最低，即：

　　　！（逻辑非）→ &&（逻辑与）→ ||（逻辑或）

（2）与其他种类运算符的优先级关系（由高到低）。

　　　！→ 算术运算 → 关系运算 → && → || → 赋值运算

例如：

（x > = 0）&&（x < 10）　　　　可以写成 x > = 0&&x < 10

（x < −1）||（x > 5）　　　　　可以写成 x < −1||x > 5

（！a）||（a > b）　　　　　　　可以写成！a||a > b

3. 逻辑表达式

所谓逻辑表达式就是用逻辑运算符将一个或多个表达式连接起来，进行逻辑运算的式子。在 C 语言中，用逻辑表达式表示多个条件的组合。例如下面的表达式都是逻辑表达式：

（x > = 0）&&（x < 10）

（x < 1）||（x > 5）

！（x＝＝0）

（year％4＝＝0）&&（year％100！＝0）||（year％400＝＝0）

其中（year％4＝＝0）&&（year％100！＝0）||（year％400＝＝0）就是判断一个年份是否是闰年的逻辑表达式。

在程序设计领域中，逻辑表达式的值也是一个逻辑值，即"真"或"假"。逻辑值的真假判定，也就是对应数值的0和非0的判定。C语言用整数"1"表示"逻辑真"、用"0"表示"逻辑假"。但在判断一个数据的"真"或"假"时，却以其值是0或非0作为依据：如果其值为0，则判定为"逻辑假"；如果其值为非0，则判定为"逻辑真"。例如num的值为12，则！num的值为0，num＞＝1&&num＜＝31的值为1，num||num＞31的值为1。

对逻辑运算符及逻辑表达式的使用作如下说明：

（1）逻辑运算符两侧的操作数，除了可以是0和非0的整数外，还可以是其他任何类型（如实型、字符型等）的数据，如！'a'||！（−7），其值为0。

（2）在运算逻辑表达式时，只有在必须执行下一个表达式才能求解时，才求解该表达式（即并不是所有的表达式都被求解）。换句话说：对于逻辑与运算，如果第一个操作数被判定为"假"，系统不再判定或求解第二操作数；对于逻辑或运算，如果第一个操作数被判定为"真"，系统不再判定或求解第二操作数。

例如，假设n1、n2、n3、n4、x、y的值分别为1、2、3、4、1、1，则求解表达式"（x＝n1＞n2）&&（y＝n3＞n4）"后，x的值变为0，而y的值不变，仍等于1。

2.4.7 位运算符

C语言提供了六种位运算符：

（1）& 按位与　　　　（2）| 按位或　　　　（3）∧ 按位异或

（4）~ 按位取反　　　（5）＜＜ 左移运算　　（6）＞＞ 右移运算

1. 按位与 &

"按位与&"是一个双目运算符，参加运算的两个数据项，按二进制位进行"与"运算。在"按位与&"计算过程中，每位遵循的原则：0&0＝0，0&1＝0，1&0＝0，1&1＝1。例如，3&6的值并不等于9，也不等于1，应该进行按位与的运算：

```
      0 0 0 0 0 0 0 0 0 0 0 0 0 0 1 1
(&)   0 0 0 0 0 0 0 0 0 0 0 0 0 1 1 0
      0 0 0 0 0 0 0 0 0 0 0 0 0 0 1 0
```

因此，3&6的值为2。如果参与按位与"&"运算的对象是负数，则先以补码的二进制形式表示该负数，然后再按位进行"与"运算。例如，−3&6的值该为多少呢？先计算出3的补码即−3为1111111111111101，然后进行"与"运算，则得出−3&6的值为4。

```
      1 1 1 1 1 1 1 1 1 1 1 1 1 1 0 1
(&)   0 0 0 0 0 0 0 0 0 0 0 0 0 1 1 0
      0 0 0 0 0 0 0 0 0 0 0 0 0 1 0 0
```

按位与运算符的用途：

（1）清零。如果想将一个单元清零，也就是使该单元全部二进制位置为0，则需要构建一个二进制数，该二进制数针对原来的数中值为1的位，其相应位的值置为0，然后再将构建的数与需要清零的数进行"&"运算，即可达到清零的目的。例如有一个数

1000000000101011，希望对它进行清零操作，则构建一个数，该数针对原数为 1 的位置为 0，假设该数为 0101010000010101，然后构建的数与原数进行"&"运算。

```
      1 0 0 0 0 0 0 0 0 0 1 0 1 0 1 1
(&)   0 1 0 1 0 1 0 0 0 0 0 1 0 1 0 1
      0 0 0 0 0 0 0 0 0 0 0 0 0 0 0 0
```

显然达到了清零的目的。当然也可以不用 0101010000010101 这个数，而改用其他的数，只要构建的数符合针对原数为 1 的位置为 0 的条件即可，其实最简单的方法就是与数值"0"按位"与"就能达到对原数清零的目的。

（2）将一个数中的某些指定位或将一个数中某些位保留下来，只需将该数与一个构建数进行按位与运算，构建的数需要满足对应原数需要保留的位取 1 即可。如果有一个整数 x（两个字节，即 16 位），想要保留该数的低字节，则只需将 x 与二进制值为 0000000011111111 的数按位与即可。假如 x 为 1010101010101010，则有：

```
x:    1 0 1 0 1 0 1 0 1 0 1 0 1 0 1 0
(&)   0 0 0 0 0 0 0 0 1 1 1 1 1 1 1 1
      0 0 0 0 0 0 0 0 1 0 1 0 1 0 1 0
```

如果有一个整数 x（两个字节，即 16 位），想要保留该数的高字节，只需将 x 与二进制值为 1111111100000000 的数按位与即可。假如 x 为 1010101010101010，则有：

```
x:    1 0 1 0 1 0 1 0 1 0 1 0 1 0 1 0
(&)   1 1 1 1 1 1 1 1 0 0 0 0 0 0 0 0
      1 0 1 0 1 0 1 0 0 0 0 0 0 0 0 0
```

如果有一个整数 x（两个字节，即 16 位），想要把该数的左面的第 3、5、7、9、11 位保留下来，只需将 x 的二进制值与二进制值为 0010101010100000 的数按位与即可。假如 x 为 1010101010101010，则有：

```
x:    1 0 1 0 1 0 1 0 1 0 1 0 1 0 1 0
(&)   0 0 1 0 1 0 1 0 1 0 1 0 0 0 0 0
      0 0 1 0 1 0 1 0 1 0 1 0 0 0 0 0
```

2. 按位或 |

"按位或 |"也是一个双目运算符，参加运算的两个数据项，按二进位进行"或"运算。两个数相应的二进制位中只要有一个值为 1，则运算后结果的该位上的值为 1。在"按位或 |"计算过程中，每位遵循的原则：0|0＝0，0|1＝1，1|0＝1，1|1＝1。例如，3|6 是按位或，则有：

```
      0 0 0 0 0 0 0 0 0 0 0 0 0 0 1 1
(|)   0 0 0 0 0 0 0 0 0 0 0 0 0 1 1 0
      0 0 0 0 0 0 0 0 0 0 0 0 0 1 1 1
```

因此，3|6 的值为 7。如果参与按位或"|"运算的是负数，则先以补码的二进制形式表示该负数，再按位进行"或"运算。其方法与按位与相同，这里就不重复讲述。

按位或运算的用途：使一个数中某些位变为 1，只要将该数与一个构建的数进行按位或"|"运算，构建的数需要具备的条件是：针对原数需要变为 1 的数位其对应位上取 1 即可。例如有一个整数 x（两个字节，即 16 位），想要把该数的高八位全置为 1，只需将 x 与二进制值为 1111111100000000 的数按位或即可。假如 x 的二进制值为 1010101010101010，则有：

```
x:    1 0 1 0 1 0 1 0 1 0 1 0 1 0 1 0
(|)   1 1 1 1 1 1 1 1 0 0 0 0 0 0 0 0
      1 1 1 1 1 1 1 1 1 0 1 0 1 0 1 0
```

3. 按位异或 ∧

"按位异或∧"也是一个双目运算符,也称为 XOR 运算符,参加运算的两个数据项,按二进制位进行"异或"运算。若参加运算的两个数其相应的二进制位数值相同则结果为 0 (假);不同则结果为 1(真)。每位遵循的原则:$0 \wedge 0 = 0, 0 \wedge 1 = 1, 1 \wedge 0 = 1, 1 \wedge 1 = 0$。例如, 3∧6 是按位异或,则有

```
         0 0 0 0 0 0 0 0 0 0 0 0 0 0 1 1
    (∧)  0 0 0 0 0 0 0 0 0 0 0 0 0 1 1 0
         0 0 0 0 0 0 0 0 0 0 0 0 0 1 0 1
```

因此,3∧6 的值为 5。如果参与按位异或"∧"运算的是负数,则先以补码的二进制形式表示该负数,再按位进行"异或"运算。其方法与按位与相同,这里就不重复讲述。

按位异或运算符的用途:

(1)将特定的位翻转。要实现一个数特定位的翻转,只需要让该数与构建的数进行按位异或∧运算,构建的数要求针对原数需要翻转的位,其相应位置为 1 即可。例如有一个整数 x 为 1010101010101010,想要把该数的低 4 位翻转,即 1 变为 0,0 变为 1。只需将 x 的二进制与二进制值为 0000000000001111 的数按位异或即可,则有:

```
x:        1 0 1 0 1 0 1 0 1 0 1 0 1 0 1 0
   (∧)    0 0 0 0 0 0 0 0 0 0 0 0 1 1 1 1
          1 0 1 0 1 0 1 0 1 0 1 0 0 1 0 1
```

(2)与 0 相异或∧,保留原值。例如有一个整数 x 为 1010101010101010,让它与 0 按位异或,则有:

```
x:        1 0 1 0 1 0 1 0 1 0 1 0 1 0 1 0
   (∧)    0 0 0 0 0 0 0 0 0 0 0 0 0 0 0 0
          1 0 1 0 1 0 1 0 1 0 1 0 1 0 1 0
```

(3)交换两个数的值,不用临时变量起过渡作用。设有 a,b 两个数值,a = 3,b = 4,如果要交换两个数,即得到 a = 4,b = 3,则首先使 a = a∧b,即 a = 3∧4,则

```
a =         0 0 0 0 0 0 0 0 0 0 0 0 0 0 1 1
b =         0 0 0 0 0 0 0 0 0 0 0 0 0 1 0 0
a = a∧b     0 0 0 0 0 0 0 0 0 0 0 0 0 1 1 1
```

然后 b = b∧a,即 b = 4∧7,则

```
b =         0 0 0 0 0 0 0 0 0 0 0 0 0 1 0 0
a =         0 0 0 0 0 0 0 0 0 0 0 0 0 1 1 1
b = b∧a     0 0 0 0 0 0 0 0 0 0 0 0 0 0 1 1
```

最后 a = a∧b,即 a = 7∧3,则

```
a =         0 0 0 0 0 0 0 0 0 0 0 0 0 1 1 1
b =         0 0 0 0 0 0 0 0 0 0 0 0 0 0 1 1
a = a∧b     0 0 0 0 0 0 0 0 0 0 0 0 0 1 0 0
```

经过这样的过程后,a = 4,b = 3,实现了两个数值的交换。

4. 按位取反 ~

"按位取反 ~"是一个单目运算符,用来对一个二进制数按位取反。即将 0 变 1,将 1 变 0。每位遵循的原则:$\sim 0 = 1, \sim 1 = 0$。例如:~027 是对八进制数 27 按位取反,则有

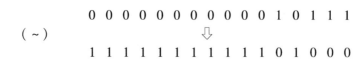

即八进制数177750。因此 ~027 的值为八进制数177750。同时需要提醒的是：不要误认为 ~027 的值是 −027。

按位取反"~"运算符的用途：使程序的可移植性好。按位取反 ~ 运算符的优先级比算术运算符、关系运算符、逻辑运算符和其他位运算符的都高。如果有 ~ x&y，则先进行按位取反 ~x 的运算，然后进行按位与 & 的运算。

5. 左移运算符 < <

"左移运算符 < <"是一个双目运算符，用来对一个数的二进制形式整体左移若干位。高位左移后溢出直接舍弃，数据的右端补0填位。例如，有 a < <4，即把 a 的二进制形式向左移动 4 位，如果 a 为 3，则左移 4 位的运算即为：

即 a < <4 为48，也就是 $3*2^4$。因此左移运算符的主要用途是使参加左移运算的数通过左移 n 位后实现该数乘以 2^n 的乘法运算。但是此结论只适用于左移时被溢出舍弃的高位中不包含 1 的数值。

不难发现，左移比乘法运算快得多，有些 C 编译程序自动将乘以 2 的运算用左移一位来实现，将乘以 2^n 的幂的运算用左移 n 位来实现。

6. 右移运算符 > >

"右移运算符 > >"是一个双目运算符，用来对一个数的二进制形式整体右移若干位。低位右移后溢出直接舍弃，对无符号数，高位补0，对有符号数，高位补0还是补1视其所在的计算机系统决定。例如，有 a > >2，即把 a 的二进制形式向右移动 2 位，如果 a 为 15，则左移 2 位即为：

即 a > >2 为 3，也就是 $15/(2^2)$。因此右移运算符的主要用途是使参加右移运算的数在右移了 n 位后相当于让该数除以 2^n。

值得注意的是：在使用右移运算符的时候，需要注意符号位问题。

（1）对无符号数，右移时左边高位移入 0 补充即可。

（2）对有符号数，如原来符号位为 0，则左边也移入 0；如原来符号位为 1，左边移入 0 还是 1，要取决于所用计算机系统。此时移入 0 的称为"逻辑右移"，即简单右移。移入 1 的称为"算术右移"。Turbo C 和很多系统规定为补 1，即采用算术右移。

7. 位运算复合赋值运算符

位运算符与赋值运算符相结合，就可以组成对应的复合赋值运算符。与位运算相关的复合赋值运算符有：& = 、| = 、> > = 、< < = 、∧ =。具体的是：

x& = y   相当于   x = x&y

x| = y	相当于	x = x|y
x > > = y	相当于	x = x > >y
x < < = y	相当于	x = x < <y
x ∧ = y	相当于	x = x ∧y

位运算复合赋值运算符的使用与算术运算的复合赋值运算符的使用相同,这里就不重复阐述了。

2.4.8 逗号运算符和逗号表达式

C语言提供了一种特殊的运算符,即符号表示为",,"的逗号运算符。用逗号运算符将两个表达式连接起来的式子叫做逗号表达式。例如:

x + 6, y + 3, x + y

逗号表达式又称为"顺序求值运算符",它的一般形式为

表达式1,表达式2

逗号表达式的求解过程是:先求解表达式1,再求解表达式2,整个逗号表达式的值是表达式2 的值。

例如:

x = 2 * 4, x * 5

对此表达式求解,首先应进行如下分析:"x = 2 * 4"是一个赋值表达式,"x * 5"是另一个表达式,二者用逗号相连,构成一个逗号表达式。由于赋值运算符的优先级别高于逗号运算符,因此求解过程为:先求解 x = 2 * 4,计算后得到 x 的值为 8,然后求解 x * 5 的值得 40,整个逗号表达式的值取第二个表达式即"x * 5"的值,因此逗号表达式的值为 40。

一个逗号表达式又可以与另一个表达式组成一个新的逗号表达式。例如:

(x = 2 * 4, x * 5), x + 5

先计算出 x 的值为 2 * 4 即等于 8,再进行 x * 5 的运算得 40(此时 x 的值未变,依然是 8),再进行 x + 5 的运算,即 8 + 5,等于 13,最后得出结论:整个逗号表达式的值为 13。

逗号表达式的一般形式还可以扩展为

表达式 1,表达式 2,表达式 3,…,表达式 *n*

此时逗号表达式的值为表达式 *n* 的值,也就是此逗号表达式中最后一个表达式的值。

这里需要强调的是:在 C 语言的运算符中,逗号运算符","的优先级别最低。因此,下面两个表达式的作用是不同的:

(1) z = (x = 4, 4 * 6)

(2) z = x = 4, 4 * 6

通过分析不难看出:

(1)是一个赋值表达式,将一个逗号表达式的值赋给 z, z 的值为 24;(2)是一个逗号表达式,包括一个赋值表达式和一个算术表达式, z 的值为 4,整个逗号表达式的值为 24。

2.4.9 常用运算符的优先级别汇总

在 C 语言中,常用的运算符之间有一个"默契",就是优先级别,也就是经常所说的"先执行哪个运算符,再执行哪个运算符"。下面对常用运算符的优先级别进行简单的汇总(图 2 - 5),方便读者在编程中使用。其他运算符及其结合性的详细情况参照附录三。

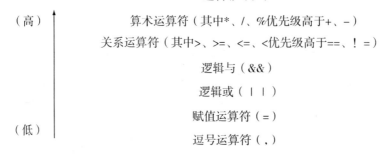

图2-5 常用运算符的优先级

C语言表达能力强,其中一个重要原因就在于它的运算符功能强大,表达式类型丰富,因而铸就了C语言使用灵活、适用性强的特点。掌握好上述C语言的运算符和表达式,是C语言学习道路上至关重要的一步,也将为未来打下坚实的编程基础。

2.5 编译预处理

在C语言程序中加入一些"预处理命令",以改进程序设计环境,提高编程效率。预处理命令是由ANSI C统一规定的,但是它不是C语言本身的组成部分,不能直接对它们进行编译(因为编译时,程序不能直接识别它们),必须在对程序进行通常的编译之前,先对程序中这些特殊的命令进行"预处理",即根据预处理命令对程序进行处理。

所谓预处理是指在进行编译之前所作的工作。预处理是C语言的一个重要功能,它由预处理程序负责完成。当对一个源文件进行编译时,系统将自动引用预处理程序对源程序中的预处理部分作相应的处理,处理完毕后自动进入对源程序的编译。

C语言提供的预处理功能主要有以下三种:

(1)宏定义。

(2)文件包含。

(3)条件编译。

合理地使用预处理命令来编写程序,不仅便于阅读、修改、移植和调试,还有利于模块化程序设计。本节介绍常用的几种预处理功能。

2.5.1 宏定义

在C语言源程序中,允许用一个标识符来表示一个常量或一个字符串,称为"宏"。被定义为"宏"的标识符称之为"宏名"。在编译预处理时,对程序中所有出现的"宏名",都用宏定义中的字符串去代换,这称为"宏代换"或"宏展开"。

宏定义是由源程序中的宏定义命令完成的。在C语言中,"宏定义"分为"不带参数的宏定义"和"带参数的宏定义"两种。下面分别讨论这两种"宏定义"及其使用。

1. 不带参数的宏定义

用一个指定的标识符(即宏名)来代表一个字符串,宏名后面不带任何参数的宏定义称为"不带参数的宏定义"。不带参数的宏定义的一般形式为:

#define 标识符　字符串

其中的"#"是预处理命令的标志,表示这是一条预处理命令。凡是以"#"开头的命令均表示预处理命令。"define"为宏定义的命令;"标识符"为定义的宏名;"字符串"可以是常数、表达式、格式串等。

在本项目的开始部分,介绍的符号常量就是一种不带参数的宏定义。此外,程序中反复使用的表达式也可以使用宏定义。例如:

(1)#define　　N　　32

(2)#define　　M　　(y*y+3)

其中(1)的作用是指定标识符 N 来代替常量32,在编写源程序时,只要是常量32 都由 N 来代替,而源程序在编译时,先由预处理程序进行宏代换,即用32 去置换所有的宏名 N,然后再进行程序的编译;(2)的作用是指定标识符 M 来代替表达式(y*y+3),在源程序编写时,所有的(y*y+3)都由 M 代替,而源程序在编译时,将先由预处理程序进行宏展开,即用(y*y+3)表达式去置换所有的宏名 M,然后再进行编译。

【例2-9】不带参数的宏定义实例。

源程序:

```
#include "stdio. h"
#define    N    32
#define    M    (y*y+3)
void main( )
{
    int s,y;
    y=3;
    s=3*M+4*M+N;
    printf("s=%d\n",s);
}
```

运行结果:

```
s=116
```

上例程序中首先进行了宏定义,定义 N 来替代常量32,定义 M 来替代表达式(y*y+3),在语句"s=3*M+4*M+N;"中作了宏调用。在预处理时经宏展开后该语句变为:

s=3*(y*y+3)+4*(y*y+3)+32;

需要提醒的是,在宏定义中表达式(y*y+3)两边的括号不能少,否则就会出现偏差,甚至会发生错误。假如有以下定义:

#define   M   y*y+3

对于语句"s=3*M+4*M+32;"这样的语句,在宏展开时将得到语句:

s=3*y*y+3 +4*y*y+3 +32;

即 s=7*y*y+38;而不是

s=3*(y*y+3)+4*(y*y+3)+32;

显然与原题意要求不符,计算结果当然也就是错误的。因此在作宏定义时必须十分注意。在这里宏定义后的宏名展开,只是简单的宏代换,应保证在宏代换之后不发生错误。

对于宏定义的使用作以下几点说明：

(1)宏名一般习惯用大写字母表示，以便与变量名有所区别。但这并非规定，只是一个良好的编程习惯，当然宏名也可以用小写字母。

(2)宏定义是用宏名来表示一个字符串，在宏展开时又以字符串取代宏名，字符串中可以包含任何字符，可以是常数，也可以是表达式。使用宏定义可以减少程序中重复书写某些字符串的工作量。例如，如果在程序中需要多次使用圆周率，则可以先使用宏定义为：

#define PI 3.1415926

若不定义 PI 代表 3.1415926，则在程序中要多处出现 3.1415926 这样的数字，不仅麻烦还容易写错，用宏名代替后，简单而不易出错，而且当需要改变某一个常量时，可以只改变#define命令行，就能实现"一改全改"的目的。

(3)使用宏名代替一个字符串，整个过程只是一种简单的代换，预处理程序不作正确性检查。如果有错误，只能在编译已被宏展开后的源程序时才能发现，而在此前是无法检测其错误的。如果在例 2－9 中写成：

#define N 3Z

即把数字 2 错误地写成了字母 Z，在预处理时不管是否符合用户的意愿，也不管含义是否有意义，都会进行宏代换。预编译不做任何语法检测，只有在编译已被宏代换后的源程序时才会发现语法错误，也只有在此时才能报告错误。

(4)宏定义不是 C 语言语句，在行末不必加分号，如果加上了分号，则在宏代换时会连同分号一起置换。例如：

#define PI 3.1415926;

s = 2 * PI * r;

经过宏代换后，该语句为

s = 2 * 3.1415926; * r;

显然出现了语法错误。

(5)宏定义#define 命令必须写在函数之外，其作用域为定义宏命令处起到源程序结束为止。通常#define 命令写在文件的开头，函数之前，作为文件的一部分，其作用范围也就是在该文件内有效。如果要中途终止#define 命令的作用域可使用#undef 命令。例如：

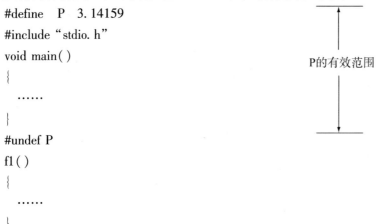

```
#define   P   3.14159
#include "stdio. h"
void main( )
{
  ……
}
#undef P
f1( )
{
  ……
}
```

P的有效范围

通过#undef 的使用，使 PI 只在 main 函数中有效，在函数 f1 中就失效了。不难看出，由于#undef 的使用，可以灵和控制宏定义的作用范围。

(6)宏定义允许嵌套,在宏定义的字符串中可以使用已经定义的宏名。在宏展开时由预处理程序层层代换。

【例2-10】在宏定义中引用已定义的宏名。

源程序:

```
#include "stdio. h"
#define PI 3. 1415926
#define R    3
#define S PI * R * R        /* PI、R 是已定义的宏名 */
void main( )
{
    printf( "S = % f\n" ,S) ;
}
```

运行结果:

```
S = 28. 274333
```

经过宏代换后,printf 函数中的输出项 S 被展开为 3. 1415926 * 3 * 3,printf 函数调用语句展开为

```
printf( "S = % f" ,3. 1415926 * 3 * 3) ;
```

(7)宏名在源程序中若用双撇号括起来,即使与宏名相同,预处理程序也不对其作宏代换。例如在例2-10 中的 printf 函数中有两个 S 字符,一个在双撇号内,它不被宏代换,另一个在双撇号外,被宏置换展开。又如:

```
#include "stdio. h"
#define YES 100
void main( )
{
    printf( "YES" ) ;
}
```

定义宏名 YES 表示100,但在 printf 语句中 YES 被双撇号括起来,因此不作宏代换。程序的运行结果为:YES。这表示把"YES"当字符串处理。

(8)如果善于利用宏定义,则可以对"输出格式"作宏定义,从而实现程序的简化。利用宏定义将程序中的"输出格式"进行定义,可以减少在输出语句中每次都要写出具体输出格式的麻烦。

【例2-11】用宏定义实现格式输出。

源程序:

```
#include "stdio. h"
#define P printf
#define D "% d"
#define F "% f\n"
void main( )
{
```

```
    int a = 1，b = 2，c = 3；
    float x = 2. 2，y = 3. 3，z = 4. 4；
    P( D F,a,x)；
    P( D F,b,y)；
    P( D F,c,z)；
}
```

运行结果：

```
12. 200000
23. 300000
34. 400000
```

（9）宏定义是专门用于预处理命令的一个专用名词,它与定义变量的含义是不同的,它只作字符替换,不分配内存空间,有利于节约内存空间。

2. 带参数的宏定义

C 语言允许宏定义带有参数。在宏定义中的参数称为形式参数（简称"形参"）,在宏调用中的参数称为实际参数（简称"实参"）。对于带参数的宏定义,在调用中不仅要进行宏展开,而且还要用实参去代换形参。带参数的宏定义的一般形式为：

#define 宏名(形参表) 字符串

字符串中包含在括号中所指定的各个形参。

带参数的宏调用的一般形式为：

宏名(实参表)；

例如：

```
#define   N( y)      y * y + 3      / * 宏定义 * /
   …
k = N( 4)；                          / * 宏调用 * /
   …
```

在宏调用时,用实参 4 去代替形参 y,经预处理宏展开后的语句为：

k = 4 * 4 + 3；

【例 2 - 12】使用带参数的宏定义。

源程序：

```
#include " stdio. h"
#define PI 3. 1415926
#define L( r) PI * r * r
void main( )
{ float   a,s；
  a = 3. 6；
  s = L( a)；
  printf(" S = %. 2f\n",s)；
}
```

运行结果：

S = 40.72

程序中的第三行是带参数的宏定义,用宏名 L 表示表达式 PI＊r＊r;程序第七行"s = L (a);"为宏调用,实参 a 将代换形参 r,赋值语句"s = L(a);"经过宏代换后为

S = 3.1415926＊a＊a;

用于计算半径为 a 的圆的面积。

对于带参数的宏定义需要说明以下几点:

(1)在带参数的宏定义中,宏名和带参数的括号之间不能有空格出现,否则会将空格以后的字符都作为替换的字符串。例如,如果有宏定义

#define L (r) PI＊r＊r

则会认为 L 是符号常量(不带参数的宏名),它代表字符串"(r) PI＊r＊r"。如果将该宏定义放在程序例2－12中,对于语句

s = L(a);

将其展开后的语句为

s = (r) PI＊r＊r(a);

这显然是错误的。

(2)在带参数的宏定义中,形式参数不分配内存单元,因此不必作类型定义。而宏调用中的实参有具体的值,要用它们去代换形参,因此必须进行类型说明。

(3)在宏定义中的形参是标识符,而在宏调用中的实参可以是常量、变量或表达式。

【例2－13】带参数宏定义的实参是表达式。

源程序:

```
#include "stdio.h"
#define Q(y) (y)＊(y)
void main()
{ int a,s;
  a = 3;
  s = Q(a + 1);
  printf("s = %d\n",s);
}
```

运行结果:

s = 16

源程序中的第二行为宏定义,形参为 y。程序第六行宏调用中实参为 a + 1,是一个表达式,在宏展开时,用表达式 a + 1 代换形参 y,再用(y)＊(y)代换 Q,得到如下语句:

s = (a + 1)＊(a + 1);

显而易见,在宏代换的过程中对实参表达式的代换是不计算而直接地按原样代换。

(4)在宏定义中,对带参数的宏的展开只是将语句中宏名后面括号内的实参字符串代替#define 命令行中的形参,字符串内的形参通常要用圆括号括起来以避免出错。在例2－13的宏定义中(y)＊(y)表达式的 y 都用圆括号括起来,因此结果是正确的。如果去掉圆括号,把上例中的宏定义:

#define Q(y) (y)＊(y)

改为以下形式：

#define Q(y)   y * y

则例 2 - 13 的结果将变为 s = 7。a 的值同样为 3，但结果却不一样。问题在哪里呢？这是由于宏代换时只作符号代换而不作其他任何处理造成的。经过宏代换后将得到以下语句：

s = a + 1 * a + 1;

由于 a 为 3，故 s 的值为 7。这显然与题意不相符，因此参数两边的圆括号是必不可少的。

(5)宏定义也可用来定义多个语句，在宏调用时，把这些语句又代换到源程序内。

【例 2 - 14】宏定义用来定义多个语句。

源程序：

```
#include "stdio. h"
#define S(s1,s2,s3,v) s1 = r * w;s2 = r * h;s3 = w * h;v = w * r * h;
void main( )
{ int r = 3,w = 4,h = 5,x1,x2,x3,y;
  S(x1,x2,x3,y);
  printf("x1 = % d\nx2 = % d\nx3 = % d\ny = % d\n",x1,x2,x3,y);
}
```

运行结果：

```
x1 = 12
x2 = 15
x3 = 20
y = 60
```

程序第二行为宏定义，用宏名 S 表示四个赋值语句，四个形参分别为四个赋值运算符左边的变量。在宏调用时，把四个语句展开并用实参代替形参，使计算结果送入实参之中。

2.5.2 文件包含

"文件包含"是 C 语言预处理程序的另一个重要功能。所谓"文件包含"就是指一个源文件可以将另一个源文件的全部内容包含进来，也就是说通过"文件包含"将另外的文件包含到本文件之中。C 语言提供了#include 命令来实现"文件包含"，文件包含命令行的一般形式为：

#include "文件名" 或 # include <文件名>

在前面已多次用此命令包含过库函数的头文件。例如：

#include   "stdio. h"

#include   "math. h"

文件包含命令的功能是把指定的文件插入到该命令行所在的位置，同时取代该命令行，从而将指定文件和当前的源程序文件连成一个源文件。如图 2 - 6 所示，表示了"文件包含"的含义。图中文件 file1. c 有两部分：一部分是#include "file2. c"命令，另一部分是 file1. c 文件的其他内容。文件 file1. c 的其他内容用 A 表示；文件 file2. c 的全部内容用 B 表示。在编译预处理时,由于文件 file1. c 中包含了#include "file2. c"命令,则需要将文件 file2. c 的全部内容插入到文件 file1. c 中,即完成文件 file2. c 被包含到文件 file1. c 中。

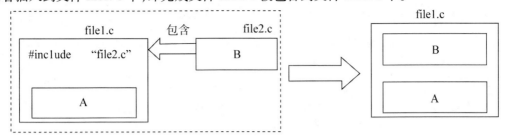

图 2 - 6 "文件包含"的含义

在程序设计中,文件包含是非常有用的。一个大的程序可以分为多个模块,然后由多个程序员分别编程实现。一些公用的符号常量或宏定义等可单独构成一个文件,需要用到这些公用的符号常量或宏定义时,只要在文件的开头用包含命令包含该文件即可,从而可以避免在每个文件开头都需要书写那些公用量的麻烦,达到节省时间、减少错误的目的。

【例 2 - 15】"文件包含"的使用。

源程序:

(1)将格式宏构成头文件 file1. h

```
#define     PR  printf
#define     NL      " \n"
#define     D       " % d"
#define     F       " % f "
#define     D1      D    NL
#define     D2      F    NL
#define     D3      D    F    NL
#define     D4      D    D    D    NL
#define     D5      F    F    F    NL
```

(2)主文件 file. c

```
#include " stdio. h"
#include " file1. h"
void main( )
{ int a = 1 , b = 2 , c = 3 ;
   float x = 2. 2 , y = 3. 3 , z = 4. 4 ;
   PR( D1,a) ;
   PR( D2,x) ;
   PR( D3,b,y) ;
   PR( D4,a,b,c) ;
   PR( D5,x,y,z) ;
}
```

运行结果:

```
1
2. 200000
23. 300000
123
2. 200000 3. 300000 4. 400000
```

需要提醒的是:程序首先经过编译预处理后将头文件 file1. h 包含到主文件 file. c 中,得到一个新的源程序,然后对这个文件进行编译,得到一个目标(. obj) 文件,被包含的文件也成为新的源文件的一部分,单独生成一个目标文件。

"文件包含"命令需要说明以下几点:

(1)在#include 命令中,文件名可以用双撇号括起来,也可以用尖括号括起来。以下两种形式都是允许的:

#include "stdio. h" 或 #include < math. h >

但是这两种形式是有区别的:使用尖括号表示系统在存放 C 库函数头文件的文件目录中去查找要包含的文件,而不在源文件目录去查找,这通常称为"标准方式";使用双撇号则表示系统首先在用户当前源文件的目录中查找,若未找到,才到包含目录中去按"标准方式"查找,查找范围更大。用户编程时可根据自己文件所在的目录来选择某一种命令形式,但一般情况下,如果要调用库函数,用尖括号,以节省查找时间;如果要调用用户自己编写的头文件,或者为了"文件包含"在调用文件时更可靠(因为查找范围更大),一般用双撇号,只是这样做需要花费的时间多一些。

(2)使用#include 命令时,常用在文件头部被包含的文件称为"标题文件"或"头文件",常以". h"为后缀(h 为 head 的缩写),如"stdio. h"文件。当然也可以不用". h"为后缀,而用". c"为后缀或者没有后缀,但用". h"作后缀更能体现文件的性质。

(3)一个#include 命令只能指定一个被包含文件,若要包含多个文件,则需用多个#include 命令。

(4)文件包含允许嵌套,即在一个被包含的文件中又可以包含另一个文件。

(5)被包含文件与其所在的文件,在预编译后已成为同一个文件。

(6)如果文件 1 包含文件 2,而文件 2 要用到文件 3 的内容,则可在文件 1 中用两个#include 命令分别包含文件 2 和文件 3,而且文件 3 应该出现在文件 2 之前,则在 file1. c 中定义:

#include "file3. h"

#include "file2. h"

这样 file1 和 file2 都可以用 file3 的内容,而在 file2 中不必再用#include "file3. h"这样的命令。

2.5.3 条件编译

预处理程序还提供了"条件编译"的功能。一般情况下,源程序中所有行都参加编译,但有时也希望程序中只有一部分内容在满足一定条件时才能进行编译,或者可以按不同的条件去编译不同的程序部分,从而产生不同的目标代码文件,通常把这样的编译方式称为"条件编译"。"条件编译"对于程序的移植和调试都是非常有用的。

条件编译有三种形式，下面将分别进行介绍：

（1）第一种形式：

#ifdef 标识符

　　程序段1

#else

　　程序段2

#endif

它的功能是：如果标识符已被 #define 命令定义，则对程序段1进行编译；否则对程序段2进行编译。如果没有程序段2（它为空），则本格式中可以没有#else 部分，即可以写为：

#ifdef　标识符

　　程序段

#endif

这里的"程序段"可以是语句组，也可以是命令行。由于一个 C 语言源程序在不同计算机系统上运行时，某些数据会因为系统的不同存在一定的差异，比如 int 型整数在有些系统是两个字节（16 位）存放，在有些系统是四个字节（32 位）存放，这样往往需要对源程序进行必要的修改，针对此情况，为了减少麻烦，可以使用条件编译来处理：

　　#ifdef　　COMPUTER_A

　　　　#define INTEGER_SIZE 16

　　#else

　　　　#define INTEGER_SIZE 32

　　#endif

如果这组条件编译命令之前出现以下命令行：

　　#define　　COMPUTER_A 0

或将 COMPUTER_A 定义为其他任意字符串，甚至是

　　#define　　COMPUTER_A

也就是说，只要 COMPUTER_A 已经被定义过，则在程序编译时编译的命令行是：

　　#define　　INTEGER_SIZE 16

否则，编译的命令行是：

　　#define　　INTEGER_SIZE 32

从而解决了系统存在差异的问题，预编译后程序中的 INTEGER_SIZE 都用 16 代替，否则都用 32 代替。通过这样的方式，源程序可以不做任何修改就可在不同类型的计算机系统中运用，大大提高了程序的可移植性。

（2）第二种形式：

#ifndef 标识符

　　程序段1

#else

　　程序段2

#endif

与第一种形式的区别是将"ifdef"改为"ifndef"。它的功能是：如果标识符未被#define 命令定义，则对程序段1进行编译，否则对程序段2进行编译，这与第一种形式的功能刚好相反。

这种形式与第一种形式的用法基本一致,这里就不再举例说明。

以上两种形式的用法差不多,根据需要任选一种使用,主要原则是看哪种形式使用起来方便,就选择哪一种形式。

(3)第三种形式:

#if 常量表达式

　　程序段 1

#else

　　程序段 2

#endif

它的功能是:如常量表达式的值为真(非 0),则对程序段 1 进行编译,否则对程序段 2 进行编译。因此可以使程序在不同条件下,完成不同的功能。

【例 2－16】输入一个数值 c,根据需要设置条件编译,使之能输出圆面积,或者输出正方形面积。

源程序:

```
#include " stdio. h"
#define R 1
void main( )
{
    float c ,r,s;
    printf ( " input a number: " );
    scanf( " % f" ,&c );
    #if    R
        r = 3. 14159 * c * c;
        printf( " area of round is: % f\n" ,r);
    #else
        s = c * c;
        printf( " area of square is: % f\n" ,s);
    #endif
}
```

运算结果:

> input a number:3 ＜回车＞
>
> area of round is:28. 274310

在程序第二行宏定义中,定义 R 为 1,因此在条件编译时,常量表达式的值为真,故计算并输出圆面积。

上面介绍的条件编译当然也可以用条件语句来实现。只不过采用条件语句时,将会对整个源程序进行编译,生成的目标代码程序很长,而采用条件编译,则根据条件判断只对编译其中的程序段 1 或程序段 2 进行编译,生成的目标程序较短。如果在条件选择的程序段比较长的情形下,采用条件编译的方法是十分必要的明智之举。

━ ━ ━ ━ ━ ━ ━ ➔ 项目学习实践 ◆ ━ ━ ━ ━ ━ ━ ━ ━

【例2-17】写出以下程序的运行结果。

源程序：

```
#include "stdio. h"
void main( )
{
    char c1 = 'a',c2 = 'b',c3 = 'c',c4 = '\101',c5 = '\116';
    printf("01234567890123456789\n");
    printf("a % cb% c\tc% c\t abc\n", c1,c2,c3);
    printf("\t \b% c % c\n", c4,c5);
}
```

运行结果：

```
01234567890123456789
 a abb    cc        abc
            A N
```

【例2-18】写出下面程序的运行结果。

源程序：

```
#include "stdio. h"
void main( )
{
    int i, j, m,n;
    i = 8; j = 10;
    m = + + i; n = j + + ;
    printf("% d,% d,% d,% d\n", i,j,m,n);
}
```

运行结果：

```
 9,11,9,10
```

【例2-19】将"China"译成密码。密码规律：用原来的字母后面第4个字母代替原来的字母。例如，字母"A"后面的第4个字母是"E"，用"E"代替"A"。因此，"China"应译为"Glmre"。请编一程序，用赋初值的方法使c1,c2,c3,c4,c5这五个变量的值分别为"C"、"h"、"i"、"n"、"a"。经过运算，使c1,c2,c3,c4,c5这五个变量的值分别为"G"、"l"、"m"、"r"、"e"，并输出。

程序分析：用原来的字母后面第4个字母代替原来的字母，即用原来字母的ASCII码加上4，则为所需的替换字母。

源程序：

```
#include "stdio. h"
void main( )
```

```
{
    char c1 = 'C', c2 = 'h', c3 = 'i', c4 = 'n', c5 = 'a';
    c1 + =4;
    c2 + =4;
    c3 + =4;
    c4 + =4;
    c5 + =4;
    printf("password is %c%c%c%c%c\n", c1,c2,c3,c4,c5);
}
```

运行结果:

password is Glmre

习　题　二

一、选择题

1. C 语言中(以 16 位 PC 机为例),各数据类型的存储空间长度的排列顺序为(　　)。

    A. char < int < long < = float < double   B. char = int < long < = float < double

    C. char < int < long = float = double   D. char = int = long < = float < double

2. 下列四组选项中,均不是 C 语言关键字的选项是(　　)。

A. defane	B. getc	C. include	D. while
IF	char	scanf	go
type	printf	case	pow

3. 假设所有变量均为整型,则表达式(a = 2,b = 5,a + b + + ,a + b)的值是(　　)。

    A. 7   B. 8   C. 5   D. 2

4. 下面四个选项中,均是不合法的用户标识符的选项是(　　)。

A. A	B. float	C. b – a	D. _123
P_0	la0	goto	temp
do	_A	int	INT

5. 以下正确的 C 语言标识符是(　　)。

    A. &X   B. a – b   C. A23   D. test!

6. 下面四个选项中,均是不合法的整型常量的是(　　)。

    A. 160、– 0xffff、011   B. – 0xcdf、01A、0xe

    C. 0x、986.012、0688   D. – 0x48A、2e5、0x

7. 下面四个选项中,均是不合法的浮点数的选项是(　　)。

    A. 160、0. 12、e3   B. 123、2e4. 2、e5

    C. – . 18、123e4、0. 0   D. – e3、. 234、le3

8. 已知字母 A 的 ASCI 码为十进制数 65,且 c2 为字符型,则执行语句 c2 = 'A' + '6' – '3';后,c2 中的值为(　　)。

    A. D   B. 68   C. 不确定的值   D. C

9. C 语言中的标识符只能由字母、数字和下划线三种字符组成,且第一个字符(　　)。

    A. 必须为字母

    B. 必须为下划线

    C. 必须为字母或下划线

    D. 可以是字母、数字和下划线中的任一种字符

10. 下面四个选项中,均是合法转义符的选项是(　　)。

    A. '\'   B. '\'   C. '\018'   D. '\\0'

       '\\'   '\017'   '\f'   '\101'

       '\n'   '\"'   'xab'   'x1f'

11. 已知各变量说明如下,则符合 C 语言语法规定的表达式是(　　)。

    int i = 8,k,a,b;

    unsigned long w = 5;

    double x = 1.42,y = 5.2;

    A. a + = a - = (b = 4) * (a = 3)   B. a = a * 3 = 2

    C. x%(-3)   D. y = float(i)

12. 以下不正确的叙述是(　　)。

    A. 在 C 程序中,逗号运算符的优先级最低

    B. 在 C 程序中,APH 和 aph 是两个不同的变量

    C. 若 a 和 b 类型相同,在计算表达式 a = b 后,b 的值将放入 a 中,而 b 中的值不变

    D. 当从键盘输入数据时,对于整型变量只能输入整型数值,对于实型变量只能输入实型数值

13. 以下符合 C 语言语法的有赋值能力的表达式是(　　)。

    A. d = 9 + e + f = d + 9   B. d = 9 + e,f = d + 9

    C. d = 9 + e,e + +,d + 9   D. d = 9 + e + + = d + 7

14. 若以下变量均是整型,且 num = sum = 7,则计算表达式 sum = num + +, sum + +, + +num后 sum 的值为(　　)。

    A. 7   B. 8   C. 0   D. 10

15. 设变量 n 为 float 型,m 为 int 型,则以下能实现将 n 中的数值保留小数点后两位,第三位进行四舍五入的表达式是(　　)。

    A. n = (n * 100 + 0.5)/100.0   B. m = n * 100 + 0.5,n = m/100.0

    C. n = n * 100 + 0.5/100.0   D. n = (n/100 + 0.5) * 100.0

16. 表达式 18/4 * sqrt(4.0)/8 值的数据类型为(　　)。

    A. int   B. float   C. double   D. 不确定

17. 设 C 语言中,一个 int 型数据在内存中占两个字节,则 unsigned int 型数据的取值范围为(　　)。

    A. 0 - 255   B. 0 - 32767   C. 0 - 65535   D. 0 - 2147483647

18. 设有说明:char w;int x;float y;double z;则表达式 w * x + z - y 值的数据类型为(　　)。

    A. float   B. char   C. int   D. double

19. 以下结果为整数的表达式(设 int i;char c;float f;)是(　　)。

A. i + f　　　　　　B. i * C　　　　　　C. c + f　　　　　　D. i + c + f

20. 逗号表达式(a = 3 * 5,a * 4),a + 15 的值为(　　),a 的值为(　　)。

A. 15;60　　　　　　B. 60;30　　　　　　C. 30;15　　　　　　D. 不确定;90

21. 有语句 int a = 2,b = 0,c;则执行 c = b&&a － －;后,a,c 的值是(　　)。

A. 0,1　　　　　　B. 1,0　　　　　　C. 2,0　　　　　　D. 1,1

二、填空题

1. 在 C 语言中(以 16 位 PC 机为例),一个 float 型数据在内存中所占的字节数为_____;一个 double 型数据在内存中所占的字节数为_____。

2. 若有以下定义:int m = 5,y = 2;则计算表达式 y + = y － = m * = y 后 y 的值是_____。

3. C 语言所提供的基本数据类型包括整型数据、_____和_____。

4. 若 a 是 int 型变量,且 a 的初值为6,则计算表达式 a + = a － = a * a 后 a 的值为_____。

5. 若有定义:int a = 2,b = 3;float x = 3.5,y = 2.5;则表达式(float)(a + b)/2 + (int)x% (int)y 的值为_____。

6. 若有定义:char c = '\010';则变量 c 中包含的字符个数为_____。

7. C 语言中的标识符只能由三种字符组成,它们是_____、_____和_____。

8. 若有定义:int e = 1,f = 4,g = 2;float m = 10.5,n = 4.0,k;则计算表达式 k = (e + f)/ g + sqrt((double)n) * 1.2/g + m 后 k 的值是_____。

9. 表达式 8/4 * (int)2.5/(int)(1.25 * (3.7 + 2.3))值的数据类型为_____。

10. 假设 m 是一个三位数,从左到右用 a、b、c 表示各位的数字,则从左到右各个数字是 bac 的三位数表达式是_____。

三、编程题

1. 输入两个整数,求它们相除的余数,用带参的宏来实现编程。

2. 求三角形面积公式为

$$area = \sqrt{s(s-a)(s-b)(s-c)}$$

其中:$s = \dfrac{1}{2}(a + b + c)$,a、b、c 为三角形的三边。定义两个带参的宏,一个用来求 s,另一个用来求 area。编写程序,在程序中用带参的宏的名来求面积 area。

3. 用条件编译方法实现以下功能:输入一行电报文字,可以任选两种输出,一为原文输出;一为将字母变成其下一字母(如'a'变成'b',…,'y'变成'z',而'z'变成'a',其他字符不变)。用#define 命令来控制是否要译成密码。例如:

#define CHANGE 1

则输出密码。若

#define CHANGE 0

则不译成密码,按原码输出。

项目 3
顺序结构程序设计

 项目学习目的

通过本项目的学习,需要熟悉 C 语言中几种语句的构成,赋值语句的使用,字符数据的输入输出,C 语言中使用频率最高的输出函数 printf 及输入函数 scanf 的使用,并在此基础上步入简单程序的编写旅途。如果掌握了下面几点,本项目就算大功告成,还等什么,开始行动吧!

本项目的学习目标:
1. C 语言的五种语句
2. 赋值语句的定义及其使用
3. C 语言中字符数据的输入输出
4. C 语言中输出函数 printf 及输入函数 scanf 的使用及注意事项
5. 顺序结构的程序设计

 项目学习内容简述

项目 1 展示了几段简单的 C 语言程序,通过项目 2 学习到了 C 语言的一些基本要素,掌握了 C 语言的"单词",它们是构成程序的基本成分,按照学习语言的方法,学完"单词"后,接下来应该做什么呢? 那当然是学习"语句"了。由于 C 语言的语句比较丰富,本项目就先抛砖引玉,介绍几种简单的 C 语言语句以及怎样利用它们编写的简单程序。但是千万不要认为这几个程序简单就没有什么意义,它们可在 C 语言程序设计中发挥着举足轻重的作用,因此在学习过程中应扎实地学习和掌握它们。

3.1. C 语句概述

C 语言的语句用来向计算机系统发出一系列操作指令。一条语句经编译后产生若干条机器指令,用以控制计算机。一个实际的程序是由若干条语句组成的。应该强调的是:C 语句都是用来完成一定操作任务的。C 语言程序是由函数构成的,函数是 C 语言的基本单位。从前面两个项目的程序已经了解到,像 main 这样的函数一般包含声明部分和执行部分,声明部分的内容不应称为真正的语句,如"int x;"不是一条 C 语句,不产生机器操作,只对变量进行定义,而执行部分才是由语句组成的。

一个 C 程序可以由若干个源程序文件组成,一个源文件可以由若干个函数、预处理命令及全局变量声明部分组成,一个函数又由声明部分和执行语句组成,从而构成一个层次型的结构。接下来将先研究结构中最基本的部分,那就是 C 语言的语句。

C 语言语句可以分为以下五类。

1. 控制语句

控制语句在 C 语言中用来完成一定的控制功能。C 语言有 9 种控制语句,它们各自发挥着强大的作用,它们是:

(1) if ( ) … else …	(选择语句)
(2) switch	(选择语句)
(3) while ( ) …	(循环语句)
(4) do…while ( )	(循环语句)
(5) for ( ) …	(循环语句)
(6) goto	(转向语句)
(7) break	(终止执行 switch 或循环语句)
(8) continue	(结束本次循环语句)
(9) return	(函数返回语句)

2. 函数调用语句

所谓函数调用语句就是由一个函数调用加一个分号构成。例如:

printf("This is a C program. ");

3. 表达式语句

由一个表达式加上一个分号就构成表达式语句。例如:

x = 10;

然而

x = 10

就仅仅是一个表达式,而不是语句,因为表达式最后没有加分号。不难看出,一个表达式的最后加上一个分号,就能由"表达式"摇身一变成为"语句"。在 C 语言中,一条语句必须在最后出现分号,分号不仅是 C 语言语句中不可缺少的组成部分,而且是两个语句间的分隔符。例如:

y = y + 1;   (是语句,不是表达式)

y = y + 1   （是表达式,不是语句）

任何表达式都可以加上分号而成为语句。例如:

x + + ;

x + y ;

x = x * y ;

表达式能构成语句是 C 语言的一个重要特色。其实"函数调用语句"也属于"表达式语句"的范畴,因为函数调用也属于表达式的一种,只是为了方便读者的理解和使用,才把"函数调用语句"和"表达式语句"分开来进行说明。在 C 语言中,大多数的语句都是表达式语句,因此人们有时也把 C 语言称做"表达式语言"。

4. 空语句

只有一个分号的语句,被称为空语句,其形式为

;

就如显示一样,空语句只有一个分号,一般来说它什么也不做。如果要谈及空语句的作用,那就是有时用来作为流程的转向点(程序的运行流程从其他地方转到此语句处),有时用来作为循环语句中的循环体(循环体是空语句,表示循环体什么也不做)。

5. 复合语句

可以用一对花括号"{}"把一些语句组合起来构成复合语句,复合语句又称为分程序。例如:

if(x > y)

{t = x ;

x = y ;

y = t ;}

需要提醒的是:在复合语句中,位于最后面的那一条语句,其后的分号不能忽略不写。

当需要两条以上的语句结合起来才能实现其对应功能的时候,就需要用{}把这些语句括起来,构成复合语句,否则程序就不能实现其相应的功能。对一条语句加上花括号"{}"构成复合语句也是可以的,不过对一个语句加上"{}"和不加"{}"对程序没有影响。

C 语言允许一行写几条语句,也允许一条语句拆分写在多行上,书写格式没有固定的要求,书写比较自由。

在本项目中将介绍几种顺序执行的语句,在执行这些语句的过程中流程不会发生控制转移,而是顺序执行每一条语句。

3.2. 赋值语句

前面的程序中,使用最多的语句就是赋值语句,由赋值表达式加上一个分号,便构成了赋值语句。由于赋值语句应用十分广泛,因此有必要特意地讨论一下。

C 语言的赋值语句与其他高级语言的赋值语句的特点和功能都一样,只是在使用 C 语言赋值语句时,应当注意以下几点:

(1)C 语言中的赋值号" = "是一个运算符,在其他大多数语言中赋值号不是运算符。

（2）多数高级语言没有"赋值表达式"这一概念,只有 C 语言中有这一概念。因此关于赋值表达式与赋值语句的使用,这里要说明一下,例如:

　　if((x = a) > (y = b))　　max = x;

　　else　　　　　　　　　max = y;

按语法规定 if 后面的圆括号( )内是一个判断条件的表达式,根据其值为真(即为非0),还是为假(即为0),决定其对应的 if 后的语句是否执行。例如有语句"if(x > y)…",并且将 x 的位置上替换为赋值表达式"x = a",将 y 的位置上替换为赋值表达式"y = b",则其作用是:先进行赋值运算,将 a 的值赋值给 x,将 b 的值赋值给 y,然后再判断 x 是否大于 y,如果 x 大于 y,执行 max = x,如果 x 小于或等于 y,则执行 max = y。在 if 语句中的"x = y"不是赋值语句而是赋值表达式,这样写是合法的。如果写成:

　　if((x = a;) > 0(y = b;))　　max = x;

　　else　　　　　　　　　　max = y;

就是错误的。因为 if 语句判断条件的表达式不能是赋值语句,可以是赋值表达式。在 C 语言中是将赋值语句与赋值表达式加以区分的,它们各尽其责,各施其用,不仅增加了 C 语言表达式的种类,而且使表达式的应用更加广泛,从而能实现其他计算机语言难以实现的程序功能。

3.3. C 语言中数据的输入输出

在 C 语言中实现数据的输入输出应注意以下几点:

（1）所谓数据的输入输出是以计算机为主体而言的。从计算机向输出设备传递数据的过程称为"输出",从输入设备向计算机传递数据的过程称为"输入"。

（2）C 语言本身没有输入语句和输出语句,C 语言的输入和输出操作是由调用函数来实现的。在 C 语言的标准函数库中,提供了一些输入输出函数,如 getchar、putchar、gets、puts 、printf、scanf 等,它们都不是 C 语言的关键字,也不是 C 语言提供的"输入输出语句",而只是函数的名字。

（3）在 C 语言中,不能把输入输出作为 C 语言的语句,其目的是使 C 语言的编译系统简单。将 C 语言语句翻译成二进制的指令是在编译阶段完成的,没有输入输出语句就可以避免在编译阶段处理与硬件相关的问题,同时还可以使编译系统简化,通用性强,可移植性好,便于在各种型号的计算机上使用。

（4）C 语言提供的函数通常以"库"的形式存放在系统中,存放函数的"库"称为"函数库"。在 C 语言的函数库中,有一组"标准的输入输出函数",以标准的输入输出函数来实现输入输出对象,其中常用的函数有:putchar(输出单个字符),getchar(输入单个字符),printf(按相应的格式输出),scanf(按相应的格式输入),puts(输出字符串),gets(输入字符串)。

（5）在使用 C 语言输入输出库函数时,要用预编译命令"# include"将有关的"头文件"包括到用户源文件中。在调用标准的输入输出库函数时,文件开头应该有预编译命令:

　　# include < stdio. h >　 或　 # include " stdio. h"

stdio 是 standard input &output 的缩写,它包含了与标准 I/O 库有关的变量定义、宏定义以及相关的函数说明。

3.4. 字符数据的输入输出

3.4.1 putchar 函数

putchar 函数,即单个字符输出函数,它的作用是向终端输出一个字符。

【格式】putchar(c)

【功能】输出字符变量 c 的值,c 可以是字符型变量或整型变量。

【例 3 – 1】用 putchar 输出单个字符。

源程序:

```
#include "stdio. h"
void main( )
{ char a,b,c;
  a ='H'; b ='A';c ='O';
  putchar(a); putchar(b);putchar(c);
}
```

运行结果:

HAO

【说明】

(1)使用 putchar 函数时,应用预编译命令

#include "stdio. h"   或   #include < stdio. h >

(2)用 putchar 函数只能输出一个字符,如果需要输出多个字符,就需要多次使用 putchar 函数。

(3)用 putchar 函数可以输出转义字符,如果将例 3 – 1 中的输出"putchar(a); putchar(b);putchar(c);"改为:

putchar(a);putchar('\t'); putchar(b); putchar('\n'); putchar(c); putchar('\n');

则输出结果为:

H   A

O

(4)用 putchar 函数也可以输出其他转义字符。

putchar('\103')   (输出字符'C')

putchar('\"')   (输出双撇号字符'"')

putchar('\012')   (输出回车,并换行,将当前位置移到下一行开头)

3.4.2 getchar 函数

getchar 函数,即单个字符输入函数,它的作用是从终端输入一个字符。

【格式】getchar( )

【功能】从输入设备输入一个字符。

【例3-2】用getchar输入单个字符。

源程序：

```
#include "stdio. h"
void main( )
{ char c;
  c = getchar( );
  putchar( c);
}
```

运行结果：

```
A  <回车>
A
```

【说明】

(1)使用getchar函数时,应用预编译命令

#include "stdio. h" 或 #include < stdio. h >

(2)用getchar函数只能输入一个字符,如需要输入多个字符,就需要多次使用getchar。

(3)用getchar函数输入一个字符时,虽然其格式为

getchar( )

但通常应与赋值运算符结合使用,才能完成对字符变量的输入,如：

ch = getchar( );

3.4.3 gets 函数

gets函数,即字符串输入函数,它的作用是从终端输入一个字符串。

【格式】gets(字符数组)

【功能】从终端输入一个字符串到字符数组中,并且得到一个函数值,此函数值就是字符数组的起始地址。如有"gets(str);",则str是字符数组名,得到的函数值就是字符数组str的起始地址。至于数组和函数的概念将在后续的项目讲述,这里先了解一下即可。

【说明】

(1)要使用gets函数时,应用预编译命令

#include "string. h" 或 #include < string. h >

(2)用gets函数只能输入一个字符串。如：

gets(strl,str2);

这样就是错误的,只能写成gets(strl);gets(str2);才是正确的。

(3)用gets函数可以输入带空格的字符串。这是C语言中唯一能将空格一并输入字符串中的函数。

3.4.4 puts 函数

puts函数,即字符串输出函数,它的作用是向终端输出一个字符串。

【格式】puts(字符数组);

【功能】将一个字符串(以'\0'结束的字符序列)输出到终端。

【说明】

（1）要使用 puts 函数时，应用预编译命令

#include ＂string.h＂ 或 #include ＜string.h＞

（2）用 puts 函数只能输出一个字符串。如：

puts(strl,str2)；

这样就是错误的，写成 puts(strl)；puts(str2)；才是正确的。

（3）如有一个字符数组 str，该数组已经初始化为"program"，则执行：

puts(str)；

其结果是在终端上输出字符串"program"。一般情况下，由于输出字符串用 printf 函数（本项目下一节即将讲述该函数）比较方便，特别是输出多个字符串时，printf 函数的优势更加明显，因此 puts 函数使用的场合并不多。

（4）用 puts 函数输出的字符串中可以包含转义字符。例如：

char str[ ] = {"China\nBeijing"}；

puts(str)；

输出结果：

China

Beijing

3.5 格式输入与输出

C 语言中的格式输入输出相对比较烦琐，用得不合理或者不对就不能达到预期的编程目的，而输入输出又是 C 语言中最基本的操作，几乎每一个程序都包含输入输出，不掌握好这方面的知识势必会对以后的学习带来不少的麻烦，同时会浪费大量调试程序的时间。为了使读者对格式输入输出有全面的了解，在本节中将对格式输入与输出进行比较细致地介绍，希望读者能重点掌握最常用的一些规则，注意每种格式的使用说明。同时应当注重计算机中调试程序代码的过程，观察其输出的特点。

3.5.1 printf 函数

printf 函数，即格式输出函数，它的作用是向终端输出任意类型的若干数据。

3.5.1.1 printf 函数的格式

printf 函数的一般格式为：

printf(格式控制,输出表列)

1. 格式控制

格式控制是用双撇号括起来的字符串，它包括三种信息：

（1）格式说明。格式说明由"%"和格式字符组成，总由"%"字符开头，如"%d"。

（2）转义字符。转义字符由"\"开头的特殊字符组成，总由"\"字符开头，如"\n"。

（3）普通字符。普通字符即需要原样输出的字符。

例如：

$$\text{printf ("a=\%d b=\%d \textbackslash n", a, b);}$$

格式　转义　输出
说明　字符　表列

在"printf ("a＝%d　b＝%d　\n", a, b);"中，"%d"是格式说明，表示输出十进制整数；"\n"是转义字符，表示输出"回车"；"a＝"、"b＝"以及"a＝%d b＝%d \n"中的空格都是普通字符，原样输出；"a,b"为输出表列，表示需要输出的数据，如果"a＝3;b＝4;"，则

printf ("a＝%d　b＝%d　\n", a, b);

按照 printf 函数的格式规则，输出结果为

a＝3　b＝4

需要再次提醒的是：在格式控制中，除了格式控制符和转义字符外，其他的字符都原样输出。

2. 输出表列

"输出表列"是需要输出的一些数据，可以是常量、变量，也可以是表达式。例如：若 a、b、c 的值分别为 5、6、7，则

printf("a＝%d b＝%d\n c＝%d", a, b, c);

输出结果为

a＝5　b＝6

c＝7

其中的"a＝"、"b＝"、"c＝"都原样输出；第一个"%d"输出 a 的值，第二个"%d"输出 b 的值，第三个"%d"输出 c 的值；"\n"则是"回车换行"。

3.5.1.2 printf 函数的格式字符

用 printf 函数输出数据时，对不同类型的数据应当采用不同的格式字符。常用的格式字符一共 9 种，根据输出数据类型的不同，分为 3 大类：

1. 用于整型数据输出的格式字符

（1）d 格式符

d 格式符用来输出十进制整数。d 格式符有以下几种用法：

①%d。输出整型数据的十进制形式。

②%md。m 为指定输出字段的宽度。当数据的位数小于 m，则数据输出时右对齐，左端补空格(空格数为 m 与数据实际位数的差)；若数据的位数大于 m，则按数据的实际位数输出。

③%－md。m 为指定输出字段的宽度。当数据的位数小于 m，则数据输出时左对齐，右端补空格(空格数为 m 与数据实际位数之差)；若数据的位数大于 m，则按数据的实际位数输出。

④%ld。输出长整型数据的十进制形式。

【例 3－3】用 d 格式符输出整型数据。

源程序：

```
#include "stdio. h"
void main( )
```

```
{ int a = 123, b = 12345;
  long c = 135790;
  printf("%4d ,% -5d,%4d,%8ld\n",a,a,b,c);
}
```

运行结果：

□123,123□□,12345,□□135790

程序中，为了显示的方便，用"□"表示输出一个空格，本节的程序中，都默认用"□"在运行结果中表示输出的空格。在输出格式"%4d ,% -5d,%4d,%8ld"中，用"%4d"输出 a，由于 a 为123，数据 a 的位数为3，输出格式为"%4d"，数据的位数小于要求输出的列数，则应右对齐，左补一个空格输出 a;用"% -5d"输出 a，由于 a 为123，数据 a 的位数为3，输出格式为"% -5d"，数据的位数小于要求输出的列数，则应左对齐，右补两个空格输出 a;用"%4d"输出 b，由于 b 为12345，数据 b 的位数为5，输出格式为"%4d"，数据的位数大于要求输出的列数，则应原样输出 b;用"%8ld"输出 c，由于 c 为 long 型，数值为135790，数据 c 的位数为6，输出格式为"%8ld"，数据的位数小于要求输出的列数，则应右对齐，左补两个空格输出 c。

还需要说明的是：对于 long 型数据的输出，应该用"%ld"格式，如果用"%d"格式来输出 long 型数据，由于 int 型表示的整型数据范围为 -32768~32767，因此输出的结果就会发生错误;而对于一个 int 型的数据，则用"%d"或"%ld"格式输出都是正确的。

（2）o 格式符

o 格式符用来输出八进制的整数。用八进制形式输出整数时，是将内存单元中的符号位连同其他各位上的数值一起作为八进制数输出。因此用 o 格式符输出整数时，不会出现负的八进制形式。o 格式符有以下几种用法：

①%o。输出整型数据的八进制形式。

②%mo。m 为指定输出字段的宽度。当数据的位数小于 m，则数据输出时右对齐，左端补空格（空格数为 m 与数据实际位数的差）;若数据的位数大于 m，则按数据的实际位数输出。

③% -mo。m 为指定输出字段的宽度。当数据的位数小于 m，则数据输出时左对齐，右端补空格（空格数为 m 与数据实际位数的差）;若数据的位数大于 m，则按数据的实际位数输出。

④%lo。输出长整型数据的八进制形式。

不难看出，o 格式符与 d 格式符的用法很相似，不同的是："%o"用于输出八进制整数，而"%d"用于输出十进制整数;"%o"不会输出整数的负的八进制形式，而"%d"会输出整数的负的十进制形式。

【例3-4】用 o 格式符输出整型数据。

源程序：

```
#include "stdio. h"
void main( )
{ int a = -1;
  printf("%4d ,%d,%o,%8o,% -8o\n",a,a,a,a,a);
```

运行结果：

□□ -1, -1,177777,□□177777,177777□□

程序中，用"%4d"、"%d"、"%o"、"%8o"、"%-8o"五种格式输出整型数据 a。由于 a = -1,"%d"可以输出负的整数,因此直接输出就可以了;而"%o"不可以输出带负数的整数,加之用"%o"输出整数是将内存单元中各位的值用八进制形式输出,因此需要利用整数在计算机中的存放形式补码得到八进制输出的数值,由于 a 的值为 -1,不难计算出其补码为 1111111111111111(二进制),这个二进制数对应的八进制数就是 177777(八进制)。有了上述的分析,就不难得出例 3-4 的输出结果了。

(3)x 格式符

x 格式符用来输出十六进制的整数。由于用十六进制形式输出整数时,是将内存单元中的符号位连同其他各位上的数值一起作为十六进制数输出。与 o 格式符一样,用 x 格式符输出时,也不会出现负的十六进制形式。x 格式符有以下几种用法:

①%x。输出整型数据的十六进制形式。

②%mx。m 为指定输出字段的宽度。当数据的位数小于 m,则数据输出时右对齐,左端补空格(空格数为 m 与数据实际位数的差);若数据的位数大于 m,则按数据的实际位数输出。

③%-mx。m 为指定输出字段的宽度。当数据的位数小于 m,则数据输出时左对齐,右端补空格(空格数为 m 与数据实际位数的差);若数据的位数大于 m,则按数据的实际位数输出。

④%lx。输出长整型数据的十六进制形式。

不难看出,o 格式符与 x 格式符的用法相似,不同之处在于:"%o"用于输出八进制整数,而"%x"用于输出十六进制整数。

【例 3-5】用 x 格式符输出整型数据。

源程序：

```
#include " stdio. h"
void main( )
{ int a = -1;
  printf("%4d ,%d,%x,%8x,% -8x \n",a,a,a,a,a);
}
```

运行结果：

□□ -1, -1,ffff,□□□□ffff,ffff□□□□

本程序与例 3-4 的情况大致一样,只是需要注意的是:整数 a 的值为 -1,以补码 1111111111111111(二进制)形式存放于内存中,对应的十六进制数是 ffff。

(4)u 格式符

u 格式符用来输出无符号形式的数据,以十进制整数形式输出。

由于用无符号形式输出整数时,是将内存单元中的符号位作为数值位,并连同其他各位上的数值一起作为十进制数输出,因此 u 格式符也不能输出负的整数形式。

对于一个有符号的整型数据可以用%d 格式输出,也可以用%u 输出,只是用%d 格式输出整型数据时,能输出负值;用%u格式输出整型数据时,只能输出正值。同样,对于一个无符号型的数据不仅可以用%u输出,同时也可以用%d,%o,%x格式输出。

【例3-6】用不同格式输出整数。

源程序:

```
#include "stdio. h"
void main( )
{ int a = -1;
  unsigned int b = 65534;
  printf("a = %d,%u,%o,%x\n",a,a,a,a);
  printf("b = %d,%u,%o,%x\n",b,b,b,b);
}
```

运行结果:

```
a = -1,65535,177777,ffff
b = -2,65534,177776,fffe
```

本程序中实现了对一个整型数据采用四种不同格式的输出。需要强调的是,整型数据在计算机中是以补码(二进制)形式存放的,由于a为-1,同时它属于int型,因此在计算机中用16位二进制存放,其存储形式为补码,值为1111111111111111,用"%d"可以输出负数为-1(由-1的补码得到该数的原码,然后再由二进制转换为十进制得到该值),用"%u"输出为65535(由于u格式符不能输出负数,-1的存储形式为1111111111111111全部表示数值位,包括最高位此时都表示数值位而不表示符号位,因此将其转换为十进制得到该值),用"%o"输出为177777(由于o格式符不能输出负数,-1的存储形式为1111111111111111,因此将其转换为八进制得到该值),用"%x"输出为ffff(由于x格式符不能输出负数,-1的存储形式为1111111111111111,因此将其转换为十六进制得到该值)。变量b的输出与a相似,都需要先分析得到它们在内存中存储的形式,相信读者不难得出b在计算机中的存储形式为1111111111111110,从而用四种格式输出得出相应的值。

2. 用于字符型的格式字符

(1)c格式符

c格式符用来输出一个字符。有以下几种用法:

①%c。输出一个字符。

②%mc。m为指定输出字段的宽度。当m大于1,则字符输出时右对齐,左端补空格(空格数为m与1的差);若m小于1,则字符原样输出。

③%-mc。m为指定输出字段的宽度。当m大于1,则字符输出时左对齐,右端补空格(空格数为m与1的差);若m小于1,则字符原样输出。

【例3-7】用c格式符输出字符。

源程序:

```
#include "stdio. h"
void main( )
{ int c = 'A';
  printf("%c,%3c,%-4c\n",c,c,c);
```

}
运行结果：

A,□□A,A□□□

在整数值为 0～255 范围内，字符型数据与整型数据通用，也就是说在 0～255 的范围内，字符型数据或整型数据既可以用 %c 格式输出，也可以用 %d 格式输出。因为在 ASCⅡ码表中，值在 0～255 的范围里字符型数据与整型数据一一对应。

【例 3－8】字符数据的输出。

源程序：

```
#include " stdio. h"
void main( )
{ char a = 'b';
  int b =67;
  printf( "%d,%c \n" ,a,a);
  printf( "%d,%c \n" ,b,b);
}
```

运行结果：

98,b
67,C

由于在 ASCⅡ码表中，字符'b'对应的十进制数是 98，字符'C'对应的十进制数是 67，所以就有了上面的输出结果。在 ASCⅡ码表中，字符'A'对应的十进制数是 65，字符'a'对应的十进制数是 97，字符'0'对应的十进制数是 48。

（2）s 格式符

s 格式符用来输出一个字符串。有以下几种用法：

①%s。用来原样输出一个字符串。

②%ms。m 为指定输出字符串的宽度。当 m 大于字符串的长度，则字符串输出时右对齐，左端补空格（空格数为 m 与字符串长度的差）；若 m 小于字符串的长度，则字符串原样输出。

③%－ms。m 为指定的输出字符串的宽度。当 m 大于字符串的长度，则字符串输出时左对齐，右端补空格（空格数为 m 与字符串长度的差）；若 m 小于字符串的长度，则字符串原样输出。

④%m.ns。字符串从左到右取 n 个字符用 m 列输出。当 m 大于 n 时，则 n 个字符输出时右对齐，左端补空格（空格数为 m 与 n 之差）；若 m 小于 n 时，则 n 个字符输出时原样输出。

⑤%－m.ns。字符串从左到右取 n 个字符用 m 列输出。当 m 大于 n 时，则 n 个字符输出时左对齐，右端补空格（空格数为 m 与 n 之差）；若 m 小于 n 时，则 n 个字符输出时原样输出。

【例 3－9】字符串数据的输出。

源程序：

```
#include " stdio. h"
```

```
void main( )
{
    printf("%s,%4s,%8s,% -6s \n","CHINA","CHINA","CHINA","CHINA");
    printf("%7.3s,%.3s,% -7.4s\n","CHINA","CHINA","CHINA");
}
```

运行结果:

CHINA, CHINA,□□□CHINA ,CHINA□
□□□□CHI,CHI, CHIN□□□

本程序的输出结果不难分析,需要说明的是:用"%.3s"对字符串"CHINA"进行输出时,相当于用"%3.3s"格式输出字符串。因此可以得出结论:在使用"%m.ns"或者"% -m.ns"输出字符串时,如果缺省 m,则 m 的值默认为 n。

3. 用于实型的格式字符

(1) f 格式符

f 格式符用小数形式输出实数。有以下几种用法:

①%f。将实数的整数部分全部输出,同时输出六位小数。可以用于输出单精度数和双精度数。由于单精度实数的有效位数一般为 7 位。双精度实数的有效位数一般为 16 位,因此用%f 输出时,只能保证其有效位数范围内的数值正确性,其他位置上的数值都起占位的作用,不能保证其正确性。

②%mf。m 为指定输出实数的宽度。当数据的位数小于 m,则数据输出时右对齐,左补空格(空格数为 m 与数据实际位数的差);若数据的位数大于 m,则按数据的实际位数输出。

③% -mf。m 为指定输出实数的宽度。当数据的位数小于 m,则数据输出时左对齐,右端补空格(空格数为 m 与数据实际位数的差);若数据的位数大于 m,则按数据的实际位数输出。

④%m.nf。对于输出的实数从左到右取 n 位小数连同小数点、整数部分一起用 m 列输出。当实际输出的实数列数超出了 m 列,则 m 失去意义,实数原样输出,否则输出实数时右对齐,左端补空格(空格数为 m 与数据实际位数的差)。

⑤% -m.nf。对于输出的实数从左到右取 n 位小数连同小数点、整数部分一起用 m 列输出。当实际输出的实数列数超出了 m 列,则 m 失去意义,实数原样输出,否则输出实数时左对齐,右端补空格(空格数为 m 与数据实际位数的差)。

需要提醒的是:用%m.nf 或% -m.nf 输出实数时,取 n 位小数时,要考虑四舍五入。如对 789.4567 用"%6.2f"格式输出时,其输出结果为"789.46"。

【例 3-10】用 f 格式符输出实型数据。

源程序:

```
#include "stdio. h"
void main( )
{ float x = 111111. 111,y = 222222. 222,f = 123. 456;
    printf("%f \n", x + y);
    printf("%f,%10f,%10.2f,%.2f,% -10.2f \n", f,f,f,f,f);
}
```

运行结果：

333333. 328125

123. 456001,123. 456001, □□□□123. 46,123. 46,123. 46□□□□

本程序的输出结果如上所示,需要说明的是,用"% f"输出 x + y 的结果为 333333. 328125,其原因是 float 型数据保留有效位数 7 位,小数位数 6 位,要同时满足这两个要求,对于 333333. 328125 就只能保证前面 7 位数值的有效性,小数点后面的 5 位就只起占位的作用。用"%. 2f"对实数 f 进行输出时,其实质就是取两位小数,连同整数部分一起输出。

（2）e 格式符

e 格式符用来以指数形式输出实数。有以下几种用法：

①%e。用%e 格式输出的实数共占 13 位的宽度：整数部分 1 位,小数点 1 位,小数部分 6 位,指数部分 5 位（"e"占 1 位,指数符号占 1 位,指数占 3 位）。

②%me。m 为指定输出实数的宽度。当数据的位数小于 m,则数据输出时右对齐,左端补空格（空格数为 m 与 13 的差）;若数据的位数大于 m,则按实际位数输出。若 m 小于 13,则按实际位数输出,因为用%e 格式输出时,至少需要 13 列。

③% － me。m 为指定输出实数的宽度。当数据的位数小于 m,则数据输出时左对齐,右端补空格（空格数为 m 与 13 的差）;若数据的位数大于 m,则按实际位数输出。如果 m 小于 13,则按实际位数输出,因为用%e 格式输出时,至少需要 13 列。

④%m. ne。对于输出的实数从左到右取 n 位小数连同小数点、整数部分、指数部分一起用 m 列输出。当实际输出的实数的列数超出了 m 列（即 m＜n ＋7）,则 m 失去意义,实数按指数形式原样输出,否则输出数值时右对齐,左端补空格。

⑤% － m. ne。对于输出的实数从左到右取 n 位小数连同小数点、整数部分、指数部分一起用 m 列输出。当实际输出的实数的列数超出了 m 列（即 m＜n ＋7）,则 m 失去意义,实数按指数形式原样输出,否则输出数值时左对齐,右端补空格。

【例 3 －11】用 e 格式符输出实型数据。

源程序：

```
#include " stdio. h"
void main( )
{ float f = 123. 456;
  printf(" %e,%11e,%11.3e,%.2e,% －11.2e \n", f,f,f,f,f);
}
```

运行结果：

1. 234560e ＋002,1. 234560e ＋002,□1. 235e ＋002,1. 23e ＋002, 1. 23e ＋002□□

本程序通过 e 格式符完成对实型数据的输出。需要说明的是：用 e 格式符输出的实数都是"规范化的指数形式"（即在字母 e 之前的小数部分中,小数点左边有 1 位且只能有 1 位非零的数字）。用"%. 2e"输出实型数据 f 时,相当于是用"%9. 2e"输出实型数据。

（3）g 格式符

g 格式符用来输出实数,它根据实数数值的大小,自动选择格式 f 或格式 e（选择输出实数时所占宽度较少的格式）输出实数,且不输出无意义的零。

【**例3－12**】用不同格式输出实数数据。

源程序：

```
#include "stdio. h"
void main( )
{ float f = 123. 456;
    printf("% f,% e,% g \n", f,f,f);
}
```

运行结果：

123. 456001 ,1. 234560e + 002, 123. 456□□□

用"% f"格式输出占 10 列,用"% e"格式输出占 13 列,用"% g"格式输出时就自动从上面两种格式中选择输出占用列数较短者,即选择输出占 10 列的格式% f 输出,但用格式% f 输出时,最后 3 个小数位为无意义的 0,则不输出,改用空格补位,即右补 3 个空格。

以上 9 种格式符,归纳如表 3 － 1 所示。

表 3 － 1　printf 格式字符

格式字符	字符说明
d,i	输出带符号的十进制形式的整数(正数的符号不输出)
o	输出无符号的八进制形式的整数
x,X	输出无符号的十六进制形式的整数。用 x 格式输出时,十六进制数中的 a ~ f 按小写字母形式输出,用 X 格式输出时,十六进制数中的 A ~ F 按大写字母形式输出。
u	输出无符号的十进制形式的整数
c	输出一个字符
s	输出一个字符串
f	输出含有 6 位小数的单精度、双精度实数
e,E	输出指数形式的实数,输出时指数以"e"表示
g,G	输出实数,选用% f 和% e 格式中输出列数较短的一种格式

对使用 printf 函数,需要注意以下几点：

(1)除了 X、E、G 外,其他格式字符必须用小写字母,如% c 不能写成% C。

(2)可以在 printf 函数的"格式控制"字符串内包含"转义字符",如

printf("% f\t% e\b% g \n", f,f,f)。

(3)上述 d、o、x、u、c、s、f、e、g 等字符,如用在"%"后面就作为格式符号,否则这些字符可以单独作为字符输出。例如：

int a = －1;

printf("int a = % ds , hex a = % xc \n",a,a);

输出结果为

int a = －1s,hex a = ffffc

(4)如果想输出字符"%",则应该在"格式控制"字符串中用两个连续的"%"表示。例如：

```
int a = -1;
printf("int a = %d%%, hex a = %x%% \n",a,a);
```
输出结果为

　　int a = -1%,hex a = ffff%

3.5.2　scanf 函数

scanf 函数,即格式输入函数,它的作用是从终端输入任意类型的若干数据。

1. scanf 函数的格式

scanf 函数的一般格式为:

scanf(格式控制,地址表列)

"格式控制"的含义同 printf 函数;"地址表列"由若干个地址组成的表列,可以是变量的地址,也可以是字符串的首地址。

【例 3-13】用 scanf 函数输入数据。

源程序:

```
#include "stdio.h"
void main()
{ int x, y,z;
  scanf("%d%d%d",&x,&y,&z);
  printf("%d,%d,%d\n",x,y,z);
}
```

运行结果:

　　5 6 7　<回车>

　　5,6,7

对该程序进行如下说明:

(1)"&x"中的"&"是"地址运算符",&x 是指 x 在内存中的地址。

(2)scanf("%d%d%d",&x,&y,&z);的作用是:将键盘上输入的值按照 x,y,z 在内存中的地址存进去,从而使得 x,y,z 获得相应的值。

(3)用"%d%d%d"输入数据时,表示按十进制整数形式输入三个数据。输入数据时,在两个数据之间以一个或多个空格间隔,也可以用 Enter 键、Tab 键间隔。如果输入数据时,在两个数据之间以","间隔,则是错误的。

2. scanf 函数的格式说明

scanf 与 printf 函数中的格式说明相似。以"%"开始,以一个格式字符(表 3-2)结束,中间可以插入附加字符(表 3-3),即可构成 scanf 的格式。

表 3-2　scanf 格式字符

格式字符	字符说明
d,i	输入带符号的十进制形式的整数(正数的符号不输出)
o	输入无符号的八进制形式的整数

格式字符	字符说明
x,X	输入无符号的十六进制形式的整数(大小写作用一样)
u	输入无符号的十进制形式的整数
c	输入一个字符
s	输入字符串
f	输入实数,可以用小数形式或指数形式输入
e,E,g,G	与 f 作用相同,e 与 f、g 可以相互替换(大小写作用相同)

表3-3 scanf 的附加格式说明字符

附加字符	附加字符说明
l	输入长整型数据(可用%ld,%lo,%lx,%lu)以及 double 型数据(用%lf 或%le)
h	输入短整型数据(可用%hd,%ho,%hx)
域宽	指定输入数据所占宽度(列数),宽度应为正整数
*	表示使用本输入项读入后不赋给相应的变量

使用 scanf 函数,需要注意以下几点:

(1)可以通过 scanf 函数使用%u,%d,%o,%x 等格式输入 unsigned 型变量所需的数据。

(2)可以指定输入数据所占列数,系统将自动按列数截取所需数据。例如:

scanf("%3d%3d",&x,&y);

如果输入"123456",系统自动将 123 赋给 x,456 赋给 y。这种方法也可用于字符。例如:

scanf("%3c",&ch);

输入三个字符,把第一个字符赋给 ch,例如:输入"abc",ch 得到字符'a'。

(3)在"%"后可以使用"*"附加说明符,用来表示跳过相应宽度的数据,例如:

scanf("%2d,%*3d,%2d",&a,&b);

输入信息:"12,345,67",则系统将 12 赋给 a,67 赋给 b。

(4)输入数据时不能规定精度。

scanf("%7.2f",&a);

是不合法的。

3. scanf 函数执行中应注意的问题

(1)scanf 函数中的"格式控制"后面应当是变量地址,而不是变量名。若要对整型变量 a,b 输入任意值,则

scanf("%d,%d",a,b);

是错误的。应写成

scanf("%d,%d",&a,&b);

才是正确的。

（2）如果在"格式控制"字符串中除了格式说明以外还有其他字符,则在输入数据时应输入与这些字符相同的字符。因此建议在使用 scanf 函数输入数值时,其"格式控制"中的字符串仅用格式说明符和简单的分隔符,不要使用其他原样输入的字符和转义字符。例如:

如果是 scanf("%d,%d",&a,&b);　　　　　　　　则输入时应为:3,4

如果是 scanf("%d %d",&a,&b);　　　　　　　　则输入时应为:5 6

如果是 scanf("%d:%d:%d", &h,&m,&s);　　　　则输入时应为:11:12:13

如果是 scanf("x=%d,y=%d", &x,&y);　　　　　则输入时应为:x=3,y=5

（3）用"%c"格式输入字符时,空格字符和转义字符都作为有效字符输入。例如:

scanf("%c%c%c",&c1,&c2,&c3);

如果输入"x□y□z",则字符'x'赋值给 c1,空格''赋值给 c2,字符'y'赋值给 c3。如果想字符变量 c1、c2、c3 分别得到字符'x'、'y'、'z',正确的输入方法是:输入"xyz"。

（4）在输入数据时,遇到以下情况时则认为输入结束。

①遇空格,或遇"回车"键(Enter 键)或"跳格"键(Tab 键)。

②按指定的宽度结束,如"%4d",只取4列。例如:

scanf("%4d",&x);

输入"123456",则 x 的值为 1234。

③遇非法输入,例如:

scanf("%4f",&x);

输入"123o.26",则 x 的值为 123.000000,原本的意思是将 1230.26 赋值给 x,结果把数字"0"写成了字母"o","o"为非法字符,则会将字符"o"前面的数值赋值给了 x。

------→ 项 目 学 习 实 践 ←------

【例 3-14】若 a=3,b=4,c=5,x=1.2,y=2.4,z=-3,u=51274,n=128765,c1='a',c2='b',想得到以下输出格式和结果,请写出程序(包括定义变量类型和设计输出)。要求输出的结果如下:

```
a=3   b=4   c=5
x=1.200000,y=2.400000,z=-3.600000
x+y=3.60   y+z=-1.2   z+x=-2.40
u=51274   n=128765
c1='a'   or   97(ASCⅡ)
c2='B'   or   98(ASCⅡ)
```

源程序:

```
#include "stdio.h"
void main()
{int a,b,c;
  long int u,n;
  float x,y,z;
  char c1,c2;
  a=3;b=4;c=5;
```

```
x = 1.2;y = 2.4;z = -3.6;
u = 51274;n = 128765;
c1 = 'a';c2 = 'b';
printf(" \n");
printf("a = % -3db = % -3dc = % -3d\n", a,b,c);
printf("x = %8.6f,y = %8.6f,z = %9.6f\n", x,y,z);
printf("x + y = % -6.2fy + z = % -6.1fz + x = % -6.2f\n", x + y,y + z,z + x);
printf("u = % -7ldn = %9ld\n", u,n);
printf("c1 = '%c'or%d(ASCⅡ)\n", c1,c1);
printf("c2 = '%c'or%d(ASCⅡ)\n", c2 -32,c2);
}
```

【例 3 – 15】从键盘输入一个小写字母,要求改用大写字母输出。

源程序:

```
#include "stdio.h"
void main()
{char c1 , c2;
 c1 = getchar ();
 printf("输入的小写字母是%c \n",c1);
 c2 = c1 -32;
 printf("对应的大写字母是%c\n",c2);
}
```

运行结果:

```
b   <回车>
输入的小写字母是 b
对应的大写字母是 B
```

用 getchar 函数得到从键盘上输入的字符'b',赋值给字符变量 c1,将 c1 用字符形式输出为'b'。再通过 c1 -32 赋值给字符变量 c2,将 c2 用字符形式输出为'B'。

【例 3 – 16】求 $ax^2 + bx + c = 0$ 方程的根,a,b,c 由键盘输入,设 $b^2 - 4ac > 0$。

源程序:

```
#include "stdio.h"
#include "math.h"
void main()
{ float a,b,c,disc,x1,x2,p,q;
  scanf("%f,%f,%f", &a,&b,&c);
  disc = b * b -4 * a * c;
  p = -b/(2 * a);
  q = sqrt (disc)/(2 * a);
  x1 = p + q; x2 = p - q;
  printf(" \nx1 = %5.2f\nx2 = %5.2f\n",x1,x2);}
```

运行结果:

```
1,3,2  <回车>
x1 = -1.00
x2 = -2.00
```

习 题 三

一、选择题

1. putchar 函数可以向终端输出一个(　　)。
   A. 整型变量表达式　　　　　　　　　　B. 实型变量值
   C. 字符串　　　　　　　　　　　　　　D. 字符或字符型变量值

2. 以下程序的输出结果是(　　)。
   printf(" \n * s1 = %15s * ","chinabeijing");
   printf(" \n * s2 = % -5s * ","chi");
   A. * s1 = chinabeijing□□□ *　　　　B. * s1 = chinabeijing□□□ *
   　 * s2 = * * chi *　　　　　　　　　　 * s2 = chi□□ *
   C. * s1 = □□chinabeijing *　　　　　D. * s1 = □□□chinabeijing *
   　 * s2 = □□chi *　　　　　　　　　　 * s2 = chi□□ *

3. printf 函数中用到格式符%5s,其中数字 5 表示输出的字符串占用 5 列。如果字符串长度大于 5,则输出按方式(　　);如果字符串长度小于 5,则输出按方式(　　)。
   A. 从左起输出该字符串,右补空格　　　B. 按原字符串长从左向右全部输出
   C. 右对齐输出该字符串,左补空格　　　D. 输出错误信息

4. 已有定义 int a = -2;和输出语句:printf("%8lx",a);以下正确的叙述是(　　)。
   A. 整型变量的输出格式符只有%d 一种
   B. %x 是格式符的一种,它可以适用于任何一种类型的数据
   C. %x 是格式符的一种,其变量的值按十六进制输出,但%8lx 是错误的
   D. %8lx 不是错误的格式符,其中数字 8 规定了输出字段的宽度

5. 以下 C 程序正确的运行结果是(　　)。
   ```
   main( )
   {
     long y = -43456;
     printf ("y = % -8ld\n",y);
     printf ("y = % -08ld\n",y);
     printf ("y = %08ld\n",y);
     printf ("y = % +8ld\n",y);
   }
   ```
   A. y = □□ -43456　　　　　　　　　B. y = -43456
   　 y = - □□43456　　　　　　　　　　 y = -43456

$y = -0043456$ $y = -0043456$

$y = -43456$ $y = +\square - 43456$

C. $y = -43456$ D. $y = \square\square - 43456$

$y = -43456$ $y = -0043456$

$y = -0043456$ $y = 00043456$

$y = \square\square - 43456$ $y = +43456$

6. 若 x,y 均定义为 int 型,z 定义为 double 型,以下不合法的 scanf 函数调用语句是(　　　)。

    A. scanf("%d%lx,%le",&x,&y,&z);

    B. scanf("%2d*%d%lf",&x,&y,&z);

    C. scanf("%x%*d%o",&x,&y);

    D. scanf("%x%o%6.2f",&x,&y,&z);

7. 以下说法正确的是(　　　)。

    A. 输入项可以为一个实型常量,如 scanf("%f",3.5);

    B. 只有格式控制,没有输入项,也能进行正确输入,如 scanf("a=%d , b=%d");

    C. 当输入一个实型数据时,格式控制部分应规定小数点后的位数,如 scanf("%4.2f",&f);

    D. 当输入数据时,必须指明变量的地址,如 scanf("%f",&f);

8. 以下能正确地定义整型变量 a,b 和 c 并为其赋初值 5 的语句是(　　　)。

    A. int a=b=c=5;   B. int a,b,c=5;

    C. int a=5,b=5,c=5;   D. a=b=c=5;

9. 已知 ch 是字符型变量,下面不正确的赋值语句是(　　　)。

    A. ch='a+b';   B. ch='\0';

    C. ch='7'+'9';   D. ch=5+9

10. 若有以下定义,则正确的赋值语句是(　　　)。

    int a,b;float x;

    A. a=1,b=2,   B. b++;

    C. a=b=5;   D. b=int(x);

二、填空题

1. 以下程序的输出结果为_____。

```
main()
{ short i;
  i = -4;
  printf("\ni:dec=%d, oct=%o, hex=%x, unsigned=%u\n",i,i,i,i);
}
```

2. 以下程序的输出结果为_____。

```
main()
{
  printf("*%f,%4.3f*\n",3.14,3.1415);
}
```

3. 以下程序的输出结果是＿＿＿＿＿＿＿＿＿＿。

```c
main( )
{ int x = 1, y = 2;
  printf( "x = % d y = % d * sum * = % d\n", x, y, x + y);
  printf( "10 Squared is :% d\n", 10 * 10);
}
```

4. 以下 printf 语句中的" - "的作用是 ＿＿＿＿＿＿＿＿＿＿,该程序的输出结果是＿＿＿＿＿＿＿＿＿。

```c
#include < stdio. h >
main( )
{ int x = 12; double a = 3. 1415926;
  printf( "%6d##\n", x);
  printf( "% -6d##\n", x);
  printf( "%14. 10lf##\n", a);
  printf( "% - 14. 10lf##\n", a);}
```

5. 以下程序的输出结果是＿＿＿＿＿＿＿＿＿＿。

```c
#include < stdio. h >
main( )
{ int a = 325; double x = 3. 1415926;
  printf( "a = % +06d x = % + e\n", a, x);
}
```

6. 以下程序的输出结果是＿＿＿＿＿＿＿＿＿＿。

```c
#include < stdio. h >
main( )
{ int a = 252;
  printf( "a = % o a = % #o\n", a, a);
  printf( "a = % x a = % #x\n", a, a);
}
```

7. 以下程序的输出结果是＿＿＿＿＿＿＿＿＿＿。

```c
int x = 7281;
printf( "(1)x = % 3d, x = % 6d, x = % o, x = % 6x, x = % 6u\n", x, x, x, x, x);
printf( "(2)x = % -3d, x = % -6d, x = $ % -06d, x = $ %06d, x = % %06d\n", x, x,
x, x, x);
printf( "(3)x = % +3d, x = % +6d, x = % +08d\n", x, x, x);
printf( "(4)x = % o, x = % #o\n", x, x);
printf( "(5)x = % x, x = % #x\n", x, x);
```

8. 假设变量 a 和 b 均为整型,以下语句可以不借助任何变量把 a、b 中的值进行交换。请填空。

a + = ＿＿＿＿＿＿＿＿＿; b = a - ＿＿＿＿＿＿＿＿＿; a - = ＿＿＿＿＿＿＿＿＿;

9. 假设变量 a、b 和 c 均为整型,以下语句借助中间变量 t 把 a、b 和 c 中的值进行交换,即把 b 中的值给 a,把 c 中的值给 b,把 a 中的值给 c。例如:交换前 a = 10,b = 20,c = 30,交换后 a = 20,b = 30,c = 10。请填空。

_____;a = b;b = c;_____;

10. 若 x 为 int 型变量,则执行以下语句后 x 的值为_____。

x = 7;

x + = x − = x + x;

三、编程题

1. 输入一个华氏温度(C),要求输出摄氏温度(F)。公式为 $C = \dfrac{5}{9}(F - 32)$,输出要有文字说明,取两位小数。

2. 设圆半径 r = 1.5,圆柱高 h = 3,求圆周长、圆面积、圆球表面积、圆球体积、圆柱体积。用 scanf 输入数据,输出计算结果,输出时要求有文字说明,取小数点后两位数字。请编程序。

3. 用 * 号输出字母 C 的图案。

4. 给一个五位的正整数,要求求出它的各位数字。

项目 4
选择结构程序设计

 项目学习目的

通过本项目的学习,需要掌握 C 语言中选择结构的构成及使用。当需要根据条件选择执行不同的方案得到不同的结果时,就需要使用选择结构语句,它可以根据给定条件的逻辑值为真或者为假,执行不同的语句。

本项目的学习目标:
1. C 语言中 if 语句的定义及使用
2. 条件表达式的使用及注意事项
3. switch 语句的定义及使用
4. 选择结构的程序设计

 项目学习内容简述

在前一项目里展示了 C 语言的顺序结构,从本项目开始,将学习 C 语言三大结构中的第二大结构——"选择结构"。在大多数程序中都会使用选择结构,它的作用是:根据所指定的条件是否满足,决定该选择哪条语句执行。在本项目里,将学习 if 语句和 switch 语句是如何实现选择结构的。接下来,我们就开始选择结构的学习之旅吧!

4.1. if 语句

4.1.1 单边选择结构

单边选择结构的一般形式为：

if(表达式) 语句

例如：

if(m > n)　printf("% d",m);

单边选择结构的执行过程为：如果表达式的值为真，则执行其后的语句，否则不执行该语句。其中"表达式"为判断条件，而"语句"可以是单语句，也可以是复合语句，即用花括号"{}"括起来的一组语句，其流程如图 4 - 1 所示。

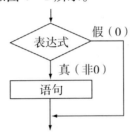

图 4 - 1　单边结构流程图

【例 4 - 1】输入两个数 a 和 b，输出两个数中的较大者。

解题思路：要输出两个数中的较大者，可以假定数 a 为最大值，存放在一个变量 max 中，然后再让数 b 与 max 比较，如果 b 的值大于 max 的值，则将 b 存放在变量 max 中，如果 b 的值小于或者等于 max 的值，则变量 max 的值保持不变，然后输出 max 的值即可。

源程序：

```
#include "stdio. h"
main( )
{
  int a,b,max;
  printf(" input two numbers:\n" );
  scanf("% d% d" ,&a,&b);
  max = a;
  if (max < b) max = b;
  printf(" max = % d\n" ,max);
}
```

运行结果：

input two numbers:

4　7　<回车>

max = 7

【例4－2】输入两个整数 num1、num2，按从小到大的顺序输出。

解题思路：两个数排序的算法很简单，本题是按从小到大排序，如果 num1 > num2 则交换两个数的位置；如果 num1 < num2 则不交换两个数的位置，然后顺序输出 num1、num2。需要提醒的是，交换两个数的位置，需要引入第三方变量，作为中间的过渡环节，如果两个数之间直接交换位置，则会将另一个数直接覆盖。

源程序：

```
#include    "stdio. h"
main( )
{ int num1,num2,t;
    printf("Please input two numbers:");
    scanf("%d,%d",&num1,&num2);
    if(num1 >num2)
        {
            t = num1;
            num1 = num2;
            num2 = t;
        }
    printf("Two numbers after sorted:%d,%d \n",num1,num2);
}
```

运行结果：

Please input two numbers:99,45   <回车>

Two numbers after sorted:45,99

【例4－3】输入任意三个数 num1、num2、num3，按从小到大的顺序排序输出。

解题思路：三个数排序需要进行三次比较，具体过程是：

(1)若 num1 > num2，则交换 num1 与 num2 的位置，则 num2 是 num1、num2 中的大者。

(2)若 num2 > num3，则交换 num2 与 num3 的位置，则 num3 是 num2、num3 中的大者，因此 num3 是三者中最大者。

(3)若 num1 > num2，则交换 num1 与 num2 的位置，则 num2 是 num1、num2 中的大者，也是三者中的次大者。

(4)然后顺序输出 num1、num2、num3。

当然，这样的解题思路只是其中的一种，还有很多种算法可以实现本题的目标，如：(1)若num1 > num2，交换 num1 与 num2 的位置；(2)若 num1 > num3，交换 num1 与 num3 的位置；(3)若 num2 > num3，交换 num2 与 num3 的位置。请读者自行分析。

此题如果改动为从大到小的顺序输出，又该怎么求解呢？是否只需要将其中的"＞"改写为"＜"？请读者自行分析。

源程序：

```
#include "stdio. h"
main( )
{ int num1,num2,num3,temp;
```

```
printf("Please input three numbers:");
scanf("%d,%d,%d",&num1,&num2,&num3);
if(num1 > num2){temp = num1;num1 = num2;num2 = temp;}
if(num2 > num3){temp = num2;num2 = num3;num3 = temp;}
if(num1 > num2){temp = num1;num1 = num2;num2 = temp;}
printf("Three numbers after sorted:%d,%d,%d\n",num1,num2,num3);
}
```

运行结果:

Please input three numbers:11,22,18　<回车>
Three numbers after sorted:11,18,22

4.1.2 双边选择结构

双边选择结构的一般形式为:

if(表达式)　　　{语句组1}
else　　　　　　{语句组2}

或

if(表达式)
　　{语句组1}
else
　　{语句组2}

双边选择结构的执行过程为:如果表达式的值不等于0(即判定为"逻辑真"),则执行语句组1;否则,执行语句组2。

其中语句组1、语句组2可以是一条语句,也可以是多条语句。当为一条语句时,可以不加花括号,也可以保留花括号;当为多条语句时,则必须加上花括号。其流程图如图4-2所示。

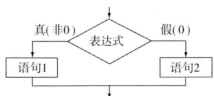

图4-2　双边选择结构流程图

【说明】

(1)if语句中的"表达式"必须用圆括号"( )"括起来。

(2)else子句(可选)是if语句的一部分,必须与if配对使用,不能单独使用。

(3)当if和else后面的语句组,仅由一条语句构成时,可以使用复合语句的形式,也可不使用复合语句形式(即去掉花括号)。

【例4-4】输入任意两个整数 x、y,求两个数中的最大值。

解题思路:此题题目与例4-1一致,但实现方法不一样,例4-1中使用的是单边选择结构,这里将使用双边选择结构,即判断 x 是否大于 y,如果 $x > y$,则输出打印 x,否则输出打印 y。

源程序:

```c
#include "stdio. h"
main( )
{ int a, b;
    printf ("input two numbers: ");
    scanf ("%d %d",&x,&y);
    printf ("The two numbers are:%d ,%d\n" , x, y);
    if (x > y) printf ("max = %d\n",x);
    else    printf ("max = %d\n",y);
}
```

运行结果:

input two numbers:22 33   <回车>

The two numbers are:22,33

max = 33

【例4-5】输入任意三个整数 num1、num2、num3,求三个数中的最大值。

解题思路:先比较三个数中的任意两个数的值,若首先比较 num1 与 num2,如 num1 > num2,则将 num1 放入变量 max,否则将 num2 放入变量 max,然后再让 num3 与 max 比较,如果 num3 > max,则将 num3 放入变量 max,否则 max 保持原值不变,最后输出 max 即可。

源程序:

```c
#include    "stdio. h"
main( )
{ int num1,num2,num3,max;
    printf("Please input three numbers:");
    scanf("%d,%d,%d",&num1,&num2,&num3);
    if (num1 > num2)      max = num1;
    else                  max = num2;
    if (num3 > max)       max = num3;
    printf("The three numbers are:%d,%d,%d\n",num1,num2,num3);
    printf("max = %d\n",max);
}
```

运行结果:

Please input three numbers:11,22,18   <回车>

The three numbers are:11,22,18

max = 22

4.1.3 多分支选择结构

多分支选择结构的一般形式为:

if(表达式1) 语句1;

else if(表达式2) 语句2;

else if(表达式 3)语句 3;

      …

else if(表达式 n)语句 n;

else 语句 n + 1;

多分支选择结构的执行过程:首先判断表达式 1 的值,如果表达式 1 的值为真,则执行分支语句 1,否则判断表达式 2 的值;如果表达式 2 的值为真,则执行分支语句 2,否则判断表达式 3 的值;……,如果所有的表达式的值均为假,则执行语句 n + 1。然后继续执行后续程序。其流程图如图 4 - 3 所示。

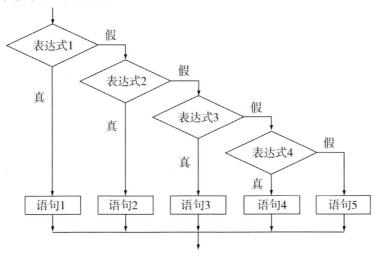

图 4 - 3 多分支选择结构流程图

【例 4 - 6】已知三门课的成绩,编程实现其等级界定:当平均成绩高于 90 分时,输出等级 A;当平均成绩为 80 ~ 89 分时,输出等级 B;当平均成绩为 70 ~ 79 分时,输出等级 C;当平均成绩为 60 ~ 69 分时,输出等级 D;当平均成绩低于 60 分时,输出等级 E。

解题思路:首先求出三门课的平均成绩,然后根据不同的分数段输出不同的等级。

源程序:

```c
#include "stdio. h"
void main( )
{  int score1 ,score2 ,scorc3 ,sum ,ave ;
   printf("Input the score: ") ;
   scanf("% d,% d,% d" ,&score1 ,&score2 ,&score3) ;
   sum = score1 + score2 + score3 ;
   ave = sum/3 ;
   printf ("average = ") ;
   if( ave > = 90)  printf("A \n") ;
   else if( ave > = 80) printf("B \n") ;
   else if( ave > = 70) printf("C \n") ;
   else if( ave > = 60) printf("D \n") ;
   else printf("E \n") ;
}
```

运行结果：

> Input the score：86,85,80   ＜回车＞
>
> average = B

【例4-7】根据输入字符的ASCⅡ码的值，分别输出对应的字符类型信息：ASCⅡ值小于32的判定为控制字符；在'0'和'9'之间的字符判定为数字，在'A'和'Z'之间的字符判定为大写字母，在'a'和'z'之间的字符判定为小写字母，其余的判定为其它字符。

解题思路：对输入的字符，用不同的范围去衡量它，满足哪一种字符范围就属于哪种字符类型。

源程序：

```
#include "stdio. h"
main( )
{ char c;
  printf("input a character:\n");
  c = getchar( );
  if( c <32)                    printf("This is a control character. \n");
  else if( c > = '0' && c < = '9')    printf("This is a digit\n");
  else if( c > = 'A' && c < = 'Z')    printf("This is a capital letter. \n");
  else if( c > = 'a' && c < = 'z')    printf("This is a small letter. \n");
  else                          printf("This is an other character. \n");
}
```

运行结果：

> input a character：
>
> g ＜回车＞
>
> This is a small letter.

对上述三种 if 语句作如下几点说明：

（1）在三种形式的 if 语句中，在 if 之后的圆括号中均为表达式。该表达式通常是逻辑表达式或关系表达式，也可以是其他表达式，甚至可以是一个变量或常量。例如：

if (x =5)   printf("%d\n",x +3);

if (3)   printf("OK\n");

都是允许的。需要判断表达式的值：值为非0（即为"真"），则执行相应语句；值为0（即为"假"），则不执行相应语句。如果有if(x=5)；其表达式的值永远为非0，因此其后的语句始终要执行，虽然这样编写的 if 语句失去了它本来的意义，但在语法上却是合法的。

（2）在 if 语句中，条件判断表达式必须用圆括号括起来，且不能加分号。例如：

if (x >y)   printf("%d\n",x);

是正确的，如果

if (x >y;)   printf("%d\n",x);

就是错误的。

（3）在双边选择结构和多边选择结构的 if 语句中，else 后面不需要再用圆括号包含判断表达式，否则就会"画蛇添足"。例如：

```
if ( x > y )        printf( "%d\n" , x ) ;
else               printf( "%d\n" , y ) ;
```

是正确的,如果

```
if ( x > y )        printf( "%d\n" , x ) ;
else( x < = y )     printf( "%d\n" , y ) ;
```

就是错误的了。

(4)在双边选择结构和多分支选择结构的 if 语句中,每个 if 和 else 后面分别有满足各自条件后方能执行的语句,因此每个语句各自都有自己的分号。例如:

```
if ( y > 0 )        printf( "%d\n" , y ) ;
else               printf( "%d\n" , - y ) ;
```

分号是 C 语句中不可缺少的部分,分号是 if 语句中的内嵌语句所要求的,如果没有这些分号,则会出现语法错误。但同时需要提醒的是:不要误认为上面是两个语句(if 语句和 else 语句),它们属于同一个 if 语句,因为 else 子句不能单独作为语句使用,必须与 if 语句配对使用。

(5)在 if 语句的三种形式中,if 和 else 后面可以只含一个内嵌的操作语句(如上面的例子),也可以包含多个操作语句,只是包含多个操作语句时,需要将这几个语句用花括号"{}"括号括起来构成一个复合语句来使用。例如:

```
if( x > y )         {x + + ; y + + ;}
else               {x - - ; y - - ;}
```

4.1.4 嵌套 if 语句

在 C 语言中,if 语句允许嵌套。所谓 if 语句的嵌套是指:在 if 语句中,又包含一个或多个 if 语句的情况,其一般形式为:

if (表达式 a)
  if (表达式 b) 语句组 b1 ;
  else 语句组 b2 ;
else
  if (表达式 c) 语句组 c1 ;
  else 语句组 c2 ;

对 if 语句的嵌套作以下几点说明:

(1) if 后面的"表达式",除常见的关系表达式或逻辑表达式外,也允许是其他类型的数据,如整型、实型、字符型等。

(2) if 语句允许嵌套,但层数不宜太多。在实际编程时,应适当控制嵌套层数(2~3 层)。

(3)"语句组"可以只包含一个简单语句,也可以是复合语句,但需要注意的是:不管是简单语句,还是复合语句中的各个语句,语句后面的分号是必不可少的。

(4) if 语句的嵌套形式多种多样,可以是前面讲过的 if 语句中三种形式的任意组合。例如:

```
if( 表达式 1)
        {if( 表达式 2)    语句 1}
else                      语句 2
```

或者为

    if（表达式1）

        if（表达式2）   语句1

        else   语句2

（5）在if语句的嵌套中又可能出现if-else的语句形式,这会导致出现多个if和多个else的情形,因此需要注意if和else的配对问题。例如：

    if（表达式1）

    if（表达式2）   语句1；

    else   语句2；

其中的else究竟是与哪个if配对呢?

可能的方式一：

    if（表达式1）

        if（表达式2）   语句1；

        else   语句2；

可能的方式二：

    if（表达式1）

        if（表达式2）   语句1；

    else   语句2；

为了避免二义性,C语言规定:else总是与它上面的离它最近的但尚未配对的if配对。有了这样的规定,我们不难得出结论,上面的例子应为方式一。又如：

    if（表达式1）

        if（表达式2）   语句1；

    else   语句2；

此时把else与第一个if写在同一列上,希望else与第一个if对应,但实际上else却是与第二个if配对,因为else与第二个if距离最近,且第二个if语句尚未配对。为了编程的方便,通常在if与else的数目不一样时,为了实现程序设计者的目的,可以加上花括号来确定配对关系。例如：

    if（表达式1）

      {

        if（表达式2）   语句1；

      }

    else   语句2；

这时"{}"限定了内嵌if语句的范围,因此else与第一个if配对。

如果if与else数目一样的情况,其配对关系就要简单明了一些。例如：

    if（表达式1）

    if（表达式2）   语句1；

    else   语句2；

    else   语句3；

不难发现,第一个else与第二个if配对,而第二个else虽然离第二个if最近,但是第二个if已经和第一个else配对,因为第二个else与第一个if配对。

【例4－8】从键盘上任意输入两个数 a 和 b,比较两个数的大小。

解题思路:两个数的大小关系,有三种:大于、等于和小于。可以利用 if 语句的不同嵌套形式实现该题目。如果输入的数是 a、b,可以用以下多种方式实现程序目的:

方式一:

若 a! ＝b,则若 a＞b,则输出"a＞b"

　　　　　　若 a＜b,则输出"a＜b"

否则　　输出"a＝b"

方式二:

若 a＝＝b,　　则输出"a＝b"

否则　　　　若 a＞b,则输出"a＞b"

　　　　　　若 a＜b,则输出"a＜b"

这样的嵌套方式还很多,读者可以自行总结,当然此题也可以用多边选择结构实现,下面我们就选择其中一种嵌套方式和多边选择结构来实现该程序。

源程序:

程序1:

```
#include "stdio. h"
main( )
{ int a,b;
  printf("please input a,b: ");
  scanf("% d % d",&a,&b);
  if(a! = b)
  if(a > b) printf("a > b\n");
  else printf("a < b\n");
  else printf("a = b\n");
}
```

⇨

```
#include "stdio. h"
main( )
{ int a,b;
  printf("please input a,b: ");
  scanf("% d % d",&a,&b);
  if(a! = b)
        if(a > b) printf("a > b\n");
        else printf("a < b\n");
  else printf("a = b\n");
}
```

运行结果:

```
please input a,b: 23 45    <回车>
a < b
```

程序2:

```
#include "stdio. h"
main( )
{ int a,b;
  printf("please input a,b:");
  scanf("% d,% d",&a,&b);
  if(a = = b) printf("a = b\n");
  else if(a > b) printf("a > b\n");
  else printf("a < b\n");
}
```

运行结果：

please input a,b: 45,23 ＜回车＞
  a＞b

4.2 条件运算符

  若在双边选择结构 if 语句中，不论条件判断表达式的值为"真"或"假"，都只执行单个的赋值语句且是对同一个变量赋值，如果出现这样的情况，就可以使用条件运算符代替 if 语句来实现相应的功能。例如，有 if 语句

  if(x＞y) max = x;

  else   max = y;

  当 x 大于 y 时，则将 x 的值赋值给变量 max，否则将 y 的值赋值给变量 max，不难看出，不论 x 大于 y 是否满足，都是向同一个变量 max 赋值，因此可以改写为条件表达式为：

  max = (x＞y)? x:y;

该语句的作用是：如 x＞y 为真，则把 x 的值赋值给变量 max，否则把 y 的值赋值给变量 max。

  条件运算符是一个三目(元)运算符，有三个参与运算的量，也就是说有三个操作对象，它是 C 语言中唯一的一个三目运算符。由条件运算符组成的条件表达式，它的一般形式为：

  表达式 1? 表达式 2:表达式 3

  条件表达式的执行过程为：首先求解表达式 1 的值，如果表达式 1 的值为真(非 0)，则求解表达式 2，并以表达式 2 的值作为整个条件表达式的值；如果表达式 1 的值为假(0)，则求解表达式 3 的值，并以表达式 3 的值作为整个条件表达式的值。其执行过程如图 4-4 所示。

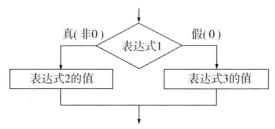

图 4-4 条件表达式执行过程

  使用条件表达式时，应注意以下几点：

  (1)条件运算符中的"?"和":"是一对运算符，不能分开单独使用。

  (2)条件运算符的优先级低于关系运算符和算术运算符，但高于赋值运算符。如有

  max = (x＞y)? x:y

则与 max = ((x＞y)? x:y)等价，先进行"x＞y? x:y"的运算，然后把所得值赋值给 max。如果有

  x＞y? x:y +4

则相当于 x＞y? x:(y +4)，而非(x＞y? x:y) +4。

  (3)条件运算符的结合方向是"自右至左"，即"右结合性"。如有条件表达式：

  x＞y? x:z＞w? w:z

则相当于 x > y? x:(z > w? w:z)。这也就是条件表达式嵌套的情形,即其中的表达式 3 又是一个条件表达式。

(4)条件表达式还可以有多种形式。例如:

x > y? (x = 10):(y = 20)

此时的条件表达式中"表达式 2"和"表达式 3"为赋值表达式。又如:

x > y? printf("%d",y): printf("%d",x)

此时的条件表达式中"表达式 2"和"表达式 3"为函数表达式,它等价于

if(x > y) printf("%d",y);

else   printf("%d",x);

其作用是输出 x 与 y 中的较小值。

(5)在条件表达式中,表达式 1、表达式 2、表达式 3 的类型可以各不相同。例如:

x ?'A': 98

变量 x 的值若不等于 0,则条件表达式的值为'A';变量 x 的值若等于 0,则条件表达式的值为 98。

【例 4 - 9】输出两个数中较大的数。

源程序:

```
#include "stdio. h"
main( )
{ int a,b,max;
  printf(" \n input two numbers: ");
  scanf("%d%d",&a,&b);
  printf("max = %d",a > b? a:b);
}
```

运行结果:

```
input two numbers:9 10    <回车>
max = 10
```

4.3. switch 语句

由于 if 语句的嵌套在使用过程中语句层数较多,程序冗长,而且可读性较差,C 语言还提供了另一种用于多分支的选择语句,即 switch 语句。switch 语句的一般形式为:

switch(表达式)

{ case 常量表达式 1:语句 1;

case 常量表达式 2:语句 2;

…

case 常量表达式 n:语句 n;

default :语句 n + 1;

}

switch 语句的执行过程是:首先计算表达式的值,然后将得到的表达式的值与 case 后的常量表达式值逐个比较,当表达式的值与某个常量表达式的值相等时,则执行其后的语句,然后不再作任何判断,顺序转移到下一个 case 继续执行。如表达式的值与所有 case 后的常量表达式的值均不相等时,则执行 default 后的语句。

【例4-10】根据输入的数字,对应输出相应的星期几的英文单词。

源程序:

```c
#include "stdio. h"
main( )
{int a;
    printf("input integer number:");
scanf("%d",&a);
    switch(a)
    {
      case 1:printf("Monday\n");
      case 2:printf("Tuesday\n");
      case 3:printf("Wednesday\n");
      case 4:printf("Thursday\n");
      case 5:printf("Friday\n");
      case 6:printf("Saturday\n");
      case 7:printf("Sunday\n");
      default:printf("error\n");
    }
}
```

运行结果:

```
input integer number: 2    <回车>
Tuesday
Wednesday
Thursday
Friday
Saturday
Sunday
error
```

运行结果怎么会是这样的呢? 在 switch 语句中,"case 常量表达式"只相当于一个语句标号,表达式的值和某标号相等则转向该标号执行,但不能在执行完该标号的语句后自动跳出整个 switch 语句,于是继续执行了后面所有的 case 语句。

值得注意的是,执行 switch 语句取得的结果与前面执行 if 语句取得的结果完全不同。为了避免上述情况,C 语言提供了 break 语句,专用于跳出 switch 语句,break 语句的格式为"break;",只有关键字 break,没有参数。修改例4-10的程序,在每一个 case 语句之后增加一条 break 语句,使每一次执行其中任意一条 case 语句之后均可跳出 switch 语句,从而避免输出不应得到的结果。

```c
#include "stdio. h"
main( )
{ int a;
  printf("input integer number: ");
  scanf("%d",&a);
  switch (a)
  {
    case 1:printf("Monday\n");break;
    case 2:printf("Tuesday\n"); break;
    case 3:printf("Wednesday\n");break;
    case 4:printf("Thursday\n");break;
    case 5:printf("Friday\n");break;
    case 6:printf("Saturday\n");break;
    case 7:printf("Sunday\n");break;
    default:printf("error\n");
  }
}
```

运行结果:

input integer number: 2   <回车>
Tuesday

在使用 switch 语句时,应注意以下几点:

(1)用 switch 语句实现的多分支结构程序,完全可以用 if 语句或 if 语句的嵌套来实现。

(2)switch 后面圆括号内的"表达式",可以是 ANSI 标准(美国国家标准学会)允许的任何类型。

(3)当表达式的值与某一个 case 后面的常量表达式的值相等时,就执行此 case 后面的语句,若所有的 case 后面的常量表达式的值都没有与表达式的值相等的,就执行 default 后面的语句。

(4)在 switch 语句中,执行完一个 case 后面的语句后,程序将顺序转移到下一个 case 继续执行。case 后面的常量表达式仅起语句标号的作用,并不进行相应的条件判断。系统一旦找到入口标号(即 switch 后的表达式的值与 case 后的常量表达式的值匹配),就从此标号开始执行,其后不再进行标号判断,所以必须加上 break 语句,以便结束 switch 语句。

(5)每一个 case 后面"常量表达式"的值必须各不相同,保证其唯一性。否则就会出现混乱的现象(即对表达式的同一值,有两种或两种以上的执行方案,违背了计算机运行时的唯一性)。例如:

```c
switch (x)
{
  case 1:printf("A\n");break;
  case 2:printf("B\n");break;
```

```
        case 2:printf("C\n");break;
        case 4:printf("D\n");break;
        default:printf("error\n");
    }
```

程序中出现了两个"case 2"的情况,对应输出不同的字符"B"或"C",当 x 的值为 2 时,是输出"B"呢,还是输出"C"呢? 这显然是自相矛盾的,因此必须保证 case 后面"常量表达式"值的唯一性。

(6)在 switch 语句中,如果每一个 case 及 default 语句后面都加入了 break 语句,则各 case 及 default 语句出现的先后次序,不影响程序执行结果;如果每一个 case 及 default 语句后面未加入 break 语句,则各 case 及 default 语句出现的先后次序,将影响程序的执行结果。例如将例 4 – 10 改为:

```
#include "stdio. h"
main( )
{ int a;
    printf("input integer number:");
    scanf("%d",&a);
    switch (a)
    {
        case 1:printf("Monday\n");
        case 3:printf("Wednesday\n");
        case 4:printf("Thursday\n");
        case 6:printf("Saturday\n");
        case 2:printf("Tuesday\n");
        default:printf("error\n");
        case 5:printf("Friday\n");
        case 7:printf("Sunday\n");
    }
}
```

则运行结果为

```
input integer number:2   <回车>
Tuesday
error
Friday
Sunday
```

显然,由于 case 及 default 语句的位置不同,其输出结果也随之变化。例如又将例 4 – 10 改为:

```
#include "stdio. h"
main( )
{ int a;
    printf("input integer number:");
```

```
    scanf("%d",&a);
    switch (a)
    {
      case 1:printf("Monday\n");break;
      case 3:printf("Wednesday\n");break;
      case 4:printf("Thursday\n");break;
      case 6:printf("Saturday\n");break;
      case 2:printf("Tuesday\n"); break;
      default:printf("error\n"); break;
      case 5:printf("Friday\n"); break;
      case 7:printf("Sunday\n");break;
    }
  }
```

则运行结果为

input integer number：2　＜回车＞
Tuesday

显然,在添加了 break 语句的情况下,不论怎么变换 case 和 default 的位置,对于程序的输出结果没有影响。

(7)在 case 语句后面,虽然包含了一个以上的执行语句,但可以不必用花括号括起来,程序会自动顺序执行 case 语句后面所有的执行语句,如果加上花括号,也是正确的。

(8)多个 case 子句,可共用同一条或一组语句。

【例 4 – 11】从键盘上输入一个百分制成绩(score),按下列原则输出其等级:score ≥ 90,等级为 A;80 ≤ score < 90,等级为 B;70 ≤ score < 80,等级为 C;60 ≤ score < 70,等级为 D;score < 60,等级为 E。

源程序：

```
#include "stdio.h"
main()
{ int score, grade;
  printf("Input a score(0~100): ");
  scanf("%d", &score);
  grade = score/10;        /*将成绩整除以 10,转化成 switch 语句中的 case 标号*/
  switch (grade)
  { case 10:
    case 9: printf("grade = A\n"); break;
    case 8: printf("grade = B\n"); break;
    case 7: printf("grade = C\n"); break;
    case 6: printf("grade = D\n"); break;
    case 5:
    case 4:
```

```
        case 3：
        case 2：
        case 1：
        case 0：printf("grade = E\n")；break；
        default：printf("The score is out of range！\n")；
    }
}
```

运行结果：

Input a score(0~100)：85　＜回车＞
 grade = B

- - - - - - → 项 目 学 习 实 践 ← - - - - - - - - - - - -

【例4-12】求一元二次方程$ax^2 + bx + c = 0$的解$(a \neq 0)$。

源程序：

```
#include "stdio. h"
#include "math. h"
main()
{float a,b,c,disc,x1,x2,p,q;
scanf("%f,%f,%f", &a, &b, &c);
disc = b * b - 4 * a * c;
if (fabs(disc) < = 1e - 6)                    /* fabs():求绝对值库函数 */
    printf("x1 = x2 = %. 2f\n", - b/(2 * a));   /* 输出两个相等的实根 */
else
{ if (disc > 1e - 6)
    { x1 = ( - b + sqrt(disc))/(2 * a);          /* 求出两个不相等的实根 */
      x2 = ( - b - sqrt(disc))/(2 * a);
      printf("x1 = %. 2f,x2 = %. 2f\n", x1, x2);
    }
    else
    { p = - b/(2 * a);                           /* 求出两个共轭复根 */
      q = sqrt(fabs(disc))/(2 * a);
      printf("x1 = %. 2f + %. 2fi\n", p, q);     /* 输出两个共轭复根 */
      printf("x2 = %. 2f - %. 2fi\n", p, q);
    }
}
}
```

运行结果：

```
4,6,8  <回车>
x1 = -0.75+1.20i
x2 = -0.75-1.20i
1,5,4  <回车>
x1 = -1.00,x2 = -4.00
1,8,16  <回车>
x1 = x2 = -4.00
```

【例 4-13】输入三个整数，输出最大数和最小数。

源程序：

```c
#include "stdio.h"
main()
{ int a,b,c,max,min;
  printf("input three numbers:\n");
  scanf("%d,%d,%d",&a,&b,&c);
  if(a>b) {max=a;min=b;}
  else    {max=b;min=a;}
  if(max<c) max=c;
  if(min>c) min=c;
  printf("max=%d\nmin=%d\n",max,min);
}
```

运行结果：

```
input three numbers:
12 78 87
max=87
min=12
```

【例 4-14】计算器程序。用户输入运算数和四则运算符，输出计算结果。

源程序：

```c
#include   "stdio.h"
main()
{ float a,b;
  char c;
  printf("input expression: a+(-,*,/)b \n");
  scanf("%f%c%f",&a,&c,&b);
  switch(c)
  { case '+': printf("%f\n",a+b);break;
    case '-': printf("%f\n",a-b);break;
    case '*': printf("%f\n",a*b);break;
    case '/': printf("%f\n",a/b);break;
```

```
          default: printf("input error\n");
        }
    }
```

运行结果：

> input expression：a + (- , * ,/)b
>
> 1. 2 * 3. 6
>
> 4. 320000

【例4-15】写一程序，从键盘上输入一个年份（year，用四位的十进制数），判断该年是否为闰年。闰年的条件是：能被4整除但不能被100整除，或者能被400整除。

源程序：

```
#include "stdio. h"
main ( )
    {
        int year,leap = 0;
        printf("please input the year：");
        scanf("%d",&year);
        if (year % 4 = =0)    {if (year % 100 ！ = 0) leap = 1;}
        else    {if (year%400 = =0) leap = 1; }
        if (leap)    printf("%d is a leap year. \n",year);
        else    printf("%d is not a leap year. \n",year);
    }
```

利用逻辑运算能描述复杂条件的特点，可将上述程序优化如下：

```
#include    "stdio. h"
main()
{ int year;
  printf("please input the year：");
  scanf("%d",&year);
  if ((year%4 = =0 && year%100！ =0)||(year%400 = =0))
        printf("%d is a leap year. \n",year);
  else    printf("%d is not a leap year. \n",year);
}
```

运行结果：

> please input the year：1998
>
> 1998 is not a leap year.

【例4-16】有一函数

$$y = \begin{cases} x & (x < 1) \\ 2x - 1 & (1 < = x < 10) \\ 3x - 11 & (x > = 10) \end{cases}$$

写一程序，输入 x 值，输出 y 值。

源程序：

```
#include" stdio. h"
void main( )
{
  int x,y;
  printf("输入 x:");
  scanf("%d",&x);
  if(x<1)                              /* 若 x<1 */
  {
    y=x;
    printf("x=%d, y=x=%d\n",x,y);
  }
  else if(x<10)                        /* 若 1x<10 */
  {
    y=2*x-1;
    printf("x=%d, y=2*x-1=%d\n",x,y);
  }
  else                                 /* 若 x≥10 */
  {
    y=3*x-11;
    printf("x=%d, y=3*x-11=%d\n",x,y);}
}
```

运行结果：

```
输入 x： 4          <回车>
x=4,  y=2*x-1=7
输入 x： -1         <回车>
x=-1,  y=x=-1
输入 x： 20         <回车>
x=20,  y=3*x-11=49
```

习 题 四

一、选择题

1. 以下关于运算符优先顺序的描述中正确的是(   )。

  A. 关系运算符<算术运算符<赋值运算符<逻辑运算符

  B. 逻辑运算符<关系运算符<算术运算符<赋值运算符

  C. 赋值运算符<逻辑运算符<关系运算符<算术运算符

  D. 算术运算符<关系运算符<赋值运算符<逻辑运算符

2. 能正确表示"当 x 的取值在[1,10]和[200,210]范围内为真"的 C 语言表达式为(   )。

    A. (x > =1)&&(x < =10)&&(x > =200)&&(x < =210)

    B. (x > =1)&&(x < =10)||(x > =200)&&(x < =210)

    C. (x > =1)||(x < =10)||(x > =200)||(x < =210)

    D. (x > =1)||(x < =10)&&(x > =200)||(x < =210)

3. 已知 x =43,ch = 'A',y =0;则表达式(x > =y&&ch < 'B'&&! y)的值是(   )。

    A. 0   B. 语法错误   C. 1   D. "假"

4. 设有:int a =1,b =2,c =3,d =4,m =2,n =2;执行(m =a > b)&&(n =c > d)后 n 的值为(   )。

    A. 1   B. 2   C. 3   D. 4

5. 执行以下语句后 a 的值为(   ),b 的值为(   )。

```
int a,b,c;
a = b = c = 1;
 + +a| | + +b&& + +c;
```

    A. 0   B. 1   C. 2   D. 错误

6. 有程序:main( )

```
{ int a =5,b =1,c =0;
   if ( a =b +c )    printf(" * * * \n");
   else             printf(" $ $ $ \n");}
```

    该程序(   )。

    A. 有语法错误不能通过编译   B. 可以通过编译,但不能通过连接

    C. 输出:* * *   D. 输出:$ $ $

7. 以下程序的运行结果是(   )。

```
main( )
{ int m =5;
   if( m + + >5) printf("% d", - -m);
   else printf("% d",m + +);
}
```

    A. 4   B. 5   C. 6   D. 7

8. 若有条件表达式(exp)? a + +:b - -,则以下表达式中能完全等价于表达式(exp)的是(   )。

    A. exp = =0   B. exp! =0   C. exp = =1   D. exp! =1

9. 执行下列程序段后,变量 a,b,c 的值分别是(   )。

```
int x =10,y =9;
int a,b,c;
a = ( - -x = =y + +)? - -x:+ +y;
b =x + +;
c =y;
```

    A. a =9,b =9,c =9   B. a =8,b =8,c =10

    C. a =9,b =10,c =9   D. a =8,b =8,c =9

10. 执行以下程序后的输出结果是(　　　　)。

```
int w = 3, z = 7, x = 10;
printf("%d", x > 10? x + 100: x - 10);
printf("%d", w + + | | z + +);
printf("%d", ! w > z);
printf("%d", w&&z);
```

  A. 0111   B. 1111   C. 0101   D. 0100

二、填空题

1. C 语言提供的三种逻辑运算符是_____、_____和_____。

2. 已知 A = 7.5, B = 2, C = 3.6, 表达式 A > B&&C > A | | A < B&&! C > B 的值是_____。

3. 若 int a = 6, b = 4, c = 2; 表达式 !(a - b) + c - 1&&b + c/2 的值是_____。

4. 以下程序的运行结果是_____。

```
main()
{ int x, y, z;
  x = 1; y = 2; z = 3;
  x = y - - < = x | | x + y! = z;
  printf("%d, %d", x, y);
}
```

5. 以下程序对输入的两个整数,按从大到小顺序输出,请分析程序填空。

```
main()
{ int x, y, z;
  scanf("%d, %d", &x, &y);
  if(_____)
  {z = x; _____; _____;}
  printf("%d, %d", x, y);
}
```

6. 以下程序对输入的一个小写字母进行循环后移 5 个位置后输出。如'a'变成'f','w'变成'b'。请分析程序填空。

```
#include "stdio. h"
main()
{ char c;
  c = getchar();
  if (c > = 'a'&&c < = 'u') _____;
  else if (c > = 'v'&&c < = 'z') _____;
  putchar(c);
}
```

7. 输入一个字符,如果它是大写字母,则把它变成小写字母,如果它是小写字母,则把它变成大写字母,其他字符不变。请分析程序填空。

```
main()
{ char ch;
```

```
        scanf("%c",&ch);
        if(_____) ch = ch + 32;
        else if(ch > = 'a'&&ch < = 'z') _____;
        printf("%c",ch);
    }
```

8. 下面程序根据以下函数关系,对输入的每个 x 值,计算出 y 值。请分析程序填空。

x	y
$x = a$ 或 $x = -a$	0
$-a < x < a$	$sqrt(a*a-x*x)$
$x < -a$ 或 $x > a$	x

```
    #include "math. h"
    main( )
    { int x,a;
      float y;
      scanf("%d,%d",&x,&a);
      if(_____) y = 0;
      else if(_____) y = sqrt(a*a-x*x);
      else y = x;
      printf("%f",y);
    }
```

9. 以下程序根据输入的三角形的三边判断是否能组成三角形,若可以则输出它的面积和三角形的类型。请分析程序填空。

```
    #include "math. h"
    main( )
    {float a,b,c,s,area;
    scanf("%f,%f,%f",&a,&b,&c);
    if (_____)
      { s = (a+b+c)/2;
        area = sqrt(s*(s-a)*(s-b)*(s-c));
        printf("%f",area);
        if(_____)
            printf("等边三角形");
        else if(_____)
            printf("等腰三角形");
        else if((a*a+b*b = =c*c)||(a*a+c*c = =b*b)||(b*b+c*c =a*a))
            printf("直角三角形");
        else printf("一般三角形");
      }
    else printf("不能组成三角形");
    }
```

10. 某服装店经营套服,也单件出售。若买的不少于50套每套80元;不足50套的每套90元;只买上衣每件60元;只买裤子每条45元。以下程序的功能是读入所买上衣 c 和裤子 t 的件数,计算应付款 m。请分析程序填空。

```
main( )
{ int c,t,m;
  printf("input the number of coat and trousers your want buy:\n");
  scanf("%d,%d",&c,&t);
  if(_____)
      if(c > =50) m = c * 80;
      else m = c * 90;
  else
    if(_____)
      if(t > =50) m = t * 80 + (c - t) * 60;
      else m = t * 90 + (c - t) * 60;
    else
      if(_____)
      m = c * 80 + (t - c) * 45;
      else m = c * 90 + (t - c) * 45;
  printf("cost = %d\n",m);
}
```

三、编程题

1. 编制程序,要求输入整数 a 和 b,若 $a^2 + b^2$ 大于100,则输出 $a^2 + b^2$ 百位以上的数字,否则输出两数之和。

2. 输入一个整数,判断它能否被3,5,7整除,并输出以下信息之一:

(1)能同时被3,5,7整除。

(2)能被其中两数整除(要指出哪两个)。

(3)能被其中一个数整除(要指出哪一个)。

(4)不能被任何一个整除。

3. 编程实现以下功能:读入两个运算数(data1 和 data2)及一个运算符(op),计算表达式 data1 op data2 的值,其中 op 可为 + , - , * ,/(用 switch 语句实现)。

4. 编一程序,对于给定的一个百分制成绩,输出相应的五分值成绩。设90分以上为'A',80 ~ 89 分为'B',70 ~ 79 分为'C',60 ~ 69 分为'D',60 分以下为'E'(用 switch 语句实现)。

5. 将以下程序段改用非嵌套的 if 语句实现。

```
int s,t,m;
t = (int)(s/10);
switch(t)
{ case 10:m = 5;break;
  case 9:m = 4;break;
  case 8:m = 3;break;
  case 7:m = 2;break;
  case 6:m = 1;break;
  default: m = 0;
}
```

项目 5
循环结构程序设计

 项目学习目的

通过本项目的学习,需要理解 C 语言中循环结构的构成及使用。当需要根据条件的选择重复执行相同的语句时,就要使用循环结构语句,它可以根据条件的逻辑值为真或者为假,决定是否重复执行相同的语句。

本项目的学习目标:

1. for 循环结构的定义及使用
2. while 和 do – while 的定义及其使用
3. continue 语句和 break 语句的定义及其使用
4. 循环的嵌套

 项目学习内容简述

在前一项目中展示了 C 语言的选择结构,从本项目开始,将学习 C 语言三大结构中的第三大结构——"循环结构"。在许多程序设计中都需要使用循环控制,比如:输入全公司员工的工资数或输入全班学生成绩,然后求平均值或求若干个数之和等。绝大多数的程序都能看见循环结构的身影。

5.1. while 语句

while 语句用来实现"当型"循环结构。

其一般形式如下：

while(表达式)　语句

其中表达式是循环条件,语句为循环体。

while 语句的执行过程是:计算表达式的值,当表达式的值为真(即值为非 0 时),执行 while 语句中的循环体语句;当表达式的值为假(即值为 0 时),则不执行 while 语句中的循环体语句,并退出整个 while 语句,终止整个循环,其执行过程如图 5-1 表示。

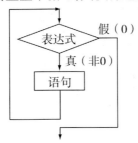

图 5-1　while 语句结构流程图

while 语句的特点是:先判断表达式的值,后执行循环体,属于"当型"循环结构。也就是当条件满足才执行循环体,如果表达式的值为假,则循环体一次都不执行。

【例 5-1】用 while 语句求从 1 到 100 的和。

程序分析:从 1 加到 100,也就是让 1 到 100 之间的每一个数都进行相同的累加运算,假设 n 是 1 到 100 之间的任意一个数,我们用 sum 作为累加器,则求和的过程就是 sum = sum + n;不断地重复这个加法的过程,就实现了 1 到 100 之间的累加。

源程序:

```c
#include  "stdio. h"
main( )
{ int i = 1,sum = 0;        /*初始化循环控制变量 i 和累计器 sum*/
  while(i < = 100)
  { sum = sum + i;          /*实现累加*/
     + + i;                 /*循环控制变量 i 增 1*/
  }
  printf(" sum = % d\n",sum);
}
```

运行结果:

```
sum = 5050
```

【例 5-2】统计从键盘输入一行字符的个数。

程序分析:从键盘上输入一行字符,以"回车键"作为结束标志,如果对整行字符一起进行分析,那实现起来难度大,而且不太实际,因此我们可以将输入的字符一个一个地输入,然后统计字符的个数,那就比较方便和容易实现程序的目的。

源程序:

```
#include "stdio. h"
main( )
{
    int n = 0;
    printf("input a string:\n");
    while(getchar( )! = '\n') n + +;
    printf("number = %d\n",n);
}
```

运行结果:

```
input a string:
I am a student    <回车>
number = 14
```

【例5-3】用 $\frac{\pi}{4} \approx 1 - \frac{1}{3} + \frac{1}{5} - \frac{1}{7} + \cdots$ 公式求 π 的近似值,直到最后一项的绝对值小于 10^{-6} 为止。

源程序:

```
#include "stdio. h"
#include "math. h"
main ( )
{ int s;
    float n,t,pi;
    t = 1;pi = 0;n = 1.0;s = 1;
    while ( fabs(t) > 1e - 6)
    { pi = pi + t;
      n = n + 2;
      s = - s;
      t = s/n;
    }
    pi = pi * 4;
    printf("pi = %.6f\n",pi);
}
```

运行结果:

```
pi = 3. 141593
```

【例5-4】译密码。为使电文保密,往往按一定规律将其转换成密码。收报人再按约定的规律将其译回原文。可以按以下规律将电文变成密码:将字母 A 变成字母 E,a 变成 e,即变成其后的第四个字母,W 变成 A,X 变成 B,Y 变成 C,Z 变成 D。字母按上述规律转换,非字母字符不变。输入一行字符,要求输出其相应的密码。

源程序:

```
#include " stdio. h"
main ( )
{
    char c;
    while ( ( c = getchar( ) )! = '\n')
    {
        if ((c > = 'a'&&c < = 'z')||( c > = 'A'&&c < = 'Z'))
        { c = c + 4;
            if(c > 'Z'&& c < = 'Z' + 4||c > 'z') c = c - 26;
        }
        printf(" % c" ,c);
    }
}
```

运行结果:

A3B4dFyGhjI   <回车>
E3F4hJcKlnM

对 while 语句的使用,进行以下几点说明:

(1)循环体如果只有一条语句,则直接跟在 while 语句后面;如果循环体包含两条及两条以上的语句,则应该用花括号将这些语句括起来构成复合语句。如果不加花括号,则 while 语句的循环体语句只包括 while 后面的第一个分号前的语句。例如例 5 - 1 中,while 语句中如无花括号,则 while 语句的循环语句只包括"sum = sum + i;"

(2)while 语句中的表达式一般是关系表达式或逻辑表达式,当然也可以是其他表达式,但无论是哪种表达式,只需要判断表达式的值为真还是为假,如果值为真(非0)则继续执行循环,若值为假(0)就结束循环。

(3)在循环体中一般应有使循环趋向于结束的语句,如果没有这样的语句就会造成循环语句的恶性循环,最终导致"死循环"。例如例 5 - 1 中," + + i;"就是让循环体趋于结束的语句,因为循环结束的条件是"i > 100"。

5.2. do - while 语句

do - while 语句用来实现"直到型"循环结构。

其一般形式如下:

do

 语句

while(表达式);

其中表达式是循环条件,语句为循环体。do - while 语句的执行过程是:先执行循环体中的语句,然后再计算表达式的值,如果表达式的值为真(非0)则执行 do - while 语句中的循环体语句,如果表达式的值为假,则不再执行 do - while 语句中的循环体语句,终止整个循环。因此,不管表达式的值是真还是假,do - while 循环至少要执行一次循环语句。其执行过程如图 5 - 2 表示。

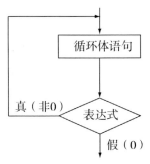

图 5 - 2　do - while 语句结构流程图

do - while 语句的特点是:先执行循环体,然后判断循环条件是否成立,属于"直到型"循环结构,也就是不论循环条件是否成立,循环体都要先执行一次,然后再判断循环条件是否满足,直到循环条件不满足时终止循环。

【例 5 - 5】用 do - while 语句求解 1 ~ 100 的累计和。

源程序:

```
#include   "stdio. h"
main( )
{ int i = 1, sum = 0;          /* 定义并初始化循环控制变量以及累计器 */
  do
  { sum + = i;                 /* 累加求和 */
    i + + ;}
    while(i < = 100);          /* 循环继续条件:i < = 100 */
    printf("sum = % d\n", sum);
}
```

运行结果:

> sum = 5050

使用 do - while 时,应注意以下几点:

(1)使用 do - while 语句时,应注意格式中 while(表达式)后面的分号不能省,如:

```
do
{ sum = sum + i;
  i + + ;
}
while(i < = 100);(此处的分号不能省)
```

如果省略了此处的分号,则语法错误,同时需要注意的是,对于 while 语句中,while(表达式)后面是没有分号的,我们对比一下 while 语句和 do - while 语句的格式。

表 5 - 1　while 语句与 do - while 语句对比

do - while 语句	while 语句
do ｛循环体｝ while(表达式);／∗此处有分号∗／	while(表达式)　　／∗此处无分号∗／ ｛循环体｝

(2)do - while 循环是先执行循环体,后判断表达式的"直到型"循环结构。例如:

```c
#include "stdio. h"
main()
{ int t = 1,i = 2;
  do
  { t = t * i;
    i + + ;}
  while (i < =5);
  printf("t = % d",t);
}
```

此程序实现了计算 5 的阶乘的目的。

(3)一般情况下,用 while 语句和用 do - while 语句解答同一个问题时,若两者的循环体部分都是一样的,它们的结果也一样。但是如果 while 后面的表达式一开始就为假(0 值)时,两种循环的结果就截然不同。

```c
#include "stdio. h"
main()
{ int x,sum = 0;
    scanf("% d",&x);
  while(x < =10)
  { sum = sum + x;
    + + x;
  }
  printf("sum = % d\n",sum);
}
```

```c
#include "stdio. h"
main()
{ int x, sum = 0;
    scanf("% d",&x);
  do
  { sum = sum + x;
    + + x;
  } while(x < =10);
printf("sum = % d\n",sum);
}
```

运行结果:　　　　　　　　　　　运行结果:

输入:3　　　　　　　　　　　　　输入:3

输出:sum = 52　　　　　　　　　输出:sum = 52

再运行一次:　　　　　　　　　　再运行一次:

输入:11　　　　　　　　　　　　输入:11

输出:sum = 0　　　　　　　　　　输出:sum = 11

可以看到:当输入 x 的值小于或等于 10 时,二者得到的结果相同。而当 x > 10 时,二者的结果就不同了。这是因为此时对 while 循环来说,一次也不执行循环体(表达式"x < = 10"为假),而对 do - while 循环语句来说则要执行一次循环体。因此可以得出结论:当 while 后面的表达式的第一次的值为"真"时,两种循环得到的结果相同。否则,二者结果不相同。

【例5－6】求满足 $1+1/2+1/3+\cdots1/i>limit$ 的最小 i 值,limit 的值由键盘输入。

程序分析:观察这个多项式的特点,总体上是一个累加的过程,而其中每一项与前一项相比,分子保持不变,分母依次加1,找出了这样的规律,就可以进行编程实现了。

源程序:

```c
#include "stdio. h"
main( )
{
    int i =0;
    double sum =0. 0 ,limit;
    printf("Please input limit:\n");
    scanf("% lf",&limit);
    do
    {
        i + + ;
        sum + = 1. 0/(double)i;
    } while(sum < limit);
    printf("i = % d\n",i);
}
```

运行结果:

```
Please input limit:
3. 5            <回车>
i = 19
```

【例5－7】计算正整数 num 的各位上的数字之积。

程序分析:要计算正整数 num 的各位上的数字之积,首先需要将 num 上的每一位拆分出来,可以考虑利用求余的方法从低位到高位拆分得到每一位,然后再逐位相乘,就实现程序的目的。

源程序:

```c
#include "stdio. h"
main( )
{
    long n,k =1;
    printf("Please enter a number: \n ");
    scanf("% ld",&n);
    do
    { k = k * (n% 10);
        n = n/10;
    } while(n);
    printf("sum = % ld\n",k);
}
```

运行结果：

Please enter a number：
789　　　＜回车＞
sum＝504

5.3. for 语 句

C 语言中使用最多,使用最频繁的循环语句,就是 for 语句。在所有的循环语句中,for 语句使用最为灵活,不仅可以用于循环次数确定的情况,还可以用于循环次数不确定但循环结束条件确定的情况,几乎可以实现所有的循环。

for 语句的一般格式为：

for（表达式 1;表达式 2;表达式 3）语句

for 语句的执行过程为：

(1)先求解表达式 1。

(2)然后求解表达式 2:若表达式 2 的值为真(值为非 0),则执行 for 语句中的循环体,然后执行下面第(3)步;若表达式 2 的值为假(值为 0),则执行 for 语句下面的一条语句。

(3)求解表达式 3。然后返回到上面第(2)步继续执行。其执行过程如图 5 − 3 所示。

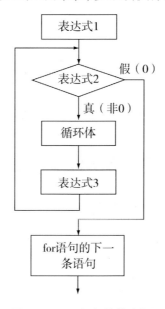

图 5 − 3　for 语句结构流程图

for 语句根据编程时的使用特点,其格式一般可以表述为最简单的应用形式,也是最易理解的形式如下：

for（[循环变量赋初值];[循环继续条件];[循环变量增值]）

　　{循环体语句组}

例如有下面的 for 语句：

for(a = 1;a < = 100;a + +) sum = sum + a;

其中"a＝1"是循环变量赋初值,"a＜＝100"是循环继续的条件,"a＋＋"是循环变量增值,其实该 for 语句相当于下面的 while 语句形式:

```
a＝1;
while（a＜＝100）
｛sum＝sum＋a;
  a＋＋;
｝
```

通过上面的例子可以得出这样的结论:for 语句的一般形式可以改写为 while 循环的形式,其改写形式如下:

```
表达式1;
while（表达式2）
｛语句
  表达式3;
｝
```

对 for 语句的使用,作以下几点说明:

（1）for 循环中的"表达式 1（循环变量赋初值）"、"表达式 2（循环条件）"和"表达式 3（循环变量增量）"都是可以省略的,但 for 语句中表达式 1、表达式 2、表达式 3 之间的";"不能缺省。例如:

```
for(a＝1;a＜＝10;a＋＋) sum＝sum＋a;
```

省略表达式 1、表达式 2、表达 3 为:

```
for( ;;) sum＝sum＋a;
```

相当于:

```
while(1) sum＝sum＋a;
```

这样从语法角度是正确的,即循环变量不赋初值,不设置循环结束的条件,循环变量不增值,程序将无休止地执行循环体,也就是常说的"死循环"。

（2）for 语句中如果省略了"表达式 1（循环变量赋初值）",表示循环变量不赋初值。如果在省略了"表达式 1"时,需要实现未省略"表达式 1"时相同的程序要求,则可以在 for 语句之前对循环变量赋初值。如:

```
for(a＝1;a＜＝10;a＋＋) sum＝sum＋a;
```

省略表达式 1,但要实现相同的程序要求,则有:

```
a＝1;
for( ;a＜＝10;a＋＋) sum＝sum＋a;
```

（3）for 语句中如果省略了"表达式 2（循环条件）",表示不设置循环结束的条件,如果不做其他处理便成为"死循环"。例如:

```
for(a＝1; ;a＋＋)sum＝sum＋a;
```

相当于:

```
a＝1;
while(1)
｛sum＝sum＋a;
a＋＋;｝
```

如果在省略了"表达式2"时,需要实现未省略"表达式2"时相同的程序要求,则可以在 for 语句循环体内添加控制循环结束的语句。例如:

    for(a = 1;a < = 10;a + +) sum = sum + a;

省略表达式2,但要实现相同的程序要求,则可以在循环体内用 if 语句与循环中断语句 break 的配合使用,来达到相同的程序目的,则有:

    for(a = 1;;a + +)
    { if(a > 10) break;
      sum = sum + a;
    }

(4) for 语句如果省略了"表达式3(循环变量增量)",表示循环变量不增值。如果在省略了"表达式3"时,需要实现未省略"表达式3"时相同的程序要求,则可以在 for 语句循环体内添加"循环变量增值"的语句。例如:

    for(a = 1;a < = 10;a + +) sum = sum + a;

省略表达式3,但要实现相同的程序要求,则有:

    for(a = 1;a < = 10;)
    { sum = sum + a;
      a + + ;}

(5) for 语句省略了"表达式1(循环变量赋初值)"和"表达式3(循环变量增量)",只有"表达式2(循环条件)"。例如:

    for(;a < = 10;)
    { sum = sum + a;
      a + + ;}

这样的 for 语句等价的 while 语句是:

    while(a < = 10)
    { sum = sum + a;
      a + + ;}

(6) for 语句的表达式1一般是设置循环变量初值的赋值表达式,也可以是其他表达式,而且可以与循环变量没有任何关系。例如:

    for(sum = 0;a < = 10;a + +) sum = sum + a;

(7) for 语句的表达式1和表达式3可以是一个简单的表达式,也可以是逗号表达式,或者是其他合法的表达式。例如:

    for(sum = 0,a = 0;a < = 10;a + +)   sum = sum + a;
    for(a = 0,b = 10;a < = 10;a + + ,b − −)   sum = a + b;

(8) for 语句的表达式2一般是关系表达式或逻辑表达式,也可以是数值表达式或字符表达式,总之只要是合法的表达式都可以,而其关键是判断表达式2的值是零还是非零,如果其值为非零,就执行循环体,否则退出循环。例如:

    for(i = 0;(ch = getchar())! = '\n'; i + +)
    printf(" % c",ch);

程序段从终端接收到一个字符赋给 ch,然后判断此字符是否等于'\n'(回车符),如果不等于'\n',就执行循环体"printf(" % c",ch);",如果等于'\n'就结束循环。此程序段的作用是从终端键盘逐个输入字符,然后将这些字符输出显示,直到输入'\n'为止。

【例 5 – 8】求 Fibonacci 数列(斐波那契数列)的前 40 个数。

程序分析:Fibonacci 数列的生成方法为:$F_1 = 1, F_2 = 1, F_n = F_{n-1} + F_{n-2}$ ($n \geqslant 3$),即 Fibonacci 数列的第一个数和第二个数都为 1,从第三个数开始,每个数等于前 2 个数之和。可以将第一个数和第二个数直接赋初值 1,从第三个数开始利用循环语句实现该数等于前两个数的加法运算,从而得到 Fibonacci 数列的前 40 个数。

源程序:

```c
#include "stdio. h"
main( )
{ long int f1 = 1,f2 = 1;           /*定义并初始化数列的头 2 个数*/
  int i = 1;                         /*定义并初始化循环控制变量 i*/
  for( ; i < = 20; i + + )           /*1 组 2 个,20 组 40 个数*/
  { printf("%15ld%15ld", f1, f2);   /*输出当前的 2 个数*/
    if(i%2 = =0) printf("\n");       /*输出 2 次(4 个数),换行*/
    f1 + = f2; f2 + = f1;            /*计算下 2 个数*/
  }
}
```

运行结果:

1	1	2	3
5	8	13	21
34	55	89	144
233	377	610	987
1597	2584	4181	6765
10946	17711	28657	46368
75025	121393	196418	317811
514229	832040	1346269	2178309
3524578	5702887	9227465	14930352
24157817	39088169	63245986	102334155

【例 5 – 9】输出 10 ~ 100 之间的全部素数。

程序分析:所谓素数 n 是指,除 1 和 n 之外,不能被 2 ~ ($n-1$)之间的任何整数整除。那就可以考虑用 10 到 100 之间的每一个数 n,去与 2 到 $n-1$ 之间的数求余,如果能在 2 ~ ($n-1$)中找到一个数能被 n 整除,则 n 不是素数,否则 n 就是素数。

源程序:

```c
#include "stdio. h"
main( )
{ int i = 10,j,m = 0;
  for( i = 10; i < = 100; i + + )    /*外循环:为内循环提供一个整数 i*/
  { for(j = 2; j < = i - 1; j + + )   /*内循环:判断整数 i 是否是素数*/
    if(i%j = =0)                      /*i 能否被 j 整除*/
      break;                          /*强行结束内循环,执行下面的 if 语句*/
    if(j = =i)                        /*如果 j 等于 i,则整数 i 是素数;输出 i*/
```

```
        { printf("%6d",i);            /*输出 i*/
            m++;
        if(m%5==0) printf("\n");       /*每 5 个数,换一行*/
        }
    }
    printf("\n");
}
```

运算结果:

11	13	17	19	23
29	31	37	41	43
47	53	59	61	67
71	73	79	83	89
97				

5.4. 循环的嵌套

在 C 语言中,允许循环之间嵌套使用。所谓循环的嵌套是指一个循环体内又包含另一个完整的循环结构。而且循环的嵌套可以是多层循环,即内嵌的循环中还可以嵌套循环。

三种循环(while 循环、do-while 循环、for 循环)可以互相嵌套。例如,下面几种都是合法的形式:

(1)while 与 while 嵌套
```
while( )
{ …
    while( )
      {…}
}
```

(2)do-while 与 do-while 嵌套
```
do
{…
    do
      {…}
    while( );
}while( );
```

(3)for 与 for 嵌套
```
for( ;; )
{ …
    for( ;; )
      {…}
    …
}
```

(4)while 与 do-while 嵌套
```
while( )
{ …
        do
        {…}
        while( );
}
```

(5)while 与 for 嵌套
```
while( )
{ …
    for( ;; )
```

(6)do-while 与 for 嵌套
```
do
{ …
        for( ;; )
```

```
            {…}                         {…}
        }                           } while();
```

【例5-10】循环嵌套举例。

源程序：

```
#include "stdio. h"
main()
{ int i, j, k;
  printf("i j k\n");
  for (i=0;i<2;i++)
    for(j=0;j<2;j++)
      for(k=0;k<2;k++)
        printf("%d %d %d\n", i, j, k);
}
```

运算结果：

```
i j k
000
001
010
011
100
101
110
111
```

5.5. break 语句与 continue 语句

5.5.1 break 语句

在前一项目里,已经介绍过 break 语句可以使流程跳出 switch 结构,继续 switch 后续的语句。实际上,break 语句除了可以用于 switch 语句外,还可以用于循环语句,用来从循环体内跳出循环体,即终止循环运行,接着执行循环后面的语句。例如：

```
for (i=1;i<=100;i++)
  { sum=sum+i;
    if (sum>100)  break;
  }
```

程序段的作用是计算1到100的累加,直到所求和 sum 大于100时终止。从上面的程序段不难发现：如果没有"if (sum>100) break;"语句,则程序段完成1到100的累加,循环体循环的次数是100次,有了"if (sum>100) break;"语句,则当 sum>100时,执行 break 语句,就能终止循环的执行,提前结束循环,其循环次数永远小于100次。

break 语句的一般形式为：

break ;

break 语句只能用于循环语句和 switch 语句中。

使用 break 语句,需要作以下几点说明:

(1)break 语句对 if 语句不起作用,只对循环语句和 switch 语句起作用。

(2)在多层循环中,一个 break 语句只能退出该层的循环,对于其他层的循环不起作用。例如:

```
for ( i = 1 ; i < = 100 ; i + + )
    { for( j = 1 ; j < = 200 ; j + + )
      {
      sum = sum + i + j;
      if ( j > 10 ) break;
      }
    }
```

程序段中,break 语句在 j > 10 时,只能终止第二层"for(j = 1 ; j < = 200 ; j + +)"循环,而第一层循环不受 break 的影响,将完成从 1 到 100 的循环运算。

5.5.2 continue 语句

continue 语句的一般形式为:

continue ;

其作用为结束本次循环,即跳过循环体中 continue 语句后尚未执行的语句,然后进行下一次循环,也就是说,只结束当次循环,而不是整个循环。

continue 语句的作用是跳过循环体中剩余的语句而强行执行下一次循环。continue 语句只用在 for、while、do - while 等循环体中,常与 if 条件语句一起联用,用来加速循环的进程。

continue 语句和 break 语句的区别是:continue 语句只结束本次循环,而不是终止整个循环的执行。而 break 语句则是结束整个循环,不再进行循环条件的判断。如有以下两个循环结构:

程序一	程序二
while(表达式 1)	while(表达式 1)
{ …	{ …
if (表达式 2) break;	if (表达式 2) continue;
…	…
}	}

在程序一中,当表达式 2 的值为真时,则结束整个 while 循环,不在判断执行循环的条件是否成立;在程序二中,当表达式 2 的值为真时,则结束本次循环,而继续判断下一个循环变量是否满足循环的条件,而不是终止整个循环的执行。

【例 5 - 11】把 1 ~ 100 之间的不能被 5 整除的数输出。

源程序:

```
#include "stdio. h"
main( )
{ int n,i =0;
  for (n =1;n <= 100;n++)
  { if(n%5 == 0)
        continue;
    printf("%4d",n);
    i++;
    if(i%10 == 0) printf("\n");
  }
}
```

运行结果:

1	2	3	4	6	7	8	9	11	12
13	14	17	18	19	20	21	22	23	24
26	27	28	29	31	32	33	34	36	37
38	39	41	42	43	44	46	47	48	49
51	52	53	54	56	57	58	59	61	62
63	64	66	67	68	69	71	72	73	74
76	77	78	79	81	82	83	84	86	87
88	89	91	92	93	94	96	97	98	99

程序段中当 n 能被5整除时,执行 continue 语句,结束本次循环,只有 n 不能被5整除时才执行 printf 函数。显然程序中的循环体还可以改用一个 if 语句处理:

    if(n%5! =0)   printf("%4d",n);

在本程序中,用 continue 语句只是为了说明 continue 语句的作用。

→ 项 目 学 习 实 践 ←

【例5-12】打印出所有的"水仙花数"。所谓"水仙花数"是指一个三位的正整数,其各位数字立方和等于该数本身。例如:153 是一个"水仙花数",因为 $153 = 1^3 + 5^3 + 3^3$。

解题思路:利用 for 循环对 100～999 的每一个数分别求出其个位,十位,百位上的数值,然后再判断个位、十位、百位上的数值的立方和是否等于该数本身,如果等于即为"水仙花数"。

源程序:

```
#include "stdio. h"
main( )
{
  int a,x,y,z;
  printf("水仙花数有:\n");
  for(a =100;a <= 999;a++)
```

```
    {
      x = a/100;                   /* 分解出百位 */
      y = a/10%10;                 /* 分解出十位 */
      z = a%10;                    /* 分解出个位 */
      if(a = = x * x * x + y * y * y + z * z * z)    printf("%d\n",a);
    }
    printf("\n");
}
```

运行结果：

```
水仙花数有：
153
370
371
407
```

【例 5 - 13】求 $s_n = a + aa + aaa + \cdots + aa\cdots a$ 之值，其中 a 是一个数字。例如：$2 + 22 +$ $222 + 2222 + 22222$（此时 $n = 5$），n 由键盘输入。

源程序：

```
#include "stdio. h"
main( )
{
    int a,n,i = 1,sn = 0,tn = 0;
    printf("a,n = :");
    scanf("%d,%d",&a,&n);
    while(i < = n)
    {
      tn = tn + a;              /* 赋值后的 tn 为 i 个 a 组成数的值 */
      sn = sn + tn;            /* 赋值后的 sn 为多项式前 i 项之和 */
      a = a * 10;
      + +i;
    }
    printf("a + aa + aaa + ⋯ = %d\n",sn);
}
```

运行结果：

```
a,n = :2,5      < 回车 >
a + aa + aaa + ⋯ = 24690
```

【例 5 - 14】一个数如果恰好等于它的因子之和，这个数就称为"完数"。例如，6 的因子为 1、2、3，而 6 = 1 + 2 + 3，因此 6 是"完数"。编程序找出 1000 以内的所有"完数"，并按下面格式输出其因子：

6 its factors are 1,2,3

源程序：

```
#define M 1000              /*定义寻找范围 */
#include "stdio.h"
main( )
{
    int num,i,s;
    for(num =2;num <M;num ++)  /* num 是 2~1000 之间的整数,检查它是否完数 */
    {s =0;                     /* 对每次统计因子之和的变量 s 清零 */
        for(i =1;i <num;i ++)    /* 检查 i 是否 num 的因子 */
            if(num%i ==0)         /* 如果 i 是 num 的因子 */
                s =s +i;
        if(s ==num)              /* 因子之和等于该数本身,确定为完数 */
        {
            printf("%4d its factors are 1",num);    /* 打印一个完数,及第一个因子1 */
            for(i =2;i <num;i ++)                    /* 从 2~num −1 中寻找 num 的因子 */
                if(num%i ==0) printf(",%d",i);       /* 打印出 num 对应的因子 */
            printf("\n");
        }
    }
}
```

运行结果：

```
      6 its factors are 1,2,3
     28 its factors are 1,2,4,7,14
    496 its factors are 1,2,4,8,16,31,62,124,248
```

【例 5 −15】猴子吃桃问题。猴子第一天摘下若干个桃子,当即吃了一半,还不过瘾,又多吃了一个。第二天早上又将剩下的桃子吃掉一半,又多吃了一个。以后每天早上都吃了前一天剩下的一半零一个。到第十天早上想再吃,见只剩下一个桃子。求第一天共摘多少桃子。

源程序：

```
#include "stdio.h"
main( )
{
    int day,x1,x2;
    day =9;
    x2 =1;
    while(day >0)
    {
        x1 =(x2 +1)*2;         /* 第一天的桃子数是第二天桃子数加1后的2倍 */
        x2 =x1;
        day −−;
```

```
        }
    printf("total = % d\n",x1);
}
```

运行结果:

total = 1534

【例 5 - 16】一球从 100m 高度自由落下,每次落地后反跳回原高度的一半,再落下。求它在第 10 次落地时,共经过多少 m? 第 10 次反弹多高?

源程序:

```
#include "stdio. h"
main( )
{
    float sn = 100,hn = sn/2;
    int n;
    for(n = 2;n < = 10;n + + )
    {
        sn = sn + 2 * hn;           /* 第 n 次落地时共经过的米数 */
        hn =  hn/2;                 /* 第 n 次反跳高度 */
    }
    printf("第 10 次落地时共经过% fm。\n",sn);
    printf("第 10 次反弹% fm。\n",hn);
}
```

运行结果:

第 10 次落地时共经过 299. 609375m。
第 10 次反弹 0. 097656m。

习 题 五

一、选择题

1. 设有程序段

    int k = 10;

    while(k = 0) k = k - 1;

    则下面描述中正确的是(   )。

    A. while 循环执行 10 次

    B. 循环是无限循环

    C. 循环体语句一次也不执行

    D. 循环体语句执行一次

2. 设有以下程序段

    int x = 0,s = 0;

    while(! x! =0) s + = + +x;

    printf("% d",s);

则( )。

A. 运行程序段后输出 0　　　　　　　　B. 运行程序段后输出 1

C. 循环的控制表达式不正确　　　　　　D. 程序段执行无限次

3. 下面程序段的运行结果是( )。

x = y = 0;

while(x < 15)

y + + ,x + = + + y;

printf("% d,% d" ,y,x);

A. 20 ,7　　　　　　B. 6 ,12　　　　　　C. 20 ,8　　　　　　D. 8 ,20

4. 下面程序的功能是从键盘输入的一组字符中统计出大写字母的个数 m 和小写字母的个数 n,并输出 m,n 中的较大者【1】( ),【2】( )。

```
#include "stdio. h"
main( )
{ int m = 0,n = 0;
  char c;
  while ((【1】)!  = '\n')
  { if( c > = 'A'&&c < = 'Z') m + + ;
    if ( c > = 'a'&&c < = 'z') n + + ;
  }
printf( "% d" ,m < n? 【2】) ;}
```

【1】A. c = getchar( )　　B. getchar( )　　C. c = gets( )　　D. scanf("% c" ,c)

【2】A. m:n　　　　　　B. m:m　　　　　　C. n:n　　　　　　D. n:m

5. 下面程序的运行结果是( )。

```
#include  < stdio. h >
main( )
{ int num = 0;
  while( num < = 2)
  { num + + ;
    printf( "% d\n" ,num);
  }
}
```

A. 1　　　　　B. 1　　　　　　C. 1　　　　　　D. 1
　　　　　　　　　2　　　　　　　　2　　　　　　　　2
　　　　　　　　　　　　　　　　　3　　　　　　　　3
　　　　　　　　　　　　　　　　　4

6. C 语言中 while 和 do while 循环的主要区别是( )。

A. do – while 的循环至少无条件执行一次

B. while 循环控制条件比 do – while 的循环控制条件严格

C. do – while 允许从外部转入到循环体内

D. do – while 的循环体不能是复合语句

7. 以下能正确计算 10! 的程序段是( )。

A. do｛i = 1;s = 1;　　　　　B. do｛i = 1;s = 0;

　　s = s * i;　　　　　　　　 s = s * i;

　　i + +;　　　　　　　　　　i + +;

　　｝while(i < = 10);　　　　｝while(i < = 10);

C. i = 1;s = 1;　　　　　　　D. i = 1;s = 0;

　　do｛s = s * i;　　　　　　do｛s = s * i;

　　 i + +;　　　　　　　　　 i + +;

　　｝while(i < = 10);　　　　｝while(i < = 10);

8. 下面程序的功能是计算正整数 2345 的各位数字平方和【1】( )，【2】( )。

```
#include " stdio. h"
main( )
｛ int n,sum = 0;
  n = 2345;
  do ｛sum = sum +【1】;
    n =【2】;
｝ while( n );
printf( " sum = % d",sum) ;｝
```

【1】A. n%10　　　B. (n%10) * (n%10)　　　C. n/10　　　D. (n/10) * (n/10)

【2】A. n/1000　　B. b/100　　　　　　　　　C. n/10　　　D. n%10

9. 下面有关 for 循环的正确描述是( )。

A. for 循环只能用于循环次数已经确定的情况

B. for 循环是先执行循环体语句,后判断表达式

C. 在 for 循环中,不能用 break 语句跳出循环体

D. for 循环的循环体可以包括多条语句,但必须用花括号括起来

10. 下面程序的功能是计算 1 ~ 10 之间的奇数之和和偶数之和。请选择填空【1】( )，【2】( )。

```
#include " stdio. h "
main( )
｛int a,b,c,i;
a = c = 0;
for( i = 0;i < = 10;i + = 2)
  ｛ a + = i;
   【1】;
   c + = b;
  ｝
```

```
      printf("偶数之和 = %d\n",a);
      printf("奇数之和 = %d\n",【2】);
    }
```

【1】A. b = i – –　　　　B. b = i + 1　　　　C. b = i + +　　　　D. b = i – 1

【2】A. c – 10　　　　　B. c　　　　　　　C. c – 11　　　　　D. c – b

二、填空题

1. 等差数列的第一项 $a = 2$,公差 $d = 3$,下面程序的功能是在前 n 项和中,输出能被 4 整除的和 sum。请分析程序填空。

```
#include "stdio. h "
main()
{ int a,d,sum;
  a = 2;d = 3;sum = 0;
  do
  { sum + = a;
    a + = d;
    if(_____) printf("%4d\n",sum);
  } while(sum < 200);
}
```

2. 下面程序的功能是求 11^{11} 的个、十、百位上的数字之和。请分析程序填空。

```
#include "stdio. h "
main()
{ int i,s = 1,m = 0;
  for(i = 1;i < = 11;i + +) s = s * 11 % 1000;
  do { m + = _____;s = _____;} while(s);
  printf("m = %d\n",m);
}
```

3. 鸡兔同笼,头 30,脚 90,下面程序段计算鸡兔各有多少只。请分析程序填空。

```
for(x = 1;x < = 30;x + +)
{ y = 30 – x;
  if(_____) printf("%d,%d",x,y);
}
```

4. 以下程序是用梯形法求 $\sin(x) * \cos(x)$ 的定积分。求定积分的公式为:

$$s = h/2(f(a) + f(b)) + h \sum f(x_i) \ (i = 1 \sim n - 1)$$

其中 $x_i = a + ih, h = (b - a)/n$。设 $a = 0, b = 1.2$ 为积分上下限,积分区间分隔数 $n = 100$,请分析程序填空。

```
#include "stdio. h "
#include " math. h "
```

```
main( )
{ int i,n;double h,s,a,b;
  printf("Input a,b:");
  scanf("%lf%lf",_____);
  n=100;h=_____;
  s=0.5*(sin(a)*cos(a)+sin(b)*cos(b));
  for(i=1;i<=n-1;i++) s+=_____;
  s*=h;
  printf("s=%10.4lf\n",s);
}
```

5. 以下程序的功能是根据公式 $e=1+1/1!+1/2!+\cdots1/n!$ 求 e 的近似值,精度要求
   为 10^{-6}。请分析程序填空。

```
#include "stdio.h"
main( )
{ int i;double e,new;
  _____;new=1.0;
  for(i=1;_____;i++)
   {new/=(double)i; e+=new;}
  printf("e=%lf\n",e);
}
```

6. 下面程序的运行结果是_____。

```
#include "stdio.h"
main( )
{ int i,t,sum=0;
  for(t=i=1;i<=10;)
   { sum+=t;++i;
     if(i%3==0) t=-i;
     else t=i;
   }
  printf("sum=%d",sum);
}
```

7. 下面程序的功能是完成用一元人民币兑换一分、两分、五分零币的所有兑换方案。
   请分析程序填空。

```
#include "stdio.h"
main( )
{ int i,j,k,l=1;
  for(i=0;i<=20;i++)
  for(j=0;j<=50;j++)
```

```
        { k = _____;
          if( _____ )
            { printf(" %2d,%2d,%2d ",i,j,k);
              l = l + 1;
              if(l%5 = =0) printf(" \n");
            }
        }
    }
```

8. 下面程序的功能是从三个红球、五个白球、六个黑球中任意取出八个球,且其中必须有白球,输出所有可能的方案。请分析程序填空。

```
#include " stdio. h "
main( )
{ int i,j,k;
  printf(" \n hong bai hei\n");
  for(i =0;i < =3;i + +)
   for( _____;j < =5;j + +)
    { k =8 - i - j;
      if( _____ ) printf(" %3d,%3d,%3d\n",i,j,k);
    }
}
```

9. 下面程序的运行结果是_____。

```
#include " stdio. h "
main( )
{ int i,j;
  for(i =0;i < =3;i + +)
   { for(j =0;j < =5;j + +)
       if(i = =0||j = =0||i = =3||j = =5) printf(" * ");
       else printf(" ");
     printf(" \n");
   }
}
```

10. 下面程序的功能是计算 100~1000 之间有多少个数其各位数字之和是 5。请分析程序填空。

```
#include " stdio. h "
main( )
{ int i,s,k,count =0;
  for(i =100;i < =1000;i + +)
    { s =0;k =i;
```

```
    while(_____){s + = k%10;k = _____;}
    if(s! = 5) _____;
    else count + + ;
    }
printf("%d",count);
}
```

三、编程题

1. 编辑输出一个正整数等差数列的前十项,此数列前四项之和及积分别是 26 和 880。

2. 每个苹果 0.8 元,第一天买两个苹果,第二天开始买前一天的两倍,直至购买的苹果个数达到不超过 100 的最大值。编写程序求每天平均花多少钱。

3. 编写程序,找出 1~99 之间的全部同构数。同构数是这样一组数:它出现在平方数的右边。例如,5 是 25 右边的数,25 是 625 右边的数,5 和 25 就是同构数。

4. 编写程序,求一个整数任意次方的最后三位数。即求 x^y 值的最后三位数,要求 x,y 从键盘输入。

5. 编写程序,从键盘输入六名学生的五门成绩,分别统计出每名学生的平均成绩。

项目 6
数组

  项目学习目的

通过前面几个项目的学习,对 C 语言的基本数据类型(整型、实型、字符型)有了清晰的认识,同时也学会了三大基础结构(顺序结构、选择结构、循环结构)的应用。但这些仅仅是停留在对基本数据的操作层面上,而且操作对象单一,不能形成"流水线"方式批量处理相应的数据,为此从本项目开始将学习 C 语言的构造类型的数据。C 语言构造类型数据是由基本数据按一定规则组成的,又称为"导出类型",它包括数组类型、结构体类型和共用体类型。本项目只介绍数组,数组是有序数据的集合,是具有相同类型的一组数集合在一起而构成的,数组中的每一个元素都属于同一种数据类型,用一个统一的数组名和不同的下标来确定数组中不同的元素。

本项目的学习目标:
1. 一维数组和二维数组的定义、引用及应用
2. 字符数组的定义、引用及应用
3. 字符串与字符数组的联系与区别
4. 常见的字符串处理函数的使用

  项目学习内容简述

数组是一种最简单实用的数据结构。所谓数据结构,就是将多个变量(数据)人为地组合在一起构成一定的结构,以便于处理大批量的、相对有一定内在联系的数据。在 C 语言中,为了确定各数据与数组中每一单元的一一对应关系,必须给数组中的这些数编号,这些编号称为顺序号。将一组排列有序的、个数有限的变量作为一个整体,用一个统一的名字来表示,则这些有序变量的全体称为数组。数组是用一个名字代表顺序排列的一组数,顺序号就是下标变量的值。而简单变量是没有序的,数组中的单元是有排列顺序的。

有序性和无序性就是下标变量和简单变量之间的主要区别。

6.1. 一 维 数 组

6.1.1 一维数组的定义

在 C 语言中,一维数组的定义形式为:

类型说明符　数组名[常量表达式]

其中:

类型说明符是任意一种基本数据类型或构造数据类型。

数组名是用户定义的数组标识符。

方括号中的常量表达式表示数据元素的个数,也称为数组的长度。例如:

int a[10];

它表示定义了一个整型数组,数组名为 a,数组拥有 10 个元素。

float b[10],c[20];

它表示定义了两个实型数组,数组名分别为 b 和 c,且两个数组分别拥有 10 个和 20 个元素。

char ch[20];

它表示定义了一个字符数组,数组名为 ch,数组拥有 20 个元素。

对一维数组的定义进行以下说明:

(1)数组的类型实际上是指数组元素的取值类型。对于同一个数组,其所有元素的数据类型都是相同的。例如:

float h[40];

定义了一个名为 h 有 40 个元素的实型数组,其中每个元素都为 float 型,用四个字节存储。

(2)数组名的命名规则与变量名的命名规则相同,都遵循标识符的命名规则。

(3)数组名后是用方括号括起来的常量表达式,而不是用圆括号。例如:

int a(10);

是错误的,应改写为:

int a[10];

(4)在定义数组时,方括号中的常量表达式用来表示数组元素的个数,即数组长度。例如有"int b[5];",表示 b 数组有五个元素。

(5)数组元素的下标是从 0 开始的。例如有"int b[5];",它的五个元素分别是:b[0]、b[1]、b[2]、b[3]、b[4]。请注意下标是从 0 开始的,同时 b 数组中没有 b[5]这个元素。

(6)常量表达式中可以包括常量和符号常量,不能包含变量。因为 C 语言不允许对数组的大小作动态定义,即数组的大小不依赖于程序运行过程中变量的值。例如:

int a[n];

是不正确的。

(7)数组名不能与其他变量名相同。例如下面的定义是不正确的:

int a,a[10];

6.1.2 一维数组的引用

一维数组和变量一样,也是必须先定义,然后再使用。C 语言规定只能逐个引用数组的元素,而不能一次引用整个数组。

数组元素的表示形式为:

数组名[下标]

下标可以是整型常量或整型表达式。例如:

$s[0] = s[5/2] + s[9] - s[2*4]$

需要注意的是:定义数组时,数组名后面的"常量表达式"与引用数组元素时数组名后面的"常量表达式"是有区别的,例如:"int s[10];"定义了一个长度为 10 的数组;而"m = s[3];"则是引用数组中下标为 3 的元素,此时的 3 不代表数组长度。又如:

int a[10];

有了上述定义,在后续的程序中出现"m = a[10];"则是错误的,因为在数组 a 中其长度为 10,但不包含下标为 10 的元素。

【例 6-1】数组元素的引用。

源程序:

```
#include  "stdio. h"
main ( )
{ int  i , s[10];
  for ( i = 0;i < = 9;i + + )
    s[i] = i;
  for ( i = 9;i > = 0;i - - )
    printf( "%2d" ,s[i]);
}
```

运行结果:

```
 9 8 7 6 5 4 3 2 1 0
```

程序使 s[0]到 s[9]的值为 0 ~ 9,然后逆序输出。如果将上述程序中的输出部分:

```
for ( i = 9;i > = 0;i - - )
    printf( "%2d" ,s[i]);
```

改为:

```
for ( i = 0;i < = 9;i + + )
printf( "%2d" ,s[9 - i]);
```

是否会实现相同的逆序输出,请读者自行分析。

6.1.3 一维数组的初始化

在 C 语言中,对一维数组元素的初始化可以用以下方法实现:

(1)在定义一维数组时对数组元素全部赋予初值。例如:

int s[10] = {0,1,2,3,4,5,6,7,8,9};

这相当于对数组中的所有元素都赋予了初值,经过上面的定义和初始化,数组 s 中的每个元素其值分别为:s[0]=0,s[1]=1,s[2]=2,s[3]=3,s[4]=4,s[5]=5,s[6]=6,s[7]=7,s[8]=8,s[9]=9。

(2)可以只对一维数组中的一部分元素赋予初值。例如:

int s[10]={0,1,2,3,4,5,6};

定义了一个整型数组 s,它有 10 个元素,只对前面七个元素赋予初值,后面的三个元素值为0,即 s[0]=0,s[1]=1,s[2]=2,s[3]=3,s[4]=4,s[5]=5,s[6]=6,s[7]=0,s[8]=0,s[9]=0。

(3)如果要让一个一维数组全部元素的值为0,可以写成:

int s[10]={0,0,0,0,0,0,0,0,0,0};

或:

int s[10]={0};

但不能写成:

int s[10]={0 * 10};

这是因为在 C 语言中,不能对数组整体赋初值。

(4)如果对一维数组的全部元素赋予了初值,由于数组的元素个数已得到了确定,因此可以不指定数组的长度。例如:

int s[5]={0,1,2,3,4};

可以写成:

int s[ ]={0,1,2,3,4};

在"int a[ ]={0,1,2,3,4};"中,由于花括号中有五个元素,因此可以自动确定 s 数组的长度为 5。如果不是对数组的全部元素赋予了初值,或者说是数组的长度与提供的初值个数不相同时,则数组长度不能省略。例如:

int s[10]={0,1,2,3,4 };

就不能省略方括号中的数组长度,因为此时只对数组的部分元素赋予了初值,如果省略了数组长度,则数组的长度将自动定义为 5,而不是 10,就与题意不相符合了。

6.1.4 一维数组应用举例

【例6-2】用数组来处理求 Fibonacci 数列问题。

源程序:

```c
#include "stdio. h"
main ( )
{ int i;
  int f[20]={1,1};
  for ( i=2;i<20;i++)
      f[i]=f[i-2]+f[i-1];
  for ( i=0;i<20;i++)
  { if ( i%5==0)   printf( "\n");
    printf ( "%12d",f[i]);
  }
  printf( "\n");
}
```

运行结果：

1	1	2	3	5
8	13	21	34	55
89	144	233	377	610
987	1597	2584	4181	6765

程序中的 if 语句用来控制换行，每行输出五个数据。

【例 6 - 3】用起泡法对 10 个数排序（由小到大）。

程序分析：对于一个待排序的序列（假设升序排序），从左向右依次比较相邻的两个数，如果左边的数大，则交换两个数以使右边的数大。这样比较、交换到最后，数列的最后一个数就是最大的。然后再对剩余的序列进行相同的操作。这样的操作过程被称为起泡。一次起泡的操作只能使数列的最右端的数成为最大者。例如，对于六个数而言，需要五次这样的起泡过程，将相邻两个数比较，将小的替换到前面，如图 6 - 1(a)所示。

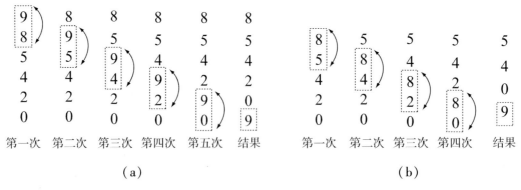

图 6 - 1　起泡法排序

若有 6 个数。第一次将 8 和 9 对调，第二次将第 2 和第 3 个数(9 和 5)对调……如此共进行 5 次，得到 8,5,4,2,0,9 的顺序，可以看到：最大的数 9 已"沉底"，成为最下面一个数，而小的数"上升"。最小的数 0 已向上"浮起"一个位置。经第一个回合（共 5 次）后，已得到 6 个数中的最大数。然后进行第二个回合比较，对余下的前面 5 个数按上法进行比较，如图 6 - 1(b)。经过 4 次比较，得到次大的数 8。如此进行下去。可以推知，对 6 个数要比较 5 个回合，才能使 6 个数按大小顺序排列。在第一个回合中要进行两个数之间的比较共 5 次，在第二个回合中比较 4 次……第 5 个回合中比较 1 次。如果有 n 个数，则要进行 $n - 1$ 个回合比较。在第 1 个回合比较中要进行 $n - 1$ 次两两比较，在第 j 个回合比较中要进行 $n - j$ 次两两比较。

源程序：

```c
#include "stdio. h"
main ( )
{ int a[11];
  int i, j, t;
  printf ( "input 10 numbers:\n" );
  for(i = 1;i < 11;i + + )
      scanf ( "% d",&a[i] );
```

```
        printf ("\n");
        for(j = 1; j < =9 ; j + +)
           for ( i = 1; i < =10 - j; i + +)
              if (a[i] > a[i + 1])
                 {t = a[i];a[i] = a[i + 1];a[i + 1] = t;}
        printf("the sorted numbers:\n");
        for( i = 1;i < 11;i + +)
        printf("% d",a[i]);
        printf("\n");
}
```

运行结果：

> input 10 numbers：
> 1 0 4 8 12 65 -76 100 - 45 123 <回车>
> the sorted numbers：
> -76 -45 0 1 4 8 12 65 100 123

【例6 -4】输入 10 个数，求出其中的最大数。

程序分析：首先定义一个包含 10 个元素的数组，然后分别对数组赋予初值，假设数组的第一个元素为最大数，将它赋值给一个用于存放最大值的变量 max 中，然后让这个变量 max 与后面的每一个元素比较，如果后续的数组元素中有比 max 还大的数，就用那个数组元素重新对 max 赋值，最后放在 max 中的数就是数组中的最大值。

源程序：

```
#include "stdio. h"
main( )
{
    int i,max,a[10];
    printf("input 10 numbers:\n");
    for(i = 0;i < 10;i + +)
        scanf("% d",&a[i]);
    max = a[0];
    for(i = 1;i < 10;i + +)
        if(a[i] > max) max = a[i];
    printf("max = % d\n",max);
}
```

运行结果：

> input 10 numbers：
> 1 0 4 8 12 65 -76 100 - 45 123 <回车>
> max = 123

6.2. 二 维 数 组

6.2.1 二维数组的定义

在 C 语言中,二维数组的定义形式为

类型说明符　数组名[常量表达式1][常量表达式2]

其中

类型说明符是任意一种基本数据类型或构造数据类型。

数组名是用户定义的数组标识符。

方括号中的常量表达式 1 表示第一维下标的长度,常量表达式 2 表示第二维下标的长度。例如:int a[3][4];

定义了一个 3 行 4 列共 12 个元素的数组,数组名为 a,其数组元素的类型为整型。该数组的元素共有 3×4 共计 12 个,即:

$$a[0][0],a[0][1],a[0][2],a[0][3]$$
$$a[1][0],a[1][1],a[1][2],a[1][3]$$
$$a[2][0],a[2][1],a[2][2],a[2][3]$$

不能写成:

int a[3,4];

在 C 语言中,可以将二维数组的定义方式,看成是一种特殊的一维数组,这个一维数组的每一个元素又是一个一维数组。例如上面例子中数组 a,可以看成是一个一维数组,它有三个元素,即 a[0]、a[1]、a[2],这三个元素又分别包含一个含有四个元素的一维数组,如:

$$a\begin{cases}a[0] & (a[0][0] & a[0][1] & a[0][2] & a[0][3])\\a[1] & (a[1][0] & a[1][1] & a[1][2] & a[1][3])\\a[2] & (a[2][0] & a[2][1] & a[2][2] & a[2][3])\end{cases}$$

把 a[0]、a[1]、a[2]看做是三个一维数组的名字后,a[3][4]这个二维数组就可以看成是由三个一维数组组成的数组。C 语言这种处理方式在数组初始化和用指针表示时都显得非常方便,在以后的编程中会慢慢体会到。

在 C 语言中,二维数组中元素排列的顺序是按行存放的,即在内存中先顺序存放第一行的元素,再存放第二行的元素。

C 语言允许使用多维数组。有了二维数组的基础,我们对多维数组的把握与理解应该就不困难了。例如,定义一个三维数组,则有:

int a[2][3][4];

它共有 2 行 3 列 4 层,共包含 24 个数组元素,数组元素的类型为整型。其元素的排列顺序为:

a[0][0][0]　a[0][0][1]　a[0][0][2]　a[0][0][3]　a[0][1][0]　a[0][1][1]
a[0][1][2]　a[0][1][3]　a[0][2][0]　a[0][2][1]　a[0][2][2]　a[0][2][3]
a[1][0][0]　a[1][0][1]　a[1][0][2]　a[1][0][3]　a[1][1][0]　a[1][1][1]

a[1][1][2]　a[1][1][3]　a[1][2][0]　a[1][2][1]　a[1][2][2]　a[1][2][3]

由三维数组 a 各个元素的排列规律,不难得出下面的结论:多维数组元素在内存中的排列顺序是第一维的下标变化最慢,最右边的下标变化最快。

6.2.2 二维数组的引用

在 C 语言中,二维数组元素的引用形式为

数组名[下标][下标]

例如:

a[2][3];

数组的下标除了是整型常量外,如 b[2][3],还可以是整型表达式,如:a[2−1][2*2−1]。

在使用数组元素时,应该注意下标的值应在已定义的数组大小范围内。例如:

int a[3][4];

定义了一个 3×4 的数组,它可用的行下标值最大为2,列下标值最大为3。也就是说数组 a 最后一个元素的下标是 a[2][3],而不是 a[3][4],在数组 a 中没有 a[3][4]这个元素。

此外,在引用二维数组的时候,注意行下标和列下标分别用两个方括号括起来,不能只写一个方括号,如:

s = a[2][3];

这样的引用是正确的,如果是:

s = a[2,3];

则是错误的,在使用的过程中,一定要多注意。

【例6−5】一个学习小组有五个人,每个人有三门课的考试成绩。求全组分科的平均成绩和各科总平均成绩。

科目\成员	Math	C	Foxpro
张	80	75	92
王	61	65	71
李	59	63	70
赵	85	87	90
周	76	77	85

程序分析:由于学习小组有 5 个人,每个人有三门成绩,那可以建立一个二维数组 a[5][3]存放五人的三门课成绩。再设一个一维数组 v[3]存放所求得各分科的平均成绩,然后就用累加的方式求得各科成绩的总分,从而求得各科的平均成绩,再用各科的平均成绩求得总平均成绩。

源程序:

```
#include "stdio. h"
main( )
{ int i,j,s = 0,average,v[3],a[5][3];
    printf("input score\n");
    for(i = 0;i < 3;i + +)
```

```
    { s = 0;
      for(j = 0;j < 5;j + + )
        { scanf("%d",&a[j][i]);
          s = s + a[j][i];}
      v[i] = s/5; }
  average = (v[0] + v[1] + v[2])/3;
  printf("math:%d\nc language:%d\ndbase:%d\n",v[0],v[1],v[2]);
  printf("total:%d\n", average);
}
```

运行结果：

```
  input score
  80 61 59
  85 76 75
  65 63 87
  77 92 71
  70 90 85   <回车>
  math:72
  c language:73
  dbase:81
  total:75
```

6.2.3 二维数组的初始化

在 C 语言中,对二维数组元素的初始化可以用以下方法实现:

(1)以行为单位,分行给二维数组赋予初值。例如:

int a[3][4] = {{1,2,3,4},{5,6,7,8},{9,10,11,12}};

在一个花括号中又包含三个花括号,这三个花括号作用分别是:第一个花括号内的数据给第一行的元素赋予初值,第二个花括号内的数据给第二行的元素赋予初值,第三个花括号内的数据给第三行的元素赋予初值,即按行赋予初值。

(2)按数组的排列顺序对数组元素赋初值,此时只需要将所有数据写在一个花括号内即可,例如:

int a[3][4] = {1,2,3,4,5,6,7,8,9,10,11,12};

这样也可以完成二维数组元素的初始化,与上一种方法比,此种方法不能做到分行比对,界限不够清楚,同时容易遗漏数组元素,不易检查,因此建议使用上一种方法。

(3)在二维数组初始化时,也可以只对部分元素赋予初值。例如:

int a[3][4] = {{1},{2},{3}};

其作用是只对每一行的第一个元素赋予初值,数组中其他元素的值自动为 0,则数组 a 在初始化后其形式为:

$$\begin{bmatrix} 1 & 0 & 0 & 0 \\ 2 & 0 & 0 & 0 \\ 3 & 0 & 0 & 0 \end{bmatrix}$$

如果是

    int a[3][4] = {1,2,3};

则数组 a 在初始化后其形式为：

$$\begin{bmatrix} 1 & 2 & 3 & 0 \\ 0 & 0 & 0 & 0 \\ 0 & 0 & 0 & 0 \end{bmatrix}$$

当然,还可以是对各行中的某一元素赋初值：

    int a[3][4] = {{1},{0,2},{0,0,3}};

则数组 a 在初始化后其形式为：

$$\begin{bmatrix} 1 & 0 & 0 & 0 \\ 0 & 2 & 0 & 0 \\ 0 & 0 & 3 & 0 \end{bmatrix}$$

这种二维数组初始化的方法适合于非 0 元素较少的情况,只需要将非 0 元素写出来,而不必将所有的 0 元素都写出来。也可以只对二维数组的某几行元素赋予初值,例如：

    int a[3][4] = {{1},{2,3}},b[3][4] = {{1},{},{2,3},};

则数组 a 与数组 b 比在经过初始化后其形式分别为：

数组 a

$$\begin{bmatrix} 1 & 0 & 0 & 0 \\ 2 & 3 & 0 & 0 \\ 0 & 0 & 0 & 0 \end{bmatrix}$$

数组 b

$$\begin{bmatrix} 1 & 0 & 0 & 0 \\ 0 & 0 & 0 & 0 \\ 2 & 3 & 0 & 0 \end{bmatrix}$$

(4)如果对二维数组的全部元素都赋予初值(即提供全部初始数据),则定义数组时可以对第一维的长度不指定,但第二维长度不能省略,而且必须指定。例如：

    int a[3][4] = {1,2,3,4,5,6,7,8,9,10,11,12};

等同于：

    int a[ ][4] = {1,2,3,4,5,6,7,8,9,10,11,12};

但如果是

    int a[3][ ] = {1,2,3,4,5,6,7,8,9,10,11,12};或者 int a[ ][ ] = {1,2,3,4,5,6,7,8,9,10,11,12};

就是错误的。因为数组在计算机中是按行排列的,确定了第二维长度就确定了数组的排列方式。省略第二维长度,保留第一维长度,或者第二维长度和第一维长度均省略,则无法确定数组的排列方式。

在定义时,如果对二维数组的初始化是按分行进行的,即使在初始化时只对部分数组元素赋予了初值,也可以省略第一维的长度。例如：

    int a[ ][4] = {{0,0,3},{ },{0,10}};

6.2.4 二维数组应用举例

【例6-6】已知一个矩阵的各个元素,求该矩阵的转置矩阵。例如：

$$\begin{matrix} \text{原矩阵} & \text{对应的转置矩阵} \end{matrix}$$

$$\begin{bmatrix} 1 & 2 & 3 & 4 \\ 5 & 6 & 7 & 8 \end{bmatrix} \qquad \begin{bmatrix} 1 & 5 \\ 2 & 6 \\ 3 & 7 \\ 4 & 8 \end{bmatrix}$$

程序分析:矩阵可以用二维数组来表示,通过对矩阵的观察,不难发现,矩阵与它对应的转置矩阵其实就是行和列的元素互换即可。

源程序:

```
#include    "stdio. h"
main ( )
{
    int a[2][4] = {{1,2,3,4},{5,6,7,8}},b[4][2],i,j;
    printf ("array a:\n");
    for(i =0;i <=1;i ++)
    {for(j =0;j <=3;j ++)
    { printf ("%4d",a[i][j]);
      b[j][i] =a[i][j];
    }
    printf (" \n");
    }
    printf ("array b:\n");
    for(i =0;i <=3;i ++)
    { for(j =0;j <=1;j ++)
        printf("%4d",b[i][j]);
      printf (" \n");
    }
}
```

运行结果:

```
array a:
    1  2  3  4
    5  6  7  8
array b:
    1  5
    2  6
    3  7
    4  8
```

【例6－7】有一个3×4的矩阵,要求编程求出其中值最大的那个元素,以及所在的行号和列号。

程序分析:3×4的矩阵可以用二维数组 a[3][4]表示,要求出其中的最大元素所在的位置及其数值,可以用三个变量 max,row,colum 分别来存放最大值及其对应的行号和列号。

假设数组中的第一个元素就是该数组中最大值,并记录下它的行号和列号,然后让这个存放最大值的变量 max 与后面所有元素比较,如果有元素比这个 max 大,就替换 max 中的值,并更新行号和列号的值,从而实现程序的目的。

源程序:

```
#include  "stdio. h"
main( )
{ int i,j,row,colum,max;
  int a[3][4] = {{1,2,3,4},{9,8,7,6},{5,4,16,10}};
  max = a[0][0];
  row = 0;colum = 0;
  printf ("array a:\n");
  for(i = 0;i < = 2;i + +)
  { for(j = 0;j < = 3;j + +)
        printf("%4d",a[i][j]);
    printf ("\n");
  }
  printf ("\n");
  for(i = 0;i < = 2;i + +)
   for(j = 0;j < = 3;j + +)
    if(a[i][j] > max)
     {
   max = a[i][j];
      row = i;
      colum = j;
   }
     printf("max = %d,row = %d,colum = %d\n",max,row,colum);
}
```

运行结果:

```
array a:
1  2  3  4
9  8  7  6
5  4  16  10
max = 16,row = 2,colum = 2
```

6.3 字 符 数 组

前面两节中讲述的一维数组和二维数组,只讲述了与整型数据和实型数据有关的情况,其实对一维数组和二维数组,字符数据同样适用,只是为了讲述的方便和系统化,将字符数组独立出来讲述,以便读者理解和掌握。用来存放字符数据的数组是字符数组。字符数组中的一个元素存放一个字符。

6.3.1 字符数组的定义

在 C 语言中,字符数组的定义方法与前面介绍的数组类似,其定义形式也分为一维数组和二维数组。

一维字符数组的定义形式:

char 字符数组名[常量表达式]

二维字符数组的定义形式:

char 字符数组名[常量表达式 1][常量表达式 2]

与前面数组定义的区别是:字符数组,其类型说明符只能是"char",数组中存放的数据是字符型数据,而使用方法和初始化都和前面讲的数组类似。例如:

char a[10],b[3][4];

定义 a 与 b 都为字符数组,其中数组 a 为一维数组,包含 10 个字符元素,数组 b 为二维数组,包含 3 行 4 列共计 12 个字符元素。

同时,由于 ASCⅡ码表的存在,字符型与整型数据是互相通用的,因此也可以定义整型数组,用来存放字符元素,例如:

int a[10];

a[0] = 'a';

等价于

char a[10];

a[0] = 'a';

只是用 int 型数据存放字符型数据比较浪费存储空间,因为 int 型一般占两个字节空间,而 char 型只占一个字节空间,因此还是建议存放字符数据时用字符型。

6.3.2 字符数组的初始化

对字符数组初始化,与前面讲述的一维数组和二维数组的初始化一致,只是字符数组初始化时用的是字符型数据。对字符数组的初始化作以下几点说明。

(1)在定义字符数组时对数组元素全部赋予初值。例如:

char a[9] = {'c','','p','r','o','g','r','a','m'};

这相当于对一维字符数组中的所有元素都赋予了初值,经过上面的定义和初始化,数组 a 中的每个元素其值分别为:a[0] = 'c',a[1] = '',a[2] = 'p',a[3] = 'r',a[4] = 'o',a[5] = 'g',a[6] = 'r',a[7] = 'a',a[8] = 'm'。又如:

char a[2][10] = {{'I','','a','m','','a','','b','o','y'},{'I','','a','m','','h','a','p','p','y'}};

这相当于对二维字符数组中的所有元素都赋予了初值,经过上面的定义和初始化,数组 a 中的每个元素其值分别为:a[0][0] = 'I',a[0][1] = '',a[0][2] = 'a',a[0][3] = 'm',a[0][4] = '',a[0][5] = 'a',a[0][6] = '',a[0][7] = 'b',a[0][8] = 'o',a[0][9] = 'y',a[1][0] = 'I',a[1][1] = '',a[1][2] = 'a',a[1][3] = 'm',a[1][4] = '',a[1][5] = 'h',a[1][6] = 'a',a[1][7] = 'p',a[1][8] = 'p',a[1][9] = 'y'。

(2)可以只对字符数组中的一部分元素赋初值,未赋值的元素自动定为空字符(即'\0')。

例如：

    char a[10] = { 'a',' ','b','o','y'};

定义了一个字符数组 a,它有 10 个元素,只对前面五个元素赋予初值,后面的五个元素值为 '\0',即 a[0] = 'a',a[1] = ' ',a[2] = 'b',a[3] = 'o',a[4] = 'y',a[5] = '\0',a[6] = '\0',a[7] = '\0',a[8] = '\0',a[9] = '\0'。

(3)如果对一维字符数组的全部元素赋予了初值,可以不指定数组的长度,系统会自动根据初值个数确定数组长度。例如:

    char a[9] = {'c',' ','p','r','o','g','r','a','m'};

可以写成:

    char a[ ] = {'c',' ','p','r','o','g','r','a','m'};

由于花括号中有九个字符数据,因此系统会自动定义字符数组 a 的长度为 9。如果不是对数组的全部元素赋予了初值,或者说是数组的长度与提供的初值个数不相同时,则数组长度不能省略。

(4)如果对二维字符数组的全部元素都赋予了初值,则定义数组时可以对第一维的长度不指定,但第二维长度不能省略,而且必须指定。例如:

    char a[2][10] = {{ 'I',' ','a','m',' ','a',' ','b','o','y'},{'I',' ','a','m',' ','h','a','p','p','y'}};

可以写成:

    char a[ ][10] = {{ 'I',' ','a','m',' ','a',' ','b','o','y'},{'I',' ','a','m',' ','h','a','p','p','y'}};

(5)在字符数组初始化时,如果花括号中提供的初值个数(即字符个数)大于数组定义的长度,则按语法错误处理;如果初值个数小于数组定义的长度,则只将这些字符赋给数组中前面那些元素,其余的元素自动定为空字符(即'\0')。

(6)在定义字符数组时对字符数组进行上述的初始化是正确的,如果在字符数组定义后,才对字符数组初始化,用上述方法就是错误的,需要使用其他的方法对数组赋初值。例如:

    char a[10] = { 'a',' ','b','o','y'};

是正确的,如果换成:

    char a[10];
    a[10] = { 'a',' ','b','o','y'};

就是错误的了。因为在数组中,没有 a[10]这个元素,假如有 a[10]这个元素,也只能表示一个数组元素,而不能代表整个数组。如果还要对数组赋予初值,则需要使用其他的方式,例如可以使用:

    char a[10];
    a[0] = 'a';a[1] = ' ';a[2] = 'b';a[3] = 'o';a[4] = 'y';

因此在使用字符数组初始化时,一定要注意使用的方式。

6.3.3 字符数组的引用

在 C 语言中,对于字符数组元素的引用可以归结为以下两种形式为:

对于一维字符数组元素的引用:

数组名[下标]

对于二维字符数组元素的引用

数组名[下标][下标]

其引用的方式与前面讲述的一维数组和二维数组一致,只是引用的元素类型为字符型。

【例6-8】输出一个字符串。

源程序:

```
#include "stdio. h"
main( )
{ char a[10] = {'c',' ','p','r','o','g','r','a','m'};
  int i;
  for (i = 0;i < 10;i + +)
      printf ("%c",a[i]);
        printf(" \n");
}
```

运行结果:

c program

【例6-9】输出一个钻石图形。

源程序:

```
#include    "stdio. h"
main( )
{ char diamond[5][5] = {{' ',' ',' *'},{' ',' *',' ',' *'},
  {' *',' ',' ',' ',' *'},{' ',' *',' ',' *'},{' ',' ',' *'}};
  int i,j;
  for (i = 0;i < 5;i + +)
    { for( j = 0;j < 5;j + +)
          printf("%c",diamond[i][j]);
    printf(" \n");
    }
}
```

运行结果:

```
      *
   *     *
 *         *
   *     *
      *
```

6.3.4 字符串和字符串结束标志

在 C 语言中没有专门的字符串变量,通常将字符串作为字符数组来处理。例如:

char a[9] = {'c',' ','p','r','o','g','r','a','m'};

就是用一个一维字符数组存放字符串"c program",字符串中的字符逐个存放到数组元素中。此时字符串的实际长度为9,数组的长度也为9,两个长度刚好相等。但在实际工作中,字符串的实际有效长度往往与字符数组的长度不一致,比如,定义了一个数组"int a[20]",而需要存放的字符串为"c program",如果按逐个字符放入数组 a 的方法,只需要九个字符的位置,这样就使得字符数组长度与字符串的实际长度不一致,会在程序实现过程中造成一些不必要的麻烦。因此在程序设计过程中,为了测定字符串的实际长度,C 语言规定了一个"字符串结束标志",即以字符'\0'作为标志。这样的规定有助于解决实际工作中,字符数组长度与字符串有效长度不一致的情况。例如有一个字符串,前面五个字符都是非空字符(即不为'\0'的字符),而第六个字符是'\0',则此字符串的有效字符为五个。也就是说,在遇到字符'\0'时,就表示字符串结束。

在实际工作中,往往依靠检测'\0'的位置来判定字符串是否结束,而不是根据数组的长度来判断字符串是否结束。但是在定义字符数组时还是需要对实际字符串的长度进行充分的估计,保证定义的数组长度始终大于待存放字符串的长度,即能保证字符数组的空间能够容纳"字符串"。如果在一个字符数组中先后存放多个不同长度的字符串,则应按最长的字符串的长度来定义数组的长度。

需要提醒的是:字符'\0'的 ASCⅡ码值为0,通过 ASCⅡ表中可以查到,ASCⅡ码为0 的字符是一个"空操作符",不显示任何字符,即它什么也不做。用它作为字符串结束标志,不会产生附加的操作或增加有效字符,只起标志的作用。

有了字符串结束标志'\0'的出现,为判断字符串是否结束提供了极大的方便。字符串在内存中存放时,系统会自动在字符串的最后一个字符后面添加一个'\0'作为字符串结束标志。在程序运行过程中,判断字符串是否结束,只需要检查字符是否为'\0',遇到'\0'就表示字符串结束。

由于 C 语言对字符串的结束判断有了字符串结束标志的加入,因此可以用字符串常量来使字符数组初始化。例如:

char a[ ] = {"I am a boy"};

也可以省略花括号,直接写成

char a[ ] = "I am a boy";

此处不像例 6-8 用单个字符作为字符数组元素的初值,而是用一个字符串作为初值。此时数组 a 的长度不是 10,而是 11。为什么是这样呢? 因为字符串常量原本包含 10 个字符,但系统会自动在字符串常量的最后加上一个字符串的结束标志'\0',因此其长度为 11。

需要说明的是:用单个字符对字符数组初始化,与用整个字符串对字符数组初始化,其所占的存储空间不同。例如:

char a[ ] = "I am a boy",b[ ] = { 'I',' ','a','m',' ','a',' ','b','o','y'};

数组 a 的方括号中省略的是 11,而数组 b 的方括号中省略的是 10。因为用整个字符串对字符数组初始化时,除了字符串自身有效字符外,在其末尾还由系统自动添加一个字符串结束标记'\0';而用单个字符对字符数组初始化时,有多少个单个的字符就占多少存储空间,因此字符数组的长度就是其有效字符的个数。当然,在用单个字符对字符数组初始化时,也可以人为地加上'\0',例如:

char a[ ] = "I am a boy",b[ ] = { 'I',' ','a','m',' ','a',' ','b','o','y','\0'};

这样数组 a 与数组 b 的长度就一样了,都为 11。

6.3.5 字符数组的输入输出

在项目 3 里已经介绍了输入输出字符型数据时,可以使用"%c"格式符实现单个字符的输入输出,可以使用"%s"格式符实现一个字符串的输入输出。因此不难发现,在 C 语言里,字符数组的输入输出自然也有以下两种方法:

(1)用格式符"%c"将字符数组的每一个字符逐个地输入或输出。例如:

```
for (i = 0;i < 5;i + + )
    scanf ("%c",&a[i]);
```

实现了对数组 a 逐个字符的输入。又如:

```
for ( i = 0;i < 5;i + + )
    printf("%c",a[i]);
```

实现了对数组 a 逐个字符的输出。

(2)用格式符"%s"将整个字符串或字符数组一次性地输入或输出。例如:

```
char a[ ] = {"China"};
```

实现了对数组 a 赋值为"China",又如:

```
char a[10];
scanf ("%s",a);
```

实现了从键盘上输入一个字符串对字符数组 a 进行赋值。又如:

```
printf("%s",a);        /*a 为数组名*/
```

实现了对字符数组 a 的输出。

对字符数组的输入输出作以下几点说明:

1)在输出字符数组或字符串时,输出的字符不包括结束符'\0'。

2)用格式符"%s"输出字符串时,printf 函数中的输出项应是字符数组名,而不是数组元素名。例如:

```
printf ("%s",a[0]);
```

则是错误的,应改为:

```
printf ("%s",a);
```

3)在输出数组时,只输出到遇字符串结束标记'\0'结束,即使数组的长度远大于字符串的实际长度。例如:

```
char a[10] = {"China"};
printf("%s",a);
```

只输出字符串的有效字符"China"这五个字符,而不是输出 10 个字符。

4)如果一个字符数组中包含一个以上'\0',则遇第一个'\0'时输出就结束。例如:

```
char a[10] = {"Boy\0Girl"};
printf("%s",a);
```

它将输出字符串"Boy",因为遇第一个'\0'时输出就结束。

5)可以用 scanf 函数的"%s"格式符输入一个字符串。输入一个字符串时,printf 函数中的输入项应是字符数组名,而不是数组元素的地址。例如:

```
char a[10];
scanf ("%s",&a[0]);
```

是错误的,应为:

  char a[10];

  scanf("%s",a);

  scanf 函数中的输入项 a 应该是已被定义的字符数组名。同时还需要注意的是:输入项为字符数组名时,不要再对字符数组名加上地址符"&",因为在 C 语言中数组名代表该数组的起始地址,已经代表地址了。例如:

  scanf("%s",&str);

是错误的,应改为:

  scanf("%s",str);

  6)从键盘输入的字符串的长度应短于已定义的字符数组的长度。例如:

  char c[6];

则从键盘输入"China"即可,系统自动在输入的字符串"China"后面加一个'\0'结束符,共计六个字符。

  7)如果利用一个 scanf 函数输入多个字符串,则以空格分隔。例如:

  char str1[6],str2[6],str3[6];

  scanf("%s,%s,%s",str1,str2,str3);

如果输入数据:

  I LOVE CHINA

则系统会将"I"输入给 str1,"LOVE"输入给 str2,"CHINA"输入给 str3。

  8)如果要输入带空格的字符串,则不能使用 scanf 函数,而只能使用 gets 函数。例如:

  char a[13];

  scanf("%s",a);

如果输入以下 12 个字符

  HOW ARE YOU?

由于系统在输入时会将空格作为输入的字符串之间的分隔符,因此虽然输入了"HOW ARE YOU?",但实际上并不是把这 12 个字符加上'\0'送到数组 a 中,而只将空格前的字符"HOW"送到数组 a 中,由于把"HOW"作为一个字符串来处理,因此数组 a 在"HOW"之后的字符全为'\0'。

  如果有

  char a[13];

  gets(a);

当输入"HOW ARE YOU?"时,就能将所有的字符(包括空格)一起输入到字符数组 a 中,gets 是 C 语言中唯一一个能输入带空格字符串的函数。需要提醒的是,要使用 gets 函数,则必须包含头文件"string.h",即要有"#include "string.h""。

6.3.6 字符串处理函数

  在 C 语言的函数库中,提供了一些用来处理字符串的函数。使用字符串处理函数来处理相关的字符串问题是相当方便的。由于在 3.4 节已经介绍了两种用于字符串输入和输出的函数:gets 函数和 puts 函数,这里就不再重复这两种函数的使用,下面就介绍其他几种常用的字符串处理函数。

由于字符串处理函数都放在相应的字符串函数库中,库函数并非 C 语言本身的组成部分,而是 C 语言编译系统为了方便用户使用而提供的公共函数。因此在使用字符串处理函数时,一定要在程序的开始加上语句:

#include "string. h" 或 #include < string. h >

将字符串函数库包含到文件中来,否则使用字符串函数就是非法的。

1. 字符串连接函数 strcat

【格式】**strcat**(字符数组 1,字符数组 2)

【功能】strcat 是 STRing CATenate(字符串连接)的缩写,它是字符串连接函数,其功能是将两个字符数组中的字符串连接起来,把字符串 2 追加到字符串 1 的后面,结果放在字符数组 1 中,函数使用后得到一个函数值,即字符数组 1 的地址。

【说明】

1)在使用函数 strcat 时,只是将字符数组 1 与字符数组 2 简单地连接在一起,系统不会自动产生空格等字符。例如:

char c1 [20] = {"I"};

char c2[ ] = {"love China"};

printf ("%s",strcat (c1,c2));

则输出字符串

       Ilove china

显然不是需要的字符串,如果将"char c1 [20] = {"I"};"改为"char c1 [20] = {"I "};",或者将"char c2[ ] = {"love China"};"改为"char c2[ ] = {" love China"};",即在连接的字符串中添加相应的空格,则可以得到字符串

I love China

2)字符数组 1 的长度必须足够大,以便能够容纳连接字符数组 2 后形成的新的字符串。例如:

char c1 [40] = {"People's Republic of"};

char c2[ ] = {" China"};

printf ("%s",strcat (c1,c2));

则输出字符串

People's Republic of China

c1 的长度是 40,足以容纳连接字符数组 c2 后形成的字符串"People's Republic of China"。如果在定义时改用"char c1 [ ] = {"People's Republic of"};",则会因为长度不够出现问题。

3)使用函数 strcat 时,两个字符串在连接前其后面都各有一个'\0',只是在连接时将字符串 1 后面的'\0'取消,只在新串的最后保留一个'\0'。

2. 字符串复制函数 strcpy 和 strncpy

【格式】**strcpy** (字符数组 1,字符串 2)

【功能】strcpy 是 STRing CoPY(字符串复制)的缩写,它是字符串复制函数,其功能是将字符串 2 复制到字符数组 1 中去。

【说明】

1)字符数组 1 的长度必须定义得足够大,以便容纳被复制的字符串。字符数组 1 的长度应大于或等于字符串 2 的长度。例如:

char str1〔10〕,str2〔 〕={"program"};

strcpy(str1,str2);

字符数组的长度为10,字符串的长度为8。

2)"字符数组1"必须写成数组名形式,"字符串2"可以是字符数组名,也可以是一个字符串常量。例如:

strcpy(str1,"program");

作用与前面一致。

3)如果在复制前,字符数组1未进行赋值,则字符数组1的各个元素的内容是无法预知的。在复制时,将字符串2连同其后的'\0'一起复制到字符数组1中,取代字符数组1中的相应位置的字符。例如:

strcpy(str1,"program");

将用字符串"program"取代字符数组1中的前面八个字符,最后两个字符并不一定是'\0',而是str1中原有的最后两个字节的内容。

4)不能用赋值语句将字符串常量或字符数组直接赋值给一个字符数组。例如:

str1={"program"};

str1=str2;

都是不合法的,如果要完成字符数组的赋值,则只能用strcpy函数处理。例如:

strcpy(str1,"program");

strcpy(str1,str2);

则是合法的。而用赋值语句只能将一个字符赋给一个字符型变量或字符数组元素。例如:

char a〔2〕,b;

a〔0〕='O';b='K';

5)可以用strncpy函数将字符串2中从左至右取n个字符复制到字符数组1中。strncpy函数的使用格式为:

strncpy(字符数组1,字符串2,n)

其中n的取值为大于等于0。例如:

strncpy(str1,str2,2);

作用是将str2中前面2个字符复制到str1中去,然后再加一个'\0'。

3. 字符串比较函数strcmp

【格式】**strcmp(字符串1,字符串2)**

【作用】strcmp是STRing CoMPare(字符串比较)的缩写,它是字符串比较函数,其功能是比较字符串1与字符串2。

【说明】

1)字符串比较函数只是对两个字符串进行简单的比较,如果要对三个及以上的字符串进行比较,则只能从两两比较做起。例如:

strcmp(s1,s2);

strcmp("BOY","GIRL");

strcmp(s,"China");

2)字符串比较的规则与其他语言中的规则相同,即对两个字符串自左至右逐个字符比较(按 ASCⅡ码值大小比较),直到出现不同的字符或遇到'\0'为止。如果两个字符串的全部字符皆相同,则认为两个字符串相等;若两个字符串出现不相同的字符,则以第一个不相同的字符的比较作为比较结果。例如:

"A" < "B","1" < "2","A" < "b","these" > "that","CHINA" > "CANADA","CH" = = "CH"

3)在使用字符串比较函数时,如果参加比较的两个字符串都由英文字母组成,则在英文字母排列顺序中位置在前的为"小",位置在后的为"大"。因为在 ASCⅡ表中,字母的排列顺序决定了它们的 ASCⅡ值将依次增大,排在后面的字母其 ASCⅡ就较大。但同时应注意小写字母在 ASCⅡ码表中排在大写字母后,因此小写字母比大写字母"大"。例如:

"CHINA" < "china","CHINA" > " CANADA","computer" > " compare"

4)使用字符串比较函数时,其比较的结果可以由函数值带回。

(1)如果字符串 1 = = 字符串 2,则函数值为 0。

(2)如果字符串 1 > 字符串 2,则函数值为一个正整数。

(3)如果字符串 1 < 字符串 2,则函数值为一个负整数。

5)在 C 语言中,对于两个字符串的比较,只能用 strcmp 进行。例如:

if (str1 = = str2) printf("yes");

是错误的形式,只能写成:

if (strcmp (str1 , str2) = = 0) printf("yes");

才是正确的。

4. 测试字符串长度函数 strlen

【格式】**strlen (字符数组)**

【功能】strlen 是 STRing LENgth(字符串长度)的缩写,它是字符串长度测试函数,其功能是测试字符串长度。所测试的函数值为字符串中的实际长度,不包括'\0'在内。

【说明】

1)用 strlen 函数测试字符串长度时,其测试的长度值不包括'\0'的长度。例如:

char str [10] = { "program" };

printf ("%d",strlen (str));

输出的结果不是10,也不是8,而是7。

2)也可以用 strlen 函数直接测字符串常量的长度。例如:

strlen ("China");

其结果为5。

5. 字符串小写函数 strlwr

【格式】strlwr(字符串)

【功能】strlwr 是 STRing LoWeRcase(字符串小写)的缩写,它是字符串小写函数,其功能是将字符串中所有的大写字符转换成小写字母。

6. 字符串大写函数 strupr

【格式】**strupr(字符串)**

【功能】strupr 是 STRing UPpeRcase(字符串大写)的缩写,它是字符串大写函数,其功能是将字符串中所有的小写字母转换成大写字母。

6.3.7 字符数组应用举例

【例6-10】输入一行字符,统计其中有多少个单词,单词之间用空格分隔开。

源程序:

```
#include <stdio. h>
#include <string. h>
main ( )
{ char string[81];
  int i,num=0,word=0;
  char c;
  gets (string);
  for( i =0;( c = string[ i ])! = '\0';i + + )
  if ( c = = ' ' ) word =0;
  else if ( word = =0)
  { word =1;
    num + + ;}
  printf("There are %d words in the line. \n",num);
}
```

运行结果:

I am a girl.   <回车>

There are 4 words in the line.

【例6-11】有三个字符串,要求找出其中最大者。

源程序:

```
#include <stdio. h>
#include <string. h>
main ( )
{ char string[20];
  char str[3][20];
  int i;
  for ( i =0;i <3;i + + )
    gets (str[ i ]);
  if ( strcmp ( str[0],str[1]) >0) strcpy (string,str[0]);
  else strcpy (string,str[1]);
  if ( strcmp ( str[2],string) >0) strcpy(string,str[2]);
  printf(" \n the largest string is: \n %s\n",string);
}
```

运行结果：

```
CHNA            <回车>
HELLO           <回车>
AMERICA         <回车>
The largest string is：
HOLLAND
```

━ ━ ━ ━ ━ ━ ➡ 项 目 学 习 实 践 ◀ ━ ━ ━ ━ ━ ━

【例6－12】求一个3×3矩阵对角线元素之和。

源程序：

```
#include " stdio. h"
main( )
{
  int a[3][3],sum =0；
  int i,j；
  printf(" enter data：\n ")；
  for (i =0；i <3；i ++)
    for(j =0；j <3；j ++)
    scanf("% d",&a[i][j])；
  for(i =0；i <3；i ++)
      sun = sum + a[i][i]；
  printf(" sum = %6d\n ",sum)；
}
```

运行结果：

```
enter data：
1  2  3  4  5  6  7  8  9          <回车>
sun =   15
```

【例6－13】输出以下杨辉三角形（要求输出10行）

```
1
1   1
1   2   1
1   3   3   1
1   4   6   4   1
1   5   10  10  5   1
```

....

....

解题思路：杨辉三角形是$(a+b)n$展开后各项的系数。例如：

$(a+b)^0$ 展开后为1   系数为1

$(a+b)^1$ 展开后为 $a+b$，   系数为1,1

$(a+b)^2$ 展开后为 $a^2 + 2ab + b^2$ 系数为 $1,2,1$

$(a+b)^3$ 展开后为 $a^3 + 3a^2b + 3ab^2 + b^3$ 系数为 $1,3,3,1$

$(a+b)^4$ 展开后为 $a^4 + 4a^3b + 6a^2b^2 + 4ab^3 + b^4$ 系数为 $1,4,6,4,1$

以上就是杨辉三角形的前五行。杨辉三角形各行的系数有以下的规律：

(1)各行第一个数都是1。

(2)各行最后一个数是1。

(3)从第三行起,除上面指出的第一个数和最后一个数外,其余各数是上一行同列和前一列两个数之和。例如,第四行第二个数(3)是第三行第二个数(2)和第三行第一个数(1)之和。可以这样表示:$a[i][j] = a[i-1][j] + a[i-1][j-1]$,其中 i 为行数,j 为列数。

源程序:

```c
#include" stdio. h"
# define N 11
void main( )
{
  int i,j,a[N][N];
  for(i=1;i<N;i++)
  {
    a[i][1]=1;
    a[i][i]=1;
  }
  for(i=3;i<N;i++)
    for(j=2;j<=i-1;j++)
      a[i][j]=a[i-1][j]+a[i-1][j-1];
  for(i=1;i<N;i++)
    {
    for(j=1;j<=i;j++)
      printf("%6d",a[i][j]);
    printf("\n");
    }
}
```

运行结果:

```
1
1     1
1     2     1
1     3     3     1
1     4     6     4     1
1     5    10    10     5     1
1     6    15    20    15     6     1
1     7    21    35    35    21     7     1
1     8    28    56    70    56    28     8     1
1     9    36    84   126   126    84    36     9     1
```

【例6－14】将一个数组中的元素按逆序重新存放,例如原来的顺序为:8,6,5,4,1。要求改为1,4,5,6,8。

解题思路:以中间的元素为中心,将其两侧对称的元素的值互换即可。例如,将 5 和 9 互换,将 8 和 6 互换。

源程序:

```c
#include "stdio. h"
# define N 5
void main( )
{
   int i,temp,a[N];
   printf("enter array a:\n");
   for(i=0; i<N;i++)
       scanf("%d",&a[i]);
   printf("array a:\n");
   for(i=0; i<N;i++)
       printf("%4d",a[i]);
   for(i=0; i<N/2;i++)
   {
      temp=a[i];
      a[i] =a[N-i-1];
      a[N-i-1] = temp;
   }
   printf("\nNow array a:\n");
   for(i=0; i<N;i++)
       printf("%4d",a[i]);
   printf("\n");
}
```

运行结果:

```
enter array a:
8  6  5  4  1      <回车>
array a:
8  6  5  4  1
Now array a:
1  4  5  6  8
```

【例6－15】输出魔方阵,所谓魔方阵是指这样的方阵,它的每一行、每一列和对角线之和均相等。例如,三阶魔方阵为:

$$\begin{bmatrix} 8 & 1 & 6 \\ 3 & 5 & 7 \\ 4 & 9 & 2 \end{bmatrix}$$

要求输出 $1 \sim n^2$ 之间的自然数构成的魔方阵。

解题思路:魔方阵中各数的排列规律如下:

(1)将1放在第一行中间一列。

(2)从2开始直到$n \times n$止各数依次按下列规则存放:每一个数存放的行比前一个数的行数减1,列数加1(例如上面的三阶魔方阵,5在4的上一行后一列)。

(3)如果上一数的行数为1,则下一个数的行数为n(指最下一行)。例如,1在第一行,则2应放在最下一行,列数同样加1。

(4)当上一个数的列数为n时。下一个数的列数应为1,行数减1。例如,2在第三行最后一列,则3应放在第二行第一列。

(5)如果按上面规则确定的位置上已有数,或上一个数是第一行第n列时,则把下一个数放在上一个数的下面。例如,按上面的规定,4应放在第一行第二列,但该位置已被1占据,所以4就放在3的下面。由于6是第一行第三列(即最后一列),故7应放在6下面。

按照此方法可以得到任何阶的魔方阵。

源程序:

```c
#include "stdio. h"
main( )
{ int a[16][16],i,j,k,p,n;
  p = 1;
  while(p = = 1)
  {
    printf("enter n(n = 1 to 15): ");
    scanf("%d",&n);
    if((n! = 0) && (n < 15) && (n%2! = 0))
    p = 0;
  }
  for(i = 1;i < = n;i + + )
    for(j = 1;j < = n;j + + )
    a[i][j] = 0;
  j = n/2 + 1;
  a[1][j] = 1;
  for (k = 2;k < = n * n;k + + )
    {
    i = i - 1;
    j = j + 1;
    if((i < 1) && (j > n))
    {
      i = i + 2;
      j = j - 1;
    }
  else
      { if(i < 1) i = n;
```

```
        if( j > n)  j = 1;
        }
   if( a[ i][ j] = = 0)
        a[ i][ j] = k;
   else
        { i = i + 2;
         j = j - 1;
         a[ i][ j] = k;
        }
   }
   for( i = 1;i < = n;i + + )
   { for( j = 1;j < = n;j + + )
        printf( " % 5d" ,a[ i][ j]);
     printf( " \n" );
   }
}
```

运行结果:

enter n(n = 1 to 15): 5 <回车>				
17	24	1	8	15
23	5	7	14	16
4	6	13	20	22
10	12	19	21	3
11	18	25	2	9

说明:魔方阵的阶数应为奇数,程序指定其最大值为 15。今定义数组 a 为 16 行 16 列,对 0 行第 0 列不用来存放数据,只用 1 ~ 15 行,使读者看程序时比较符合习惯。

习 题 六

一、选择题

1. 以下对一维数组 a 的正确说明是( )。
   A. int n; scanf(" % d" ,&n); int a[n];   B. int n = 10,a[n];
   C. int a(10);   D. #define SIZE 10 int a[SIZE];

2. 以下能对二维数组 a 进行正确初始化的语句是( )。
   A. int a[2][ ] = {{1,0,1},{5,2,3}};
   B. int a[ ][3] = {{1,2,3},{4,5,6}};
   C. int a[2][4] = {{1,2,3},{4,5},{6}};
   D. int a[ ][3] = {{1,0,1}},{1,1}};

3. 下面程序有错误的行是( )(行前数字表示行号)。
   1   main( )
   2   {

```
3    int a[3] = {1};
4    int i;
5    scanf("%d",&a);
6    for(i=1;i<3;i++) a[0] = a[0] + a[i];
7    printf("a[0] = %d\n",a[0]);
8  }
```
  A. 3   B. 6   C. 7   D. 5

4. 对说明语句 int a[10] = {6,7,8,9,10};的正确理解是( )。
  A. 将 5 个初值依次 a[1]至 a[5]
  B. 将 5 个初值依次 a[0]至 a[4]
  C. 将 5 个初值依次 a[5]至 a[9]
  D. 将 5 个初值依次 a[6]至 a[10]

5. 若有说明:int a[][3] = {1,2,3,4,5,6,7};则 a 数组第一维的大小是( )。
  A. 2   B. 3   C. 4   D. 无法确定

6. 以下程序段的作用是( )。
```
int a[] = {4,0,2,3,1},i,j,t;
for (i=1;i<5;i++)
    {t=a[i];j=i-1;
    while (j>=0&&t>a[j])
        {a[j+1]=a[j];j--;}
        a[j+1]=t;
    }
```
  A. 对数组 a 进行插入排序(升序)
  B. 对数组 a 进行插入排序(降序)
  C. 对数组 a 进行选择排序(升序)
  D. 对数组 a 进行选择排序(降序)

7. 下面程序的运行结果是( )。
```
#include"stdio.h"
main()
{ int a[6],i;
  for(i=1;i<6;i++)
  { a[i]=9*(i-2+4*(i>3))%5;
    printf("%2d",a[i]);
  }
}
```
  A. -4 0 4 0 4   B. -4 0 4 0 3   C. -4 0 4 4 3   D. -4 0 4 4 0

8. 有下面程序段,上机运行,将( )。
```
char a[3],b[] = "China";
a = b;
printf("%s",a);
```
  A. 输出 China   B. 输出 Chi   C. 输出 Ch   D. 编译出错

9. 判断字符串 a 和 b 是否相等,应当使用( )。
  A. if(a==b)   B. if(a=b)
  C. if(strcmp(a,b))   D. if(strcmp(a,b)==0)

10. 有已排好序的字符串 a,下面的程序是将字符串 s 中的每个字符按升序的规律插入到 a 中。请选择填空【1】(   ),【2】(   )。

```c
#include "stdio.h"
main()
{ char a[20] = "cehiknqtw";
  char s[] = "fbla";
  int i,k,j;
  for(k = 0;s[k]! = '\0';k + +)
  { j = 0;
    while(s[k] > = a[j]&&a[j]! = '\0') j + +;
    for(【1】)【2】;
      s[j] = s[k];
  }
  puts(a);
}
```

【1】A. i = strlen(a) + k;i > = j;i - -　　　B. i = strlen(a);i > = j;i - -

　　 C. i = j;i < = strlen(a) + k;i + +　　　D. i = j;i < = strlen(a);i + +

【2】A. a[i] = a[i + 1]　　　　　　　　　B. a[i + 1] = a[i]

　　 C. a[i] = a[i - 1]　　　　　　　　　D. a[i - 1] = a[i]

二、填空题

1. 若有定义:double x[3][5];则 x 数组中行下标的下限为_____,列下标的上限为_____。

2. 下面程序以每行四个数的形式输出 a 数组,请分析程序填空。

```c
#define N 20
main()
{ int a[N],i;
  for(i = 0;i < N;i + +) scanf("%d",_____);
  for(i = 0;i < N;i + +)
  { if(_____)_____;
    printf("%3d",a[i]);
  }
}
```

3. 下面程序的功能是检查一个二维数组是否对称(即对所有 i 和 j 都有 a[i][j] = a[j][i])。请分析程序填空。

```c
main()
{ int i,j,found = 0,a[4][4];
  printf("Enter array(4 * 4):\n");
  for(i = 0;i < 4;i + +)
    for(j = 0;j < 4;j + +)
      scanf("%d",&a[i][j]);
  for(j = 0;j < 4;j + +)
```

```
    for(_____;i<4;i++)
        if(a[j][i]! =a[i][j])
            {_____;break;}
    if(found) printf("No");
    else printf("Yes");
}
```

4. 若输入 52<CR>,则下面程序的运行结果是_____。

```
main()
{ int a[8] ={6,12,18,42,46,52,67,73};
  int low =0,mid,high =7,x;
  printf("Input a x:");
  scanf("%d",&x);
  while(low < =high)
  { mid =(low +high)/2;
    if(x >a[mid]) low =mid +1;
    else if(x <a[mid]) high =mid -1;
    else break;
  }
  if(low < =high) printf("Search Successful! The index is:%d\n",mid);
  else printf("Can't search! \n");
}
```

5. 下面程序用插入法对数组 a 进行降序排序。请分析程序填空。

```
main()
{ int a[5] ={4,7,8,2,5};
  int i,j,m;
  for(i =1;i <5;i ++)
   {m =a[i];
    j =_____;
   while (j > =0&&m >a[j])
       {_____;
         j --;
       }
   _____ =m;
   }
  for(i =0;i <5;i ++)
  printf("%3d",a[i]);
  printf("\n");
}
```

6. 下面程序用"两路合并法"把两个已按升序排列的数组合并成一个升序数组。请分析程序填空。

```
main()
```

```
{ int a[3] = {5,9,19};
  int b[5] = {12,24,26,37,48};
  int c[10],i = 0,j = 0,k = 0;
  while( i < 3&&j < 5)
  if ( _____ )
    {c[k] = b[j];k + +;j + +;}
  else
    {c[k] = a[i];k + +;i + +;}
  while( _____ )
    {c[k] = a[i];i + +;k + +;}
  while( _____ )
    {c[k] = b[j];k + +;j + +;}
  for( i = 0;i < k;i + +)
  printf( "%3d",c[i]);
}
```

7. 下面程序的功能是求出矩阵 x 的上三角元素之积。其中矩阵 x 的行、列数和元素值均由键盘输入。请分析程序填空。

```
#define M 10
main( )
{ int x[M][M];
  int n,i,j;
  long s = 1;
  printf( "Enter a integer( < = 10): \n");
  scanf( "%d",&n);
  printf( "Enter %d data on each line for the array x\n",n);
  for ( _____ )
      for( j = 0;j < n;j + +)
  scanf( "%d",&x[i][j]);
  for ( i = 0;i < n;i + +)
      for( _____ )
          _____ ;
  printf( "%ld\n",s);
}
```

8. 下面程序的功能是从键盘输入一个大写英文字母,要求按字母的顺序打印出相邻的字母,指定的字母在中间。若指定的字母为'Z',则打印"YZA";若为'A'则打印"ZAB"。请分析程序填空。

```
#include  < stdio. h >
main( )
{ char a[3],c;
  int i;
  c = getchar( );
```

```
      a[1] = c;
      if( c = = 'Z') {a[2] = 'A'; _____;}
      else if( c = = 'A') {a[0] = 'Z'; _____;}
      else {a[0] = c - 1;a[2] = c + 1;}
      for( i = 0;i < 3;i + +) putchar(a[i]);
}
```

9. 下面程序的运行结果是_____。

```
#include < stdio. h >
#define LEN 4
main( )
{ int j,c;
  char n[2][LEN + 1] = {"8980","9198"};
  for( j = LEN - 1;j > = 0;j - -)
  { c = n[0][j] + n[1][j] - 2 * '0';
    n[0][j] = c%10 + '0';
  }
  for( j = 0;j < = 1;j + +) puts(n[j]);
}
```

10. 当运行以下程序时,从键盘输入 AabD < CR >,则运行结果是_____。

```
#include < stdio. h >
main( )
{ char s[80];
  int i = 0;
  gets(s);
  while(s[i]! = '\0')
  { if( s[i] < = 'z'&&s[i] > = 'a')
    s[i] = 'z' + 'a' - s[i];
    i + +;
  }
  puts(s);
}
```

三、编程题

1. 定义一个含有 30 个整型元素的数组,按顺序分别赋予从 2 开始的偶数;然后按顺序每五个数求出一个平均值,放在另一个数组中并输出。试编程。

2. 试编程通过循环按行顺序为一个 5 × 5 的二维数组 a 赋 1 到 25 的自然数,然后输出该数组的左下半三角。

3. 试编程打印用户指定的 n 阶顺时针螺旋方阵(n < 10)。

4. 试编程从键盘输入一个整数,用折半查找法找出该数在 10 个有序整型数组 a 中的位置。若该数不在 a 中,则打印出相应信息。

5. 试编程从键盘输入两个字符串 a 和 b,要求不用库函数 strcat 把串 b 的前五个字符连接到串 a 中;如果 b 的长度小于 5,则把 b 的所有元素都连接到 a 中。

项目 7
函数

 项目学习目的

C语言是函数式语言,其程序是由函数组成的。函数是C语言的基本单位。前面项目介绍的程序几乎都是只由一个主函数 main( )组成的,程序的所有操作和功能都是在主函数中完成的。但在实际的程序应用过程中,C语言程序不可能只靠主函数 main 完成所有的功能,而是一个程序包含一个主函数 main 和若干个其他的函数,主函数 main 可以调用其他函数,其他函数之间也可以相互调用,从而实现一个又一个程序预期的目的。

C语言的函数分为库函数和用户自定义函数。库函数是由系统提供,编程者只需要将相应的头文件或函数库包含在程序里,就可以直接使用或调用库函数;而用户自定义函数是由编程者根据实际情况,有针对性地编写出相应的函数程序,从而实现函数的相应功能。本项目将重点介绍用户自定义函数。

本项目的学习目标:
1. 函数的概念
2. 函数的正确调用
3. 函数的定义方法
4. 函数的类型和返回值
5. 形式参数与实际参数的区别及使用,参数值的传递。
6. 函数的嵌套调用和递归调用的方法
7. 变量的存储类别,变量的作用域和生存期

 项目学习内容简述

C语言是函数式语言,其程序是由函数组成的。函数是C语言的基本单位。在每一个C语言程序中,主函数 main( )是必不可少的,所有程序的执行都是从 main( )函数开始的,也是在 main( )函数中结束的。C语言的函数分为库函数和用户自定义函数。库函数是系统提供的,用户自定义函数是编程者自行设计的。通常在程序运行过程中,main 函数可以调用其他函数(包括库函数和用户自定义函数),其他用户自定义函数之间也可以相互调用,用户自定义函数也可以调用所有的库函数,但用户自定义函数不能调用主函数。

7.1. 结构化程序设计和 C 语言程序组成

7.1.1 结构化程序设计

所谓结构化程序设计就是指在程序设计过程中,将重复使用的程序封装成能够完成一定功能的、可供其他程序使用(调用)的、相对独立的功能模块的程序设计方法。

结构化程序设计的基本思想是"自顶向下、逐步求精",将一个较大的程序按其功能分成若干个模块,每个模块具有单一的功能。

由于功能模块是通过执行一组语句来完成一个特定的操作过程,因此功能模块又称为"过程"或"子程序"。执行一个过程就是调用一个子程序或函数模块。过程都是独立存在的,具有相应的功能,可以被多次调用,但不能单独使用。在结构化程序设计中,调用功能模块的程序称之为"主程序"。

在程序设计语言中,C 语言、QBasic 语言都是结构化程序设计语言。在 QBasic 语言中,子程序的功能由 sub 子程序或 function 子程序完成;在 C 语言中,子程序的功能由函数完成。

结构化程序设计具有以下优点:

(1)结构化程序设计可以消除重复的程序结构。

(2)结构化程序设计使开发的程序容易阅读。

(3)结构化程序设计使程序的开发过程简化。

(4)结构化程序设计可以在其他程序中重复使用。

结构化程序设计,也称为模块化程序设计,用它设计的程序由顺序、选择、循环三种基本结构所组成。在前文中,已经对 C 语言的顺序结构,选择结构、循环结构作了详细的介绍,也充分说明了 C 语言的结构化程序设计的特点。

7.1.2 C 语言程序的组成

在程序设计领域中,通常一个大型的程序一般需要分为若干个程序模块来处理,每一个程序模块用来实现一个特定的功能。在高级语言中通常用子程序来实现功能模块。而在 C 语言中,子程序的作用是由函数完成的,函数是 C 语言的基本单位。一个 C 语言程序可以只由一个主函数 main( )组成,但是大多数情况下 C 语言程序是由一个主函数 main( )和若干个函数构成。由主函数调用其他函数,其他函数之间也可以互相调用。同一个函数可以被一个或多个函数调用任意多次。程序的总体功能是通过函数的调用来实现的。C 语言程序的结构如图 7−1 所示。

在程序开发中,会将一些常用的功能模块编写成函数,放在公共函数库中供大家选用。在编程过程中,应该善于利用函数,以减少重复书写相同程序段的工作。下面先来了解一下函数调用的情况。

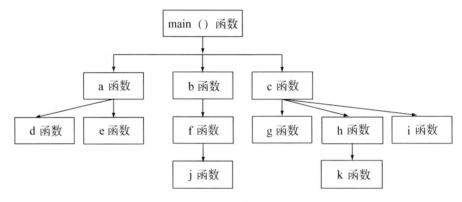

图 7-1　C 语言程序结构

【例 7-1】函数调用的简单例子,实现相关字符的输出。

源程序:

```c
#include "stdio. h"
void print_s( )
{
  printf( "####################################### \n" );
}


void print_m( )
{
  printf ( "              It is a program! \n" );
}


main( )
{
  print_s( );
  print_m( );
  print_s( );
}
```

运行结果:

```
#######################################
              It is a program!
#######################################
```

print_s( )和 print_m( )都是用户自定义的函数名,分别用来输出一行"#"和一行信息。定义函数时,在函数名前指定函数类型为 void 型,其意为该函数无类型,即无函数值,也就是说,调用 print_s( )和 print_m( )这两个函数后不会将任何函数值返回到 main 函数。

对 C 语言中函数的使用进行以下几点说明:

(1)在实际程序设计过程中,一般不希望将所有内容全放在一个程序中,而是将它们分化为若干个程序模块,再由若干个程序模块组成一个 C 语言程序。因此一个 C 语言程序就是由一个或者多个程序模块组成,而每一个程序模块可以作为一个源程序文件处理,每一个源程序可以分别编写、分别编译,从而提高编程效率,同时一个源程序文件可以被多个 C 语言程序使用。

(2)一个源程序文件又由一个或多个函数以及其他有关内容组成。虽然函数是 C 语言的基本单位,但在程序进行编译的过程中,一个源程序文件才是一个编译单位,而不是以函数为单位进行编译。

(3)一个 C 语言程序有且只有一个主函数 main。无论 main 函数放在什么位置,C 语言程序的执行总是从主函数 main 开始,如果在主函数 main 中调用了其他函数,则在调用完其他函数后返回主函数 main,在主函数 main 中结束整个程序的运行。简而言之就是,C 语言程序总是从主函数 main 开始的,也是在主函数 main 中结束的。

(4)在 C 语言中,所有函数都是平行的,即函数的定义是分别进行的,是互相独立的,一个函数并不从属于另一函数,即函数是不能嵌套定义。

(5)一个函数可以调用其他函数,即函数可以嵌套调用;同时一个函数可以调用函数本身,即函数可以递归调用,但只有 main 函数可以调用其他函数,其他任何函数均不能调用 main 函数。

7.1.3 函数分类

在 C 语言中,函数的分类有很多种,可以按以下三种标准进行分类。

(1)从用户使用的角度看,函数分为两类:

1)标准函数,又称为库函数。这是由系统提供的,编程者不必自己定义这些函数,只需要将相应的头文件或函数库包含在程序里,就可以直接使用或调用库函数。

2)用户自定义函数。这是由编程者自己定义的,由编程者根据实际情况,有针对性地编写出相应的函数程序,从而实现函数的相应功能。

(2)从函数返回值的角度看,函数分为两类:

1)有返回值函数。有返回值函数是指被调用执行完成后将向调用函数返回一个执行结果的函数,其中返回的执行结果被称为函数的返回值。

2)无返回值函数。无返回值函数就是被调用执行完成后不向调用函数返回值的函数,这样的函数常用于完成某种特定的功能,执行完成后不向调用函数返回函数值。由于函数无须返回值,编程者在定义此类函数时可指定函数的类型为"void",即"无类型",无返回值。

(3)从函数形式的角度看,函数分为两类:

1)无参函数。无参函数就是在定义函数时其后不带参数的函数。在调用无参函数时,主调函数并不向无参函数传送数据,只是用来执行一组指定的操作。调用无参函数后,可以带回或不带回函数值,但一般以不带回函数值的居多。

2)有参函数。有参函数就是在定义函数时其后带有参数的函数。在调用有参函数时,主调函数和被调用函数之间有数据传递,即主调函数要向有参函数传送数据,有参函数中的数据也可以带回函数返回值供主调函数使用。

7.2 库 函 数

在 C 语言中,有丰富的系统文件,这些系统文件称为库文件。C 语言的库文件通常分为两大类:

一类是头文件,即扩展名为".h"的文件。在之前例题的包含命令中已多次使用过。在头文件中包含了常量定义、类型定义、宏定义、函数原型以及各种编译选择设置等信息。

另一类是函数库,包括了各种函数的目标代码,供用户在程序中直接调用。函数库一般放在相应的头文件中,因此通常在程序中调用一个库函数时,要在调用之前包含该函数原型所在的".h"文件。

由于 C 语言的头文件及函数库数目较多,在这里就不一一讲解,只对编程中常用的几种头文件及函数库进行介绍,其他的头文件及函数库请读者参照附录。

1. 数学函数

数学函数用于数学的相关计算。在使用数学函数时,应该使用如下命令行:

#include "math. h"　　或　　#include < math. h >

这样就能将数学库函数包含在相应的程序中,在数学库函数中,常用的函数有(见表 7 - 1):

表 7 - 1　常用数学库函数

函数样式	作用
abs(i)	求整型参数 i 的绝对值
cabs(znum)	求复数 znum 的绝对值
fabs(x)	求双精度参数 x 的绝对值
labs(n)	求长整型参数 n 的绝对值
rand( )	产生一个随机数并返回这个数
exp(x)	求指数函数 e^x 的值
log(x)	求 $\ln x$ 的值
log10(x)	求 $\log 10^x$ 的值
pow(x, y)	求 x^y 的值
pow10(p)	求 10^p 的值
sqrt(x)	求 x 的平方根
ceil(x)	求不小于 x 的最小整数
floor(x)	求不大于 x 的最大整数

2. 字符函数

字符函数用于字符的相关操作。在使用字符函数时,应该使用如下命令行:

#include "ctype. h"　　或　　#include < ctype. h >

这样就能将字符库函数包含在相应的程序中,在字符库函数中,常用的函数有(表 7 - 2):

表7-2 常用字符库函数

函数样式	作用
isalnum(ch)	检查 ch 是否是字母或数字
isalpha(ch)	检查 ch 是否是字母
iscntrl(ch)	检查 ch 是否是控制字符
isdigit(ch)	检查 ch 是否是数字
isgraph(ch)	检查 ch 是否是可打印字符(不包括空格)
islower(ch)	检查 ch 是否是小写字母
isprint(ch)	检查 ch 是否是可打印字符(包括空格)
isspace(ch)	检查 ch 是否是空格、跳格符或换行符
isupper(ch)	检查 ch 是否是大写字母

3. 字符串函数

字符串函数用于将处理字符串的相关操作。在使用字符串函数时,应使用如下命令行:

#include "string. h" 或 #include < string. h >

这样就能将字符串库函数包含在相应的程序中,常用的字符串库函数,在6.3节中我们已进行了详细的讲述,这里就不再多叙述,只需回顾一下函数样式及其作用即可,它们是(见表7-3):

表7-3 常用字符串函数

函数样式	作用
gets(str)	字符串输入函数,输入一个字符串 str
puts(str)	字符串输出函数,输出一个字符串 str
strcat(str1,str2)	字符串连接函数,将字符串 str2 连接到 str1 后
strcmp(str1,str2)	字符串比较函数,比较两个字符串 str1,str2
strcpy(str1,str2)	字符串复制函数,将字符串 str2 复制到 str1 中去
strlen(str)	字符串长度测试函数,统计字符串 str 中字符的个数
strlwr(str)	字符串小写函数,将字符串中所有的大写字符转换成小写字母
strupr(str)	字符串大写函数,将字符串中所有的小写字符转换成大写字母

4. 输入输出函数

输入输出函数用于完成相应的数据输入输出功能,在使用时,应使用如下命令行:

#include "stdio. h" 或 #include < stdio. h >

这样就能将输入输出库函数包含在相应的程序中,在输入输出库函数中,常用的函数有(见表7-4):

表7-4 常用输入输出函数

函数样式	作用
getchar()	字符输入函数,从终端输入一个字符
putchar(ch)	字符输出函数,从终端输出一个字符
scanf(格式控制,地址表列)	格式输入函数,向终端输入任意类型的若干数据
printf(格式控制,输出表列)	格式输出函数,向终端输出任意类型的若干数据

7.3 函数的定义和调用

7.3.1 函数的定义

在 C 语言中,函数的定义形式可以分为三类,它们分别是有参函数、无参函数和空函数。下面就具体来看看各种函数的定义。

1. 无参函数的定义

在 C 语言中,无参函数的定义形式为:

类型标识符　函数名( )

{

　声明部分

　语句部分

}

在无参函数的定义格式中,函数名后面的括号为空,表示无形式参数,称为无参函数,函数名前面的"类型标识符"指定函数的类型,即函数返回值的类型,如果调用无参函数时不需要带回函数值,可以将无参函数的"类型标识符"设置为"void"即可。本项目例 7.1 中的 print_s( ) 和 print_m( ) 函数就是无参函数,调用这两个函数只需要输出相应的字符,不需要返回值,因此在定义这两个函数时,其"类型标识符"设置为"void"。

2. 有参函数的定义

在 C 语言中,有参函数的定义形式为:

类型标识符　函数名(形式参数表列)

{

　声明部分

　语句部分

}

在有参函数的定义格式中,函数名后面的括号为形式参数列表,包含有形式参数,称为有参函数,函数名前面的"类型标识符"指定函数的类型,即函数返回值的类型,如果调用有参函数时不需要带回函数值,同样可以将有参函数的"类型标识符"设置为"void"。例如:

```
int min (int a,int b)
{
    int c;              / * 函数体的声明部分 * /
    c = a < b? a : b;   / * 函数体的语句部分 * /
    return ( c);        / * 函数体的语句部分,返回一个函数值 * /
}
```

这是一个求 a 和 b 二者中较小者的函数,第一行中 min 为定义的函数名。函数名前面的关键字 int 表示函数 min 的函数类型为整型,函数返回值的类型也为整型。函数名 min 后的括号中有两个形式参数 a 和 b,它们的类型都为整型的。在调用函数 min 时,主调函数会把实际参数的值传递给函数 min 中的形式参数 a 和 b,形式参数 a 和 b 在接收到相应的实际参数的值后,将其带入函数体语句中进行运算,从而得到相应的函数值。大括号内是函数体部分,它包括函数声明部分和函数语句部分:声明部分包括对函数中将要用到的变量进行定义以及对要调用的函数进行声明等内容;函数语句部分中"c = a < b? a : b;"是求出 a 和 b 中的较小值,然后赋值给变量 c,"return(c)"的作用是将变量 c 的值作为函数值返回到主调函数中,c 的值称为 min 函数的函数返回值。

在函数定义时,已经指定了 min 函数的类型为整型,在函数体中定义变量 c 的类型也为整型,二者的类型一致,将变量 c 作为函数 min 的值带回调用函数是没有问题的。假如函数 min 的类型为 int 型,而变量 c 的类型却为 float 型,那么返回的函数值会是什么类型呢? int 型,还是 float 型? 将在后续的课程中介绍。

如果在定义函数时不指定函数的类型,系统会隐含指定函数的类型为 int 型。也就是说,函数类型不指定的情况下,缺省的函数类型为 int 型。例如:

```
max (int a, int b)
{
    int c;
    c = a > b? a : b;
    return ( c );
}
```

定义的 max 函数前面缺省的函数类型为"int"型。

3. 空函数的定义

在 C 语言中,空函数的定义形式为:

类型说明符   函数名( )

{ }

例如:

nothing ( )

{ }

调用空函数 nothing 时,将什么工作都不做,此时该函数没有任何实际的用途。但是在主调函数中写上"nothing ( );"是表明"这里要调用一个函数",这个函数现在是空函数,什么语句都没有,不起任何作用。但是在 C 语言中使用空函数的目的是为了在程序设计过程中,为将来准备扩充功能的程序模块写上一些空函数,这些函数只是未编好,或未确定好函数的功能,先在程序中占据一些位置,等以后用一个编好的函数代替它,将函数的功能补充上就可以发挥其函数功能。如果不使用空函数,以后想向已编写好的程序中添加相应的函数功能或程序代码,就会出现不少困难,因此可以说"空函数"具有高瞻远瞩的意义。

7.3.2 函数的调用

1. 函数调用的一般形式

在 C 语言中,函数调用的一般形式为:

函数名(实参表列);

在调用无参函数时,函数名后的"实参表列"可以没有,但函数名后的圆括号不能省略。

在调用有参函数时,如果实参表列包含多个实际参数,则各个实参之间用逗号隔开。在调用的过程中,实参的个数与形参的个数应相等,类型也应一致。实参与形参按顺序一一对应,从而实现数据的一一传递。但应说明的是,如果实参表列包括多个实参,对实参求值的顺序并不是确定的,有的系统按自左至右顺序,有的系统则按自右至左顺序。许多 C 版本(如Turbo C、VC6.0)是按自右而左的顺序求值。

【例 7 - 2】通过函数的调用实现两个数的大小比较。

源程序:

```
#include "stdio. h"
void main( )
{
    int f( int a,int b);              /* 对被调用函数 s 进行声明 */
    int x = 5,s;
    s = f( x, + +x);
    printf( "% d\n",s);
}
int f( int a,int b)
{
    int c;
    if ( a > b)c = 1;
    else if ( a =  = b) c = 0;
    else c =  - 1;
    return( c);
}
```

运行结果:

0

如果按自左至右顺序求实参的值,函数调用相当于 f (5,6),程序运行结果为" - 1"。如果按自右至左顺序求实参的值,则它相当于 f (6,6),程序运行结果为"0"。为了避免这样的情况发生,在设计程序时,应尽量让实参之间没有相互的关联,以免因为系统的运算顺序不同而使程序的可移植性降低。在不改变例 7 - 2 程序的目的的基础上,可以将程序中

```
    int x = 5,s;
    s = f( x, + +x);
```

改写为:

```
    int x = 5,y,s;
    y = + +x;
    s = f( x,y);
```

即可。这种情况在 printf 函数中也同样存在,例如:

```
    printf( "% d,% d\n",x,x + +);
```

也会发生上述同样的问题,若 x 的值为 5,则在 Turbo C2. 0、Turbo C + +3. 0 及 VC6.0 系统上运行结果均为 6,5。

2. 函数调用的方式

按照函数调用时在程序中出现的位置来分,函数调用方式有以下三种:

(1)函数语句。

把函数调用作为一个语句。即被调用函数加上分号即构成了函数语句。例如在例7-1中的"print_s();"和"print_m();"就是函数语句,执行这些语句时不要求函数带回函数返回值,只要求函数完成一定的操作,输出相应的字符序列。

(2)函数表达式。

函数出现在一个表达式中,并在表达式中充当着变量或常量的角色,把这样的表达式称为函数表达式。在函数表达式中,通常要求被调用函数带回一个确定的值以参加表达式的运算。例如:

z = 2 * min(x,y);

其中函数 min() 是表达式的一部分,通过调用 min 函数返回一个函数值,该函数返回值乘以2 再赋值给变量 z。

(3) 函数参数。

把函数的调用又作为另一个函数的实参,称之为函数参数。例如:

m = min (x,min(y ,z));

其中 min(y,z) 是一次函数的调用,它的函数返回值作为函数 min 另一次调用的实参。变量 m 的值是 x、y、z 三者中最小者。

函数调用作为函数的参数,实质上也属于函数表达式形式调用的一种,因为函数的参数本来就要求是表达式的形式。

3. 函数调用的声明

(1)函数调用时应具备的条件。

在 C 语言中,用一个函数(主调函数)调用另一个函数(被调用函数)需要具备以下的条件:

①首先被调用的函数必须是已存在的函数,要么是库函数,要么是用户自定义函数。

②如果使用库函数,应该在本文件开头用#include 命令将包含库函数的头文件信息"包含"到本文件中来。例如:

```
# include "stdio. h"        /*包含输入输出函数的头文件*/
# include "math. h"         /*包含数学函数的头文件*/
# include "string. h"       /*包含字符串函数的头文件*/
```

其中"stdio. h"、"math. h"、"string. h"是头文件,其中的". h"是头文件所用的后缀,标志头文件(headerfile)。在"stdio. h"文件中包含了输入输出库函数所用到的一些宏定义信息;在"math. h"文件中包含了数学库函数所用到的一些宏定义信息;在"string. h"文件中包含了字符串库函数所用到的一些宏定义信息。要使用相应的库函数就必须包含相应的头文件。如果不包含"stdio. h"文件中的信息,就无法使用输入输出库中的函数;如果不包含"math. h"文件中的信息,就无法使用数学库中的函数;如果不包含"string. h"文件中的信息,就无法使用字符串库中的函数,它们是分别关联的。

③如果使用用户自定义函数,而且该函数与调用它的函数(即主调函数)在同一个文件中,则应该在主调函数中对被调用函数作相应的"函数声明",即向编译系统声明在程序运行

过程中将要调用此函数,并将有关信息通知给编译系统。

(2)对被调用函数的声明。

正如上所述,在调用用户自定义函数时,需要对被调用函数进行相应的声明,方才能正确使用被调用函数。在C语言中,对被调用函数的声明有以下三种形式:

第一种形式:

函数类型　函数名( );

第二种形式:

函数类型　函数名(参数类型1,参数类型2,…);

第三种形式:

函数类型　函数名(参数类型1 参数名1,参数类型2 参数名2,…,参数类型 n 参数名 n);

其中第一种形式是早期的函数声明方式,形式非常简单,但出现错误的几率比较大,因此目前已经基本不使用了;第二种和第三种形式是现在的函数声明方式,也称为"函数原型",其中第二种形式是基本的形式,为了方便阅读程序,也允许在函数原型中加上函数名,就成了第三种形式,但编译系统只检查参数类型,不检查参数名,因此函数名有无都没有关系。例如

int max(int x ,int y)　与　int max(int, int)

在函数的声明中效果是完全相同的。

【例7-3】函数调用声明的举例。

源程序:

```c
#include "stdio. h"
void main( )
{
    float add( float x ,float y);
    float a,b,c;
    scanf( "% f,% f" ,&a,&b);
    c = add( a,b);
    printf( "sum is % f\n" ,c);
}

float add( float x ,float y)
{
    float z;
    z = x + y;
    return ( z);
}
```

运行结果:

```
3. 5 ,10. 9    <回车>
sum is 14. 400000
```

4. 对函数的声明作如下几点说明

（1）"函数定义"与"函数声明"不是一回事。"函数定义"是指对函数功能的确立，包括确定函数名、函数类型、形参及其类型、函数体等，它是一个完整的、独立的函数单位；"函数声明"是对已存在的函数进行阐述，把函数的名字、函数类型以及形参的类型、个数和顺序通知编译系统，告诉系统需要使用该函数，就好比给系统打了一个"招呼"，有这么一个函数的存在，以便在调用该函数时系统按此进行对照检查。

（2）以前的 C 语言的函数声明方式采用的是第一种形式，它不是采用函数原型，而只声明函数名和函数类型。例如：

float add( )；

此种声明方式不包括参数类型和参数个数，并且系统不检查参数类型和参数个数，新版本也兼容这样的声明方式，但由于它不会对函数调用的合法性进行全面的检查，因此不提倡使用此形式对函数进行声明，而更常用后两种函数原型的方式进行函数声明。

（3）用函数原型（即第二种函数声明形式和第三种函数声明形式）来声明函数，能减少编写程序时可能出现的错误。由于使用函数原型进行声明时，需要对参数个数，参数类型等涉及函数合法性的信息进行全面的检查，因此在写程序时，参照函数原型来书写函数调用，不易出错。

（4）在实际的程序设计过程中，如果在函数调用之前，没有对被调用函数进行声明，则编译系统会把第一次遇到的该函数形式（函数定义或函数调用）作为函数的声明，并将函数类型默认为 int 型。

（5）在实际程序设计过程中，不是所有的情况下都需要对函数进行声明，以下三种情况，可以不对函数进行声明。

①如果被调用函数的定义出现在主调函数之前，可以不必加以声明。因为编译系统事先已知道了已定义函数的有关情况，会根据函数首部提供的信息对函数的调用作正确性的检查。如果将例 7 - 3 改写成以下的方式，则不必在 main 函数中对 add 函数声明。

```
#include "stdio. h"
float add( float x, float y)              / * 定义函数 add * /
{
    float z;
    z = x + y;
    return ( z);
}
void main( )
{                                         / * 此处不必对函数 add 再作声明 * /
    float a,b,c;
    scanf( "% f,% f" ,&a,&b);
    c = add( a,b);
    printf( "sum is % f\n",c);
}
```

②如果已在文件的开头，即在所有函数定义之前，在函数的外部已对文件中所调用的函数进行了函数声明，则在各个主调函数中不必对其所调用的函数再作声明。例如：

```
#include " stdio. h"
char   x( char,char);        /＊该行及下面的两行在函数的外部对函数进行了声明＊/
float   y( float,loat);
int    z( int,int);
void main ( )                /＊在 main 函数中将要调用 x、y、z 这三个函数＊/
{                            /＊此处不必对被调用的函数 x、y、z 再作声明＊/
  …
}
/＊下面定义被 main 函数调用的 3 个函数＊/
char x( char a,char b)           /＊定义 x 函数＊/
{
  …
}
float y( float c,float d)         /＊定义 y 函数＊/
{
  …
}
int z( int e,int f)               /＊定义 z 函数＊/
{
  …
}
```

③如果被调用的函数类型为整型,C 语言允许在调用函数前不必作函数原型声明(但在 Turbo C 和 Visual C＋＋中不能省略函数原型声明),如例 7－2 可以写成以下的形式:

```
#include " stdio. h"
void main( )
{                            /＊可以不对被调用函数 s 进行声明＊/
  int x =5,s;
  s = f(x, ＋＋x);            /＊调用函数 s＊/
  printf(" ％d\n",s);
}
f( int a,int b)              /＊定义函数 f,其函数类型缺省,默认为 int 型＊/
{
  int   c;
  if ( a > b)c =1;
  else if ( a ＝ ＝b) c =0;
  else c = －1;
  return( c);
}
```

但是在很多系统中,如果使用这种方法,系统无法对函数参数的个数和类型进行检查和调用。如果调用函数时参数使用不当,虽然在编译时不会报错,但在程序运行时就会出错,而且,用 Turbo C 和 Visual C + +时,要求对所有被调用函数进行声明,上面的程序在 Turbo C 和 Visual C + +中是错误的。因此,为了程序可靠性高和通用性好,编写程序时建议在主调函数中加上对被调函数的原型声明。

7.4. 函数参数和函数的值

7.4.1 形式参数和实际参数

在大多数情况下,调用函数时主调函数与被调用函数之间应该存在数据传递的关系。这就是所谓的有参函数。在定义函数时,被调用函数的函数名后面的圆括号中包含的变量称为"形式参数"(简称为"形参"),形参存在于被调用函数的定义部分中;在调用函数时,被调用函数的函数名后面的圆括号中的参数(可以是常量、变量、表达式),称为"实际参数"(简称为"实参"),实参存在于主调函数中;在主调函数中,对被调函数声明时,其函数名后面的圆括号中的参数也是"形参"。

【例 7 -4】通过调用函数实现求两个数中的较小值。

源程序:

```
#include "stdio. h"
void main( )
{
    int min (int a,int b);    /＊对被调用函数 min 进行声明,圆括号中的a,b 为形参＊/
    int x,y,z;
    scanf("％d,％d",&x,&y);
    z = min(x,y);              /＊调用函数 min,圆括号中的 x,y 为实参＊/
    printf("min is ％d\n",z);
}

int min(int a,int b)          /＊定义有参函数 min,圆括号中的 a,b 为形参＊/
{
    int c;
    c = a <b? a:b;
    return ( c);
}
```

运算结果:

> 10,20   ＜回车＞
>
> min is 10

对函数的形参和实参作以下几点说明:

(1)在定义函数时函数名圆括号中的参数称为形参,在未进行函数调用时,形参并不占内存中的存储单元。只有在发生函数调用时,被调函数中的形参才被分配内存单元。在函数调用结束后,形参所占的内存单元也会随着函数调用的结束而被释放。

(2)在调用函数时,被调用函数的函数名后的实参可以是常量、变量或表达式,例如:

min(3,x+y);

但无论是变量还是表达式,都要求有确定的值,以便在调用函数时将实参的值传递给形参。

(3)在被定义的函数中,必须指定形参的类型。例如:

int min(int a,int b)

(4)实参与形参的类型应相同或赋值兼容。例如例7-4中,定义函数时,有:

int min(int a,int b)

其中a、b为形参,其类型为int型,而调用函数时,有

z=min(x,y);

其中x,y为实参,通过"int x,y,z;"得知其类型也为int型,与形参一致,因此在调用过程中不会出现错误,可以正常使用。

(5)在C语言中,实参单元与形参单元是不同的存储单元,实参对形参的数据传递是"值传递",即单向传递。只能由实参将其值传给形参,而不能由形参将其值传回来给实参,也就是说,实参的值发生了变化可以影响形参的值跟随着发生变化,但是形参的值发生了变化,不会使实参的值发生变化,这就是所谓的"单向值传递"。实参与形参的传递如图7-2所示。

图7-2 单向值传递   图7-3 调用不改变实参存储单元

在调用函数时,给形参分配相应的存储单元,并将实参对应的值传递给形参。调用结束后,形参将分配的存储单元释放,而实参的存储单元仍保留,同时存储着原来的数值。因此,在运行一个被调用函数时,形参的值如果发生了变化,对主调函数中实参的值是没有影响的。例如,若在运行被调用函数的过程中形参a、b的值变为了90和100,对主调函数中的实参x、y是没有影响的,实参x、y的值仍然为7、8,如图7-3所示。

(6)被调函数的形参类型的声明分为传统方式和现代方式两种。在早期的C语言中,对形参类型的声明是放在函数定义的第二行,也就是不在第一行的圆括号内指定形参的类型,而是在圆括号外单独指定。

传统方式:

```
int max ( a,b)
int a, b;
{
   int c;
   c = a>b? a:b;
   return ( c);
}
```

现代方式:

```
int max (int a,int b)
{
   int c;
   c = a>b? a:b;
   return ( c);
}
```

现在的编程过程中,一般采用现代的方式进行形参类型的声明,如果采用传统方式进行形参类型的声明,也是可以的。

7.4.2 函数的返回值

在程序运行过程中,通常希望通过函数调用使主调函数得到一个确定的值,这就是通常所说的函数返回值。在例7-4中,在调用函数 min 后,通过"return(c);"语句将值返回到调用函数处,即"z = min(x,y);",然后通过赋值语句将这个函数值赋给变量 z。接下来对函数返回值做以下几点说明。

(1)函数的返回值是通过函数中的 return 语句获得的。return 语句将被调用函数中的一个确定值带回主调函数中去。如果需要从被调用函数带回一个函数值,供主调函数使用,则被调用函数中必须包含 return 语句;如果不需要从被调用函数带回函数值,则可以不使用 return 语句。

(2)一个函数中可以有一个以上的 return 语句,执行到哪一个 return 语句,哪一个 return 语句就起作用。例如:

```
int cmp (int x, int y)
{
   if (x > y)        return 1;
   else if(x < y)  return -1;
   else              return 0;
}
```

在函数 cmp 中,有三条 return 语句,当对应的条件满足时,就执行相应的 return 语句。由此可见,一个函数有多个 return 语句,但是只能执行其中的一条。

(3)return 语句的格式非常简单,通常有以下几种格式:

1)格式一:**return;**

该格式不带回确定的返回值,只起回到主调函数中的作用,如果在被调函数中,不写出该格式,被调函数也会自动返回,因此 return 的此格式意义不大,可以省略不写。

2)格式二:**return 常量;** 或 **return(常量);**

该格式返回一个常量的值,通过 return 只能带回一个值。常量加上圆括号与不加圆括号没有区别。例如:

return 9;return(-10);

3)格式三:**return 变量名;** 或 **return(变量名);**

该格式返回一个变量的值,通过 return 只能带回一个值。变量名加上圆括号与不加圆括号没有区别。例如:

return z;return(z);

4)格式四:**return 表达式;** 或 **return(表达式);**

该格式返回一个表达式的值,通过 return 只能带回一个表达式的一个值,表达式加上圆括号与不加圆括号没有区别。例如:

return x + y;return(x > y? x:y);

由上面的四种格式,可以实现由 return 带回一个函数返回值到主调函数中,但是需要提醒的是:return 无论怎样,也只能带回一个函数返回值,如果想带回多个函数返回值,return 就显得无能为力了,只能依靠后面课程中介绍的"全局变量"和"指针"。

(4)在函数调用过程中,要注意函数返回值的类型。对于有参函数,需要有函数返回值,就应该在定义函数时指定函数值的类型。例如:

char w(char a, char b);

int x (int c, int d);

float y (float e, float f);

double z (double g, double h);

在实际编程中,难免会出现未对函数指定类型的情形,例如:

```
num ( int x, int y)
{
    return ( x < y? x:y);
}
```

如果出现了这样的情况,会是错误的吗? 针对这样的情况,C 语言规定:凡不加类型说明的函数,一律自动按 int 型处理。因此上例中的 num 函数类型应为 int 型。

(5)在定义函数时指定的函数类型一般应和 return 语句中的函数返回值的类型一致。例如,例7-4中指定 min 函数类型为 int 型,而变量 c 也被定义为 int 型,在调用 min 函数后,通过 return 语句将 c 的值作为 min 的函数返回值带回主调函数,c 的类型与函数 min 的类型都为 int 型,不会出现什么异常。但如果函数的类型和 return 语句中函数返回值的类型不一致时,是以函数类型为准? 还是以函数返回值的类型为准呢? C 语言规定:当函数类型与函数返回值类型不一致时,以函数类型为准。有了这样的规定,出现了类型不一致的情况就不难解决了,对于数值型数据,可以自动地进行相应的类型转换。由此可以这样说,函数的类型决定返回值的类型。

【例7-5】通过函数求两个数中的最大值(函数返回值类型与函数类型不同的情况)。

源程序:

```
#include " stdio. h"
void main( )
{
    int max( float a,float b);
    int z;
    float x,y;
    scanf( " % f% f" ,&x,&y);
    z = max( x,y);
    printf( " Max is % d\n",z);
}
max( float a,float b)
{
    float c;
    if( a > b)   c = a;
    else         c = b;
    return ( c);
```

    }

运行结果：

    1.5   6.8   <回车>

    Max is 6

函数 max 的类型由于缺省，因此自动定义为 int 型，而 return 语句中的函数返回值 c 的类型为 float 型，二者不一致，按上述规定，先将 c 转换为 int 型，然后再通过 max(x,y)带回一个整型值 6，返回到主调函数 main。如果将 main 函数中的 z 定义为 float 型，则用"%f"格式符输出时，其输出值为 2.000000。

    (6)如果被调用函数中没有 return 语句，并不带回一个确定的、用户所希望得到的函数值，但实际上，函数并不是不带回值，而只是不带回有用的值，带回的是一个不确定的值。

【例 7－6】 检测无 return 时是否还带回返回值。

源程序：

```
#include "stdio.h"
print_s()
{
    printf(" * * * * * * * * * * * * * * * * * * * * * \n");
}
print_m()
{
    printf("        I LOVE CHINA! \n");
}
main()
{ int x,y,z;
    x = print_s();
    y = print_m();
    z = print_s();
    printf("%d,%d,%d\n",x,y,z);
}
```

运行结果：

    *

              I LOVE CHINA!

    *

    46,24,46

通过上例的运行结果得知，在调用被调用函数时除了能输出所对应的字符串外，虽然没有 return 语句，但还是能返回值到主调函数中，所以能输出 x、y、z 的相应的值。

    (7)对于不需要带回返回值的函数，为了明确表示"不带回值"，可以用"void"定义"无类型"(或称"空类型")。例如例 7－6 中定义的函数可以改为：

```
void print_s()
{
```

```
        printf("* * * * * * * * * * * * * * * * * * * * * * * * *\n");
    }
    void print_m( )
    {
        printf("              I LOVE CHINA! \n");
    }
```

经过这样定义后,系统就确定函数不带回任何值,即禁止在调用函数中使用被调用函数的返回值。如果已将 print_s( )和 print_m( )函数定义为 void 类型,则下面的用法就是错误的:

    x = printstar ( );

    y = print_message ( );

因此在实际编程中,如果函数不需要带回值,建议定义函数时将其类型声明为"void"。

7.5. 函数调用时参数间的传递

在 C 语言中,各个函数之间的联系是通过相互调用函数时,参数之间值的传递及函数返回值来实现的。在定义函数时,函数名后面圆括号内的参数称为形式参数。调用函数时,函数名后面圆括号内的参数称为实际参数。所谓参数传递,是指由调用函数的实参向被调用函数的形参进行的参数传递。

7.5.1 将变量、常量、数组元素作为参数时的传递

在函数调用时,使用变量、常量或数组元素作为函数参数时,将实参的值传递到形参相应的存储单元中,即形参和实参分别占用不同的存储单元,这种传递方式称为"值传递"。值传递的特点是单向传递,即只能把实参的值传递给形参,而形参值的任何变化都不会影响实参,因此常称为"单向的值传递"。

【例 7 - 7】有两个数组 a、b,各有 10 个元素,将两个数组对应地元素逐个相比。如果 a 数组中的元素大于 b 数组中的相应元素的数目多于 b 数组中元素大于 a 数组中相应元素的数目,则认为 a 数组大于 b 数组,并分别统计出两个数组相应元素大于、等于、小于的次数。

源程序:

```
#include "stdio. h"
main ( )
{
    int large(int x, int y);
    int a[10], b[10], i, n = 0, m = 0, k = 0;
    printf("enter array a:\n");
    for(i = 0; i < 10; i + +)
        scanf("%d", &a[i]);
    printf("\n");
    printf ("enter array b: \n");
    for(i = 0; i < 10; i + +)
```

```
        scanf("% d",&b[i]);
    printf(" \n");
    printf("array a:\n");
    for(i = 0;i < 10;i + +)
        printf("% d ",a[i]);
    printf(" \n");
    printf("array b:\n");
    for(i = 0;i < 10;i + +)
        printf("% d ",b[i]);
    printf(" \n");
    for(i = 0;i < 10;i + +)
    {
        if((large(a[i],b[i])) = = 1) n = n + 1;
        else if((large(a[i],b[i])) = = 0) m = m + 1;
        else k = k + 1;
    }
    printf ("a[i] > b[i] % dtimes\na[i] = b[i] % dtimes\na[i] < b[i] % dtimes\n", n,
    m ,k);
    if (n > k)          printf("array a is larger than array b\n");
    else if (n < k)     printf("array a is smaller than array b\n");
    else                printf("array a is equal to array b\n ");
    }

    large(int x,int y)
    {
        int f;
        if (x > y)        f = 1;
        else if (x < y)   f = -1;
        else              f = 0;
        return (f);
}
```

运行结果:

```
enter array a:
11 12 34 67 89 10 15 17 13 98    <回车>
enter array b:
92 64 73 15 89 10 17 19 27 97    <回车>
array a:
11 12 34 67 89 10 15 17 13 98
```

array b：

92 64 73 15 89 10 17 19 27 97

a[i] > b[i] 2 times

a[i] = b[i] 2 times

a[i] < b[i]6 times

array a is smaller than array b

7.5.2 将数组名作为参数时的传递

可以用数组名作为函数的参数进行传递,此时实参与形参都使用数组名。在函数调用过程中,传递的不是数组元素的值,而是把实参数组的首元素的地址传递给形参数组,这样两个数组就共用同一段内存单元。这就意味实参数组元素的值如果发生了变化会使形参数组元素的值同时发生变化,同样的形参数组元素的值如果发生了变化也会使实参数组元素的值同时发生变化。也就是说,用数组名作为参数传递时,无论是实参有变化,还是形参有变化,都会引起实参和形参同时变化,把这样的传递方式叫做"双向的地址传递"。

【例7-8】有一个一维数组 score,内放 10 名学生成绩,求平均成绩。

源程序:

```c
#include "stdio. h"
float average(float array[10])
{
  int i;
  float aver,sum = array[0];
  for(i = 1;i < 10;i + + )
  sum = sum + array[i];
  aver = sum/10;
  return (aver);
}

void main( )
{
  float score[10],aver;
  int i;
  printf("input 10 scores:\n");
  for(i = 0;i < 10;i + + )
      scanf("%f",&score[i]);
  printf ("\n");
  printf("10 scores is:\n");
  for(i = 0;i < 10;i + + )
      printf("%. 2f ",score[i]);
  printf ("\n");
```

```
    aver = average(score);
    printf("average score is %5.2f\n",aver);
}
```

运行结果：

```
input 10 scores：
67.5  89  78.5  98  56  72  85  76  64  87.5   <回车>
10 scores is：
67.50  89.00  78.50  98.00  56.00  72.00  85.00  76.00  64.00  87.50
average score is 77.35
```

对数组名作为函数参数进行如下说明：

(1)用数组名作函数参数，应该在主调函数和被调用函数中分别定义数组。例 7 - 8 中，array 是形参数组名，score 是实参数组名，应分别在主调函数 main 和被调用函数 average 分别定义，不能只在一方定义。

(2)实参数组与形参数组类型应一致，如不一致，结果将出错。

(3)实参数组和形参数组大小可以一致也可以不一致。因为 C 编译器对形参数组大小不做检查，指定形参数组的大小是不起任何作用的，在函数调用时只是将实参数组的首地址传递给形参数组，形参数组名获得了实参数组的首元素的地址，从而使实参数组与形参数组共同占用同一存储单元，具有相同的值。例 7 - 8 中将实参数组 score[10] 的首地址 score 或者 &score[0] 传递给形参数组 array[0]，它们共占同一存储单元，score[n] 和 array[n] 指的是同一单元，score[n] 和 array[n] 具有相同的值。

(4)形参数组可以不指定大小，定义数组时在数组名后面跟一个空的方括号"[ ]"，为了在被调用函数中处理数组元素的需要，可以另设一个参数，传递数组元素的个数。

【例 7 - 9】有两个一维数组 s_1 和 s_2，分别放有 5 个和 10 个学生成绩，分别求出他们的平均成绩。

源程序：

```
#include "stdio.h"
float average(float array[ ],int x)
{
    int i;
    float aver,sum = array[0];
    for(i = 1;i < x;i + +)
        sum = sum + array[i];
    aver = sum/x;
    return (aver);
}
void main()
{
    int i;
    float s_1[5] = {56,78.5,87,95.5,75.5};
```

```
    float s_2[10] = {67.5,89,78.5,98,56,72,85,76,64,87.5};
    printf("s_1 is:\n");
    for(i = 0;i < 5;i + +)
        printf("%.2f ",s_1[i]);
    printf ("\n");
    printf ("the average of class A is %6.2f \n",average(s_1,5));
    printf("s_2 is:\n");
    for(i = 0;i < 10;i + +)
        printf("%.2f ",s_2[i]);
    printf ("\n");
    printf ("the average of class B is %6.2f \n",average(s_2,10));
}
```

运行结果：

```
s_1 is:
56.00   78.50   87.00   95.50   75.50
the average of class A is   78.50
s_2 is:
67.50   89.00   78.50   98.00   56.00   72.00   85.00   76.00   64.00   87.50
the average of class B is   77.35
```

（5）用数组名作函数实参时，不是把数组的值传递给形参，而是把实参数组的首地址传递给形参数组，这样两个数组就共占同一段内存单元。

【例7－10】用选择法对数组中10个整数按由小到大排序。

程序分析：选择法就是让数组中的第一个元素a[0]与后面所有的数组元素比较，将最小的数与a[0]交换；然后再将a[1]到a[9]中最小的数与a[1]对换……这样依次比较下去，每比较一轮，找出一个未经排序的数中最小的一个。共需比较九轮就可以完成排序。

源程序：

```
#include "stdio.h"
void sort(int array[ ],int x)
{
    int i,j,t;
    for(i = 0;i < x - 1;i + +)
    {
        for(j = i + 1;j < x;j + +)
        if(array[i] > array[j])
        {
            t = array[i];
            array[i] = array[j];
            array[j] = t;
        }
```

```
    }
}
void main( )
{
    int a[10],i;
printf("enter the array:\n");
for(i=0;i<10;i++)
    scanf("%d",&a[i]);
printf("the inputed array:\n");
for(i=0;i<10;i++)
    printf ("%5d",a[i]);
    printf("\n");
sort(a,10);
printf("the sorted array:\n");
for(i=0;i<10;i++)
    printf("%5d",a[i]);
    printf("\n");
}
```

运行结果:

```
enter the array:
12 345 67 8904 783 34 76 543 766 6      <回车>
the inputed array:
12   345   67   8904   783   34   76   543   766   6
the sorted array:
6   12   34   67   76   345   543   766   783   8904
```

7.6 函数的嵌套调用

在 C 语言中,函数的定义都是互相平行的,相对独立的。在 Pascal 语言中,允许在定义一个函数时,其函数体内又包含另一个函数的完整定义,这叫做函数的嵌套定义。但在 C 语言中,由于函数的定义是平行的、独立的,因此函数的定义不能嵌套,即一个函数的函数体内不能出现另一个函数的定义形式。

虽然在 C 语言中,函数不能嵌套定义,但函数之间可以嵌套调用,即在调用一个函数的过程中,又出现了调用另一个函数的过程,如图 7 - 4 所示。

图 7 - 4 表示的是两层的函数嵌套调用(包括 main 函数共三层函数),其执行过程如下:

(1)执行 main 函数的函数体开始的部分(定义变量,函数声明等)。

(2)执行到 main 函数中调用函数 x 的函数调用语句时,流程转去函数 x。

(3)执行 x 函数的函数体的开头部分(也有定义变量,函数声明等)。

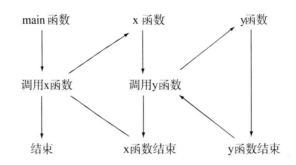

图7-4　函数的嵌套调用

（4）执行到 x 函数中调用 y 函数的函数调用语句时,流程转向函数 y。

（5）执行 y 函数,如果再无其他嵌套调用的函数,则完成函数 y 的全部操作,直到函数 y 结束。

（6）返回到函数 x 中调用函数 y 的位置。

（7）继续执行函数 x 中尚未执行的部分,完成函数 x 的全部操作。直到 x 函数结束。

（8）返回到 main 函数中调用函数 a 的位置。

（9）继续执行 main 函数的剩余部分直到程序结束。

【例7-11】用弦截法求方程 $x^3 - 5x^2 + 16x - 80 = 0$ 的根。

程序分析:按照弦截法求方程根的方法,其步骤为:

（1）取两个不同点 x_1、x_2,如果 $f(x_1)$ 和 $f(x_2)$ 符号相反,则 (x_1, x_2) 区间内必有一个根。如果 $f(x_1)$ 与 $f(x_2)$ 符号相同,则应改变 x_1、x_2,直到对应的函数值 $f(x_1)$、$f(x_2)$ 异号为止。注意 x_1、x_2 的值不应差太大,从而保证 (x_1, x_2) 区间内只有一个根。

（2）连接 $(x_1, f(x_1))$ 和 $(x_2, f(x_2))$ 两点,此线（即弦）交 x 轴于 x 点,如图7-5所示。

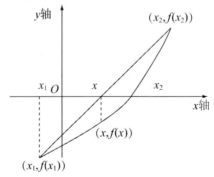

图7-5　弦截法求方程的根

x 点的坐标可用下式求出:

$$x = \frac{x_1 f(x_2) - x_2 f(x_1)}{f(x_2) - f(x_1)}$$

再通过 x 求出 $f(x)$。

（3）若 $f(x)$ 与 $f(x_1)$ 符号相同,则根必在 (x, x_2) 区间内,此时将 x 作为新的 x_1。如果 $f(x)$ 与 $f(x_2)$ 同符号相同,则表示根在 (x_1, x) 区间内,将 x 作为新的 x_2。

（4）重复步骤（2）和（3）,直到 $|f(x)| < 10^{-6}$ 为止,此时认为 $f(x) \approx 0$。

根据上面的分析,可以分别用几个函数来实现各部分功能:

（1）用函数 $f(x)$ 来求 x 的函数: $x^3 - 5x^2 + 16x - 80$。

(2)用函数 xpoint $(x1,x2)$ 来求 $(x_1,f(x_1))$ 和 $(x_2,f(x_2))$ 的连线与 x 轴的交点 x 的坐标。

(3)用函数 root (x_1,x_2) 来求 (x_1,x_2) 区间的实根。显然,执行 root 函数过程中要用到函数 xpoint,而执行 xpoint 函数过程中要用到 f 函数。

源程序:

```
#include "stdio. h"
#include "math. h"
float f( float x )
{
    float y;
    y = ( ( x - 5. 0) * x + 16. 0) * x - 80. 0;
    return y;
}
float xpoint( float x1 ,float x2 )
{
    float y;
    y = ( x1 * f( x2) - x2 * f( x1) )/( f( x2) - f( x1) );
    return ( y);
}

float root( float x1 ,float x2 )
{
    int i;
    float x,y,y1;
    y1 = f( x1);
    do
    {
    x = xpoint( x1 ,x2);
    y = f( x);
    if( y * y1 > 0)  { y1 = y; x1 = x;}
    else      x2 = x;
    } while( fabs( y) > = 0. 000001);
    return ( x);
}

main ( )
{
    float x1 ,x2 ,f1 ,f2 ,x;
    do
    {
```

```
        printf("input x1,x2:\n");
        scanf("%f,%f",&x1,&x2);
        f1 = f(x1);
        f2 = f(x2);
    } while(f1 * f2 > =0);
    x = root(x1,x2);
    printf("A root of equation is %.4f\n",x);
}
```

运行结果：

```
 input x1,x2:
 2,10   <回车>
 A root of equation is 5.0000
```

对程序的作以下几点说明：

（1）在 root 函数中要用到求绝对值的函数 fabs,它的作用是对实型数据求绝对值,它属于数学库函数,因此在文件的开头需要添加语句行：

#include "math.h" 或 #include < math.h >

把使用数学库函数时所需的信息包含进来。

（2）程序从主函数 main 函数开始执行,先执行一个 do…while 循环语句,其作用是通过输入的两个值 x1 与 x2,求得对应的 f(x1)与 f(x2)的值,并判断 f(x1)与 f(x2)是否异号。如果不是异号,则要求重新输入 x1 与 x2,直到满足 f(x1)与 f(x2)异号为止;然后调用函数 root 求根 x,调用 root 函数中,又要调用 xpoint 函数来求点(x1,f(x1))与点(x2,f(x2))之间的连线与 x 轴的交点 x;在调用 xpoint 函数过程中又要用到函数 f 来求 x1 和 x2 相对应的函数值 f(x1)和 f(x2)。这就是这个程序大致的运行情况,主要是通过函数的嵌套调用来完成的。

（3）在定义函数时,函数 f、xpoint、root 都定义为 float 型,它们是相互独立的,不存在函数的嵌套定义,也不存在函数之间的互相从属。

（4）3 个被调用的函数均在调用它的函数之前定义,因此不必对这 3 个函数声明。例如：在 main 函数中要调用 f 函数和 root 函数,而 f 函数和 root 函数的定义均在 main 函数之前;在 root 函数中要调用 f 函数和 xpoint 函数,而 f 函数和 xpoint 函数的定义均在 root 函数之前;在 xpoint 函数中要调用 f 函数,而 f 函数的定义在 xpoint 函数之前,因此都不需要在主调函数中去声明被调用的函数,声明可以省略。

【例7-12】计算 $s = 2^2! + 3^2! + 4^2!$

程序分析：本程序可编写两个函数,一个用来实现计算平方值的函数 s1,另一个用来实现计算阶乘值的函数 s2。主函数先调用 s1 计算出平方值,然后再在函数 s1 中以平方值为实参,调用函数 s2 计算其阶乘值,计算完阶乘后返回函数 s1,然后再返回主函数 main 中,在循环结构中完成累加和的求解。

源程序：

#include "stdio.h"

```
long s2(int q)
{
    long c = 1;
    int i;
    for(i = 1; i < = q; i + +)
    c = c * i;
    return c;
}
long s1(int p)
{
    int k;
    long r;
    k = p * p;
    r = s2(k);
    return r;
}
main()
{
    int i;
    long s = 0;
    for (i = 2; i < = 4; i + +)
    s = s + s1(i);
    printf(" \ns = % ld\n",s);
}
```

运行结果：

s = 2004552088

对程序进行以下几点说明：

（1）在程序中，定义了两个函数 s1 和 s2，其类型均为长整型，由于被调用函数都在主调函数之前定义，故不必再在主函数 main 中对函数 s1 和函数 s2 加以声明，在函数 s1 中不必对函数 s2 加以声明。

（2）在主函数 main 中，通过 for 循环语句依次把 i 值作为实参调用函数 s1 从而求得 i^2 的值。在 s1 中又以 i^2 的值作为实参去调用函数 s2，在 s2 中完成求 $i^2!$ 的计算。在函数 s2 执行完毕全部语句后，通过 return 语句将函数返回值 c（即 $i^2!$ 的值）带回到函数 s1，再由函数 s1 执行完相应操作后，返回到主函数，然后实现累加求和。由于此题数值很大，所以函数和一些变量的类型都说明为长整型，否则会造成计算错误。读者可以考虑一下，如果是求 $3^2! + 4^2! + 5^2!$，通过【例 7 - 12】结果该是多少？

7.7 函数的递归调用

在前一节里,介绍了在调用一个函数的过程中,又出现了调用另一个函数的过程,那是不同函数之间的嵌套调用。既然不同函数之间可以相互调用,那么函数可以调用函数自己本身吗? 答案当然是肯定的。在 C 语言的程序中,在调用一个函数的过程中又出现直接或间接地调用该函数本身的函数调用形式,称之为函数的递归调用。函数的递归调用是 C 语言的特点之一,在其他语言中一般没有函数的递归调用。

在函数的递归调用中,主调函数又是被调函数。执行递归函数将反复调用其自身,每调用一次就进入新的一层。

例如有函数 f 如下:

```c
int f( int x)
{
    int y,z;
    z = f( y);
    return z;
}
```

显然,这个函数就是一个递归函数。但是运行该函数将无休止地调用其自身,这当然是不正确的。为了防止函数在递归调用过程中无休止地进行,必须在函数内添加促使递归调用结束的手段。通常终止递归调用结束的办法是加上 if 语句实现相应的条件判断,满足某种条件后就不再作递归调用,然后逐层返回。

【例 7 - 13】有五个人坐在一起,问第五个人多少岁? 他说比第四个人大三岁。问第四个人岁数,他说比第三个人大三岁。问第三个人,又说比第二个人大三岁。问第二个人,说比第一个人大三岁。最后问第一个人,他说是 20 岁。请问第五个人多大?

程序分析:很明显,这是一个递归问题。要知道第五个人的年龄,就必须先知道第四个人的年龄,而第四个人的年龄也不知道,第四个人的年龄取决于第三个人的年龄,而第三个人的年龄又取决于第二个人的年龄,第二个人的年龄取决于第一个人的年龄。而且每一个人的年龄都比其前一个人的年龄大三岁。可以用下面的式子表示:

$age(5) = age(4) + 3$

$age(4) = age(3) + 3$

$age(3) = age(2) + 3$

$age(2) = age(1) + 3$

$age(1) = 20$

根据上面式子的特点,可以归纳总结为两种情况:

$$\begin{cases} age(n) = 20 & (n = 1) \\ age(n-1) + 3 & (n > 1) \end{cases}$$

可以看到,当 $n > 1$ 时,求第 n 个人的年龄公式是一致的。因此可以用一个函数表示上述关系。求第五个人年龄的过程如图 7 - 6 所示。

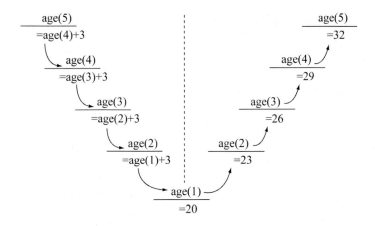

图7-6 例7-6递归调用问题求解过程

有了上述分析,我们就可以利用函数递归调用的方法实现该程序。

源程序:

```
#include "stdio. h"
age（int n）
{ int s;
    if( n = =1) s =20;
    else s = age( n - 1) +3;
    return（s）;
}


main( )
{
    printf（"他的年龄是%d 岁\n",age（5））;
}
```

运行结果:

他的年龄是32 岁

【例7-14】用递归方法求 $n!$ 。

程序分析:求 $n!$ 可以使用递推方法,即从1 开始,乘2,再乘3……一直乘到 n 。递推法的特点是从一个已知的事实出发,按一定规律推出下一个事实,再从这个新的已知的事实出发,再向下推出一个新的事实,……,这是和递归不同的。

求 $n!$ 也可以用递归方法,即5! 等于4! ×5,而4! =3! ×4,…,1! =1。接下来按题目的要求,我们使用递归法来求解。

源程序:

```
#include "stdio. h"


long fac( int n)
{
    long x;
```

```
    if (n<0) printf("n<0,输入数据错误!");
    else if(n= =0||n= =1) x=1;
    else x=fac (n−1)∗n;
    return (x);
  }


main( )
  {
    int n;
    long y;
    printf ("请输入一个整数:\n");
    scanf("%d",&n);
    y=fac(n);
    printf ("%d! =%ld\n", n, y);
  }
```

运行结果:

> 请输入一个整数:
>
> 10   <回车>
>
> 10! =3628800

通过上面两个典型的程序,不难看出函数递归调用的优势,只要找到了程序中的规律,就可以通过 if…else 的方式利用函数的递归调用解决相应的问题。递归调用的过程一般分为两个阶段:

(1)递推阶段。将原问题不断地分解为新的子问题,组建从未知的向已知的方向推测,最终达到已知的条件,即递归结束条件。如图 7−6 的左半部分所示。

(2)回归阶段:从已知条件出发,按照"递推"的逆过程,逐一求值回归,最终达到"递推"的开始处,结束回归阶段,完成递归调用。如图 7−6 的右半部分所示。

接下来,用函数的递归调用解决一个古典的数学问题——Hanoi 塔(汉诺塔)问题。

【例 7−15】Hanoi 塔(汉诺塔)问题。这是一个古典的数学问题,是一个只有用递归方法(而不可能用其他方法)解决的问题。问题是这样的:一块板上有三根针,A,B,C,A 针上套有 64 个大小不等的圆盘,大的在下,小的在上,如图 7−7 所示。要把这 64 个圆盘从 A 针移到 C 针上,每次只能移动一个圆盘,移动可以借助 B 针进行。但在任何时候,任何针上的圆盘都必须保持大盘在下,小盘在上。求移动的步骤。

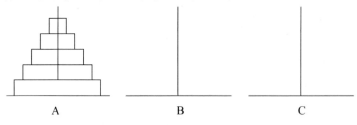

图 7−7 **Hanoi 塔问题**

程序分析：

设 A 上有 n 个盘子。

情况一：如果 $n=1$，则将圆盘从 A 直接移动到 C。

情况二：如果 $n=2$，则：

(1)将 A 上的 $n-1$(等于 1)个圆盘移到 B 上。

(2)再将 A 上的一个圆盘移到 C 上。

(3)最后将 B 上的 $n-1$(等于 1)个圆盘移到 C 上。

情况三：如果 $n=3$，则：

(1)将 A 上的 $n-1$(等于 2,令其为 n')个圆盘移到 B(借助于 C)，步骤如下：

1)将 A 上的 $n'-1$(等于 1)个圆盘移到 C 上。

2)将 A 上的一个圆盘移到 B。

3)将 C 上的 $n'-1$(等于 1)个圆盘移到 B。

(2)将 A 上的一个圆盘移到 C。

(3)将 B 上的 $n-1$(等于 2,令其为 n')个圆盘移到 C(借助 A)，步骤如下：

1)将 B 上的 $n'-1$(等于 1)个圆盘移到 A。

2)将 B 上的一个盘子移到 C。

3)将 A 上的 $n'-1$(等于 1)个圆盘移到 C。

到此，完成了三个圆盘的移动过程。

从上面的分析可以看出，当 n 大于等于 2 时，移动的过程可分解为三个步骤：

第一步，把 A 上的 $n-1$ 个圆盘移到 B 上。

第二步，把 A 上的一个圆盘移到 C 上。

第三步，把 B 上的 $n-1$ 个圆盘移到 C 上，其中第一步和第三步是类同的。

当 $n=3$ 时，第一步和第三步又分解为类同的三步，即把 $n-1$ 个圆盘从一个针移到另一个针上，这里的 $n=n-1$。显然这是一个递归过程，据此就可以编程实现。

源程序：

```c
#include "stdio. h"
void hanoi(int n, char one, char two, char three)
{
    if(n = =1) printf("%c-->%c\n", one, three);
    else
    {
        hanoi(n-1,one,three,two);
        printf("%c-->%c\n", one, three);
        hanoi(n-1,two,one,three);}
}

main( )
{ int m;
    printf("input the number of disks:\n");
    scanf ("%d",&m);
```

```
        printf("The step to moving %d diskes：\n",m);
        hanoi(m,'A','B','C');
}
```

运行结果：

```
input the number of disks：
4 < >
The step to moving 4 disks：
A － － > B
A － － > C
B － － > C
A － － > B
C － － > A
C － － > B
A － － > B
A － － > C
B － － > C
B － － > A
C － － > A
B － － > C
A － － > B
A － － > C
B － － > C
```

从程序中可以看出，hanoi 函数是一个递归函数，它有四个形参 n,one,two,three。n 表示圆盘数,one,two,three 分别表示三根针。hanoi 函数的功能是把 one 上的 n 个圆盘移动到 three 上。当 n = =1 时,直接把 one 上的圆盘移至 three 上,输出 one － － > three。如 n！ =1 则分为三步:递归调用 move 函数,把 n -1 个圆盘从 one 移到 two;输出 one － － > three;递归调用 move 函数,把 n -1 个圆盘从 two 移到 three。在递归调用过程中 n = n -1,故 n 的值逐次递减,最后 n =1 时,终止递归,逐层返回。

7.8 变量的作用域、生存期和存储类别

在 C 语言中,变量的作用域是指变量在程序中的有效作用范围。从变量的作用域(变量的有效范围,可见性)角度来分,可以分为局部变量和全局变量。

在 C 语言中,变量的生存期是指变量在程序中的存在时间。从变量存在的时间长短(即变量的生存期)来划分,变量还可以分为静态存储变量和动态存储变量。

7.8.1 局部变量和全局变量

在 C 语言中,从变量的作用域角度来分,可以分为局部变量和全局变量。

1. 局部变量

局部变量是指只在程序中一定范围内有效的变量。在一个函数的内部定义的变量都属于函数的内部变量,它只在本函数范围内有效,也就是说只有在本函数内才能使用它们,在此函数以外的其他地方是不能使用这些变量的,通常把这些内部变量称为"局部变量"。

```
float f1( int   x)
{int y, z;
    ……                    ⎫
                          ⎬  x、y、z 有效
}                         ⎭

int f2( int a, int b)
{int c1,c2;
    ……                    ⎫
                          ⎬  a、b、c1、c2 有效
}                         ⎭

main ( )
{int a1 , a2;
    ……                    ⎫
                          ⎬  a1、a2 有效
}                         ⎭
```

对局部变量作以下几点说明:

(1)主函数 main 中定义的变量(a1,a2)也只在主函数中有效,不因为在主函数中定义而在整个文件或程序中有效。同时,主函数也不能使用其他函数中定义的变量。因此,即使在主函数中定义的变量,也不具任何"特权"。

(2)在不同函数中可以使用相同名字的变量,而同名的变量由于所在的程序区域不一样,它们代表不同的对象,互不干扰,各尽各职。例如:

```
float f1( int x)
{
  float y, z;        /＊此处的 y,z 为 float 型变量,只在函数 f1 起作用＊/
    ……
}
int f2( int a , int b)
{
  int y, z;          /＊此处的 y,z 为 int 变量,只在函数 f2 起作用＊/
    ……
}
main ( )
{
  int y, z;          /＊此处的 y,z 为 int 变量,只在函数 main 起作用＊/
    ……
}
```

在函数 f1、f2 和 main 中都有变量 y、z 的出现,但是每个函数中的 y、z 由于是局部变量,因此只在所属函数内部起作用,而对其他函数没有任何干扰,在不同函数内部,不仅可以同名,还可以类型相同。

（3）在一个函数的内部,可以在复合语句中增加定义变量的语句,在复合语句中定义的变量只在本复合语句中有效,通常把这样的复合语句称为"分程序"或"程序块"。例如:

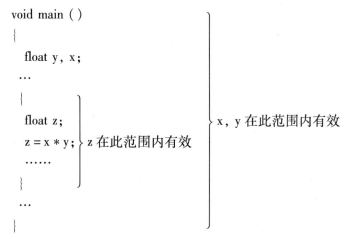

```
void main ( )
{
    float y, x;
    ...
    {
        float z;
        z = x * y;   } z 在此范围内有效
        ......
    }
    ...
}                    } x, y 在此范围内有效
```

变量 z 只在复合语句内有效,离开对应的复合语句,该变量就失效,并释放相应的内存单元。

（4）归纳总结,在 C 语言中,局部变量一般包括:

①在函数体内定义的变量,只在本函数的范围内有效,变量的作用域仅局限在函数体内。

②在复合语句内定义的变量,只在本复合语句范围内有效,变量作用域仅局限于复合语句内。

③有参函数的形式参数也是局部变量,只在其对应的函数范围内有效。

2. 全局变量

全局变量是指在函数之外定义的变量。在函数内定义的变量是局部变量（也称内部变量）,在函数之外（所有函数之前,各个函数之间,所有函数之后）定义的变量就是全局变量（也称外部变量）。全局变量可以为本文件中的其他函数共同使用。它的有效范围为从定义该全局变量的所在位置开始,到本源文件结束为止。

```
int c1 = 10 ; c2 = 20；   ／＊外部变量＊／
float f1 ( x )
int x；
{ int y,z；
    …}
int a1,a2；        ／＊外部变量＊／
char f2 ( int a,int b )
    { int m,k；
        …}
main ( )
    { int i,j,
        … }
```

全局变量 a1、a2 的作用范围。

全局变量 c1、c2 的作用范围。

c1、c2、a1、a2 都是全局变量,但它们的作用范围各不相同,在 main 函数和 f2 函数中可以使用全局变量 c1、c2、a1、a2,而在函数 f1 中只能使用全局变量 c1 和 c2,而不能使用 a1 和 a2。

在一个函数中既可以使用本函数中的局部变量,又可以使用有效的全局变量。就好比国家有统一的法律和法规,各个省、自治区、直辖市还可以根据自身情况制定地方的法律和法规。在 A 地区,国家的法律法规和 A 地区的法律法规都是有效的;在 B 地区,国家的法律法规和 B 地区的法律法规都是有效的;而 A 地区的法律法规在 B 地区以及 B 地区的法律法规在 A 地区都是无效的。

对全局变量的使用,作以下几点说明:

(1)全局变量的作用是增加函数间数据的联系渠道。由于通过函数调用,使用 return 语句只能带回一个函数返回值,因此有时需要设置全局变量从函数中带回一个以上的返回值。

【例 7 - 16】有一个一维数组,内放 10 个学生成绩,写一个函数,求出平均分,最高分和最低分。

源程序:

```c
#include "stdio. h"
int Max = 0, Min = 0;
float average(int array[ ], int n)
{
  int i;
  float aver, sum = 0;
  Max = Min = array[0];
  for(i = 0; i < n; i + +)
  {
    if (array[i] > Max)   Max = array[i];
    if (array[i] < Min)   Min = array[i];
    sum = sum + array[i];
}
aver = sum/n;
return (aver);
}

main( )
{
  int i, score[10];
  float ave;
  printf("请输入十个整数:\n");
  for(i = 0; i < 10; i + +)
      scanf("%d", &score[i]);
  printf("输入的十个整数它们是:\n");
  for(i = 0; i < 10; i + +)
      printf("% -3d", score[i]);
  printf("\n");
  ave = average(score, 10);
```

```
        printf("最大值是%d\n 最小值是%d\n 平均值是%.2f\n",Max,Min,ave);
   }
```

运行结果:

```
请输入十个整数:
70 80 90 95 75 87 65 89 79 66    <回车>
输入的十个整数它们是:
70 80 90 95 75 87 65 89 79 66
最大值是 95
最小值是 65
平均值是 79.60
```

程序中的 Max 和 Min 是全局变量,是公用的,它们的值可以供各函数使用,如果在一个函数中,改变了它们的值,在其他函数中也可以使用这个已改变的值。由此看出,可以利用全局变量以减少函数实参与形参的个数,从而减少内存空间以及传递数据时的时间消耗。

(2)为了便于区别全局变量和局部变量,在 C 程序设计人员中有一个不成文的约定,将全局变量名的第一个字母用大写表示。当然也可以不把第一个字母用大写表示,因为这只是一个约定而已。如例 7-16 中的全局变量 Max 和 Min。

(3)建议不在必要时不要使用全局变量,因为:

①全局变量在程序的整个执行过程中都要占用存储单元,而不是在需要时才开辟单元,因此会耗费大量的存储空间。

②全局变量使函数的通用性降低了,因为函数在执行时要依赖于其所在的外部变量。如果一个函数转移到另一个文件中,则需要将相关的外部变量及其值一起转移过去。但若该外部变量与其他文件的变量同名时,就会出现问题,从而降低了程序的可靠性和通用性。一般要求把 C 程序中的函数做成一个封闭体,除了可以通过"实参—形参"的渠道与外界发生联系外,没有其他渠道。这样的程序移植性好,可读性强。

③使用全局变量过多,会降低程序的清晰性,往往难以清楚地判断出各个外部变量的每个时刻的值。

(4)需要特别强调的是:如果在同一个源文件中,全局变量与局部变量同名,则在局部变量的作用范围内、全局变量被"屏蔽",即它不起作用,也就是说,局部变量与全局变量在函数内部发生冲突时,局部变量起作用,全局变量不起作用。

【例 7-17】全局变量与局部变量同名的情况。

源程序:

```
#include "stdio.h"
int x=10,y=20;                    /* x,y 为全局变量 */

main()
{
    int min(int x,int y);          /* 本行是函数声明,x,y 为形参名 */
    int x=30;                      /* x 为局部变量 */
    printf("%d\n",min(x,y));       /* 此处 x 为局部变量,y 为全局变量 */
```

```
    }
min(int x,int y)                          /* x,y 为局部变量 */
    {
       int z;
       z = x < y? x:y;
       return (z);
    }
```

运行结果：

20

7.8.2 变量的存在性和可见性

1.静态存储区和动态存储区

在 C 语言中,从变量值存在的时间(即生存期)角度来分,可以分为静态存储方式和动态存储方式。所谓静态存储方式是指在程序运行期间分配固定的存储空间的方式。所谓动态存储方式则是在程序运行期间根据需要进行动态的分配存储空间的方式。

2.静态存储方式和动态存储方式

在计算机中,内存提供给用户使用的存储空间可以分为三部分,如图 7-8 所示。

(1)程序区。

(2)静态存储区。

(3)动态存储区。

数据分别存放在静态存储区和动态存储区中。全局变量全部存放在静态存储区中。在动态存储区中存放以下数据:

(1)函数形式参数。在调用函数时给形参分配存储空间。

(2)自动变量(如后面讲述的 static 声明的局部变量)。

图 7-8　用户存储空间示意图

(3)函数调用时的现场保护和返回地址等。

对以上这些数据,在函数调用开始时分配动态存储空间,函数结束时释放这些空间。在程序执行过程中,这种分配和释放是动态的,如果在一个程序中两次调用同一函数,分配给此函数中局部变量的存储空间地址可能是不相同的。如果一个程序包含若干个函数,每个函数中的局部变量的生存期并不等于整个程序的执行周期,它只是程序执行周期的一部分。根据函数调用的需要,动态地分配和释放存储空间。

7.8.3 变量的存储类型

在 C 语言中,每一个变量和函数都有两个属性:数据类型和数据的存储类别。数据的类型数据的类型在前面的项目中已经介绍了。存储类别指的是数据在内存中存储的方法。存储方法分为两大类:静态存储类和动态存储类。具体包含四种:自动变量(auto)、静态变量(static)、寄存器变量(register)与外部变量(extern)。

1. auto 变量

函数中的局部变量,如不专门声明为 static 存储类别,数据都存储在动态存储区中,都是动态地分配存储空间的。函数中的形参和在函数中定义的变量(包括在复合语句中定义的变量),都属于此种类型,在调用该函数时系统会给它们分配存储空间,函数调用结束时又会自动释放这些存储空间。因此这类局部变量称为自动变量。自动变量用关键字 auto 作存储类别的声明。例如:

```
float f1( int x)          /*定义 f1 函数,x 为形参*/
{
    auto float y, z;       /*定义 y, z 为自动变量*/
    ……
}
```

调用完函数 f1 后,自动释放 x、y、z 所占的存储单元。

在 C 语言中,关键字"auto"可以省略,而且通常都是省略的,auto 不写则隐含确定为"自动存储类别",它属于动态存储方式。程序中大多数变量属于自动变量。则 f1 函数中的:

```
auto float y, z;
```

与

```
float y, z;
```

完全等价。

2. static 变量

(1)用 static 声明局部变量。

在实际编程中,有时希望调用函数后其局部变量的值不消失而保留其中的数据,即调用完函数后其局部变量占用的存储单元不释放,在下一次该函数调用时,局部变量已有值,就是上一次函数调用结束时的值。这时应指定该局部变量为"静态局部变量",用关键字 static 进行声明。

【例 7 – 18】考察静态局部变量的值。

源程序:

```
#include "stdio. h"
int s( int x)
{
    auto int y = 1;
    static int z = 3;
    y = y + 1;
    z = z + 1;0return ( x + y + z);
}


main( )
{
```

```
    int x = 7,i;
    for(i = 0;i < 3;i + +)
        printf("%d ",s(x));
    printf("\n");
}
```

运行结果：

13 14 15

在第一次调用 s 函数时，y 的初值为 1，z 的初值为 3，第一次调用结束时，y = 2，z = 4，x + y + z = 13，由于 z 是静态局部变量，在函数调用结束后，它不释放调用的空间，仍占用空间，其值保持 4 不变；在第二次调用 s 函数时，y 的初值为 1，而 z 的初值变为了 4，第二次调用结束时，y = 2，z = 5，x + y + z = 14；在第三次调用 s 函数时，y 的初值为 1，而 z 的初值变为了 5，第二次调用结束时，y = 2，z = 6，x + y + z = 15。

对静态局部变量的使用作以下几点说明：

①静态局部变量属于静态存储类别，在静态存储区内分配存储单元。在程序整个运行期间都不释放。而自动变量（即动态局部变量）属于动态存储类别，占动态存储区空间而不占静态存储区空间，函数调用结束后即释放。

②静态局部变量是在编译时赋初值的，即只赋初值一次，在程序运行时它已有初值。而对自动变量赋初值，不是在编译时进行的，而是在函数调用时进行，每调用一次函数重新赋予一次初值，相当于执行一次赋值语句。

③对静态局部变量来说，如在定义局部变量时不赋予初值，编译时将自动赋初值 0（对数值型变量）或空字符（对字符变量）。而对自动变量来说，如果不赋予初值，则它的值是一个不确定的值。

④虽然静态局部变量在函数调用结束后仍然存在，但其他函数不能引用它。

⑤在以下情况下一般需要用到局部静态变量。

情况一：需要保留函数上一次调用结束时的值。

【例 7 - 19】分别输出 1 到 6 的阶乘。

源程序：

```
#include "stdio. h"
int fac(int n)
{
    static int m = 1;
    m = m * n;
    return m;
}

main()
{
    int k;
    for (k = 1;k < = 6;k + +)
```

```
        printf("%d!  = %d\n",k,fac(k));
    }
```

运行结果：

```
    1!  = 1
    2!  = 2
    3!  = 6
    4!  = 24
    5!  = 120
    6!  = 720
```

情况二：如果初始化后，变量只被引用而不改变其值，则这时用静态局部变量比较方便，以免每次调用时重新赋值。应注意的是，用静态存储要多占内存，而且降低了程序的可读性，当调用次数多时往往弄不清静态局部变量的当前值是什么。

（2）用 static 声明外部变量。

有时在程序设计中希望某些外部变量只限于被本文件引用，而不能被其他文件引用。这时可以在定义外部变量时加一个 static 声明。例如：

```
file1. c                    file2. c
static int a1;              extern int a1;
main ( )                    fun (int n)
{                           {    …
    …                           a1 = a1 * n;
                                …
}                           }
```

3. register 变量

为了提高程序的执行效率，C 语言允许将局部变量的值放在 CPU 中的寄存器中，需要用时直接从寄存器取出参加运算，不必再到内存中去存取。由于对寄存器的存取速度远高于对内存的存取速度，因此这样做可以提高执行效率。这种变量叫做"寄存器变量"，用关键字 register 作声明。例如：

```
int fac(int n)
{
    register int k,m = 1;
    for(k =1;k < =n;k + +)
        m = m * k;
    return m;
}
main ( )
{
    int k;
    for ( k =1;k < =5;k + + )
    printf ("%d!  = %d\n",k, fac(k));
}
```

对寄存器变量的使用做以下几点说明：

①只有局部自动变量和形式参数可以作为寄存器变量，其他的变量则不行。在调用一个函数时，占用一些寄存器以存放寄存器变量的值，函数调用结束就释放占用的寄存器。此后，在调用另一个函数时，又可以利用寄存器来存放另一个函数的寄存器变量。

②一个计算机系统中的寄存器数目是有限的，不能定义任意多个寄存器变量。

③局部静态变量不能定义为寄存器变量。不能写成

register static int x,y,z;

不能把 x,y,z 既放在静态存储区中，又放在寄存器中，二者只能选其一。对于一个变量，只能声明为一种存储类别，而不能是两种或两种以上的存储类别。

4. extern 变量

(1)在一个文件内声明外部变量。

如果一个外部变量不在文件的开头定义，其有效的作用范围只限于从该外部变量定义位置开始到文件结束为止。如果在外部变量定义位置之前的函数想引用该外部变量，则应该在引用之前用关键字 extern 对该变量作"外部变量声明"，表示该变量是一个已定义的外部变量。进行了外部变量声明后，方可以使用该外部变量。

【例 7-20】用 extern 声明外部变量，扩展程序文件中的作用域。

源程序：

```
#include "stdio. h"
main( )
{ int min( int a,int b) ;
  extern X,Y;                      /* 外部变量声明 */
  printf( "% d\n" ,min( X,Y) ) ;
}


int X = 10,Y = 20;                 /* 定义外部变量 */
int min( int a,int b)              /* 定义 min 函数 */
{
  int c;
  c = a < b? a:b;
  return c;
}
```

运行结果：

10

(2)在多文件的程序中声明外部变量。

如果一个 C 语言程序包含两个文件，在两个文件中都要用到同一个外部变量 Nu，不能分别在两个文件中分别定义一个外部变量 Nu，否则在进行程序的连接时就会出现"重复定义"的语法错误。正确的做法是：在任意一个文件中定义外部变量 Nu，而在另一文件中用 extern 对 Nu 作"外部变量声明"即可。

【例 7-21】从键盘输入 a 和 m，通过给定的变量 b 的值，求 $a \times b$ 和 am 的值。要求用

extern 将外部变量的作用域扩展到其他文件实现。

源程序：

文件 file1. c 中的内容为：

```
#include "stdio. h"
int A;                  / * 定义外部变量 * /
main( )
{
  int power(int);       / * 对调用函数作声明 * /
  int b = 3, c, d, m;
  printf("enter the number a and its power m:\n");
  scanf("% d,% d",&A,&m);
  c = A * b;
  printf("% d * * % d = % d\n",A,b,c);
  d = power(m);
  printf("% d * % d = % d",A,m,d);
}
```

文件 file2. c 中的内容为：

```
extern A;               / * 声明 A 为一个已定义的外部变量 * /
power(int n)
{int i, y = 1;
  for(i = 1;i < = n;i + +)
      y * = A;
  return y;
}
```

运行结果：

```
enter the number a and its power m:
4,3
4 乘以 3 等于 12
4 的 3 此方等于 64
```

可以看到,file2. c 文件中的开头有一个 extern 声明,它声明在本文件中出现的变量 A 是一个已在其他文件中定义过的外部变量,本文件不必再次为它分配内存,这就是跨文件的外部变量的使用。

这样使用其他文件的外部变量比较方便,但是用这样的全局变量应谨慎,因为在执行一个文件中的函数时,可能会改变了该全局变量的值,从而会影响到另一个文件中的函数执行结果。

【例 7 - 22】写两个函数,分别求两个整数的最大公约数和最小公倍数,用主函数调用这两个函数,并输出结果,两个整数由键盘输入。

源程序:

```
#include "stdio. h"
int hcf(int u,int v)
{int t,r;
  if(v > u)
  {
   t = u;
   u = v;
   v = t;
  }
  while((r = u% v)!  =0)
   {u = v;
    v = r;
   }
   return(v);
  }


int lcd(int u,int v,int h)
{
   return (u * v/h);
}


main ( )
{int u,v,h,l;
  scanf("% d,% d",&u,&v);
  h = hcf(u,v);
  printf("% d 与% d 的最大公约数为% d\n",u,v,h);
  l = lcd(u,v,h);
  printf("% d 与% d 的最小公倍数为% d\n",u,v,l);
}
```

运行结果:

```
4,6
4 与 6 的最大公约数为 2
4 与 6 的最小公倍数为 12
```

【例 7 - 23】求方程 $ax^2 + 6x + c = 0$ 的根,用三个函数分别求当 $b^2 - 4ac$ 大于 0、等于 0

和小于 0 时的根,并输出结果。从主函数输入 a、b、c 的值。

源程序:

```c
#include "stdio. h"
#include "math. h"
float x1,x2,disc,p,q;
greater_than_zero(float a,float b)
{
    x1 = ( -b + sqrt( disc ) )/( 2 * a) ;
    x2 = ( -b - sqrt( disc ) )/( 2 * a) ;
}
equal_to_zero(float a,float b)
{
    x1 = x2 = ( -b)/( 2 * a) ;
}
smaller_than_zero(float a,float b)
{
    p = -b/( 2 * a) ;
    q = sqrt( disc )/( 2 * a) ;
}
main( )
{
    float a,b,c;
    printf( "\nInput a,b,c:\n" ) ;
    scanf( "%f,%f,%f",&a,&b,&c ) ;
    printf( "equation:\n%. 2f * x * x + %. 2f * x + %. 2f = 0\n",a,b,c ) ;
    disc = b * b - 4 * a * c;
    printf( "root:\n" ) ;
    if ( disc > 0)
    { greater_than_zero( a,b) ;
      printf( "x1 = %. 2f\tx2 = %. 2f\n\n",x1,x2 ) ;
    }
    else if( disc = = 0)
    { equal_to_zero( a,b) ;
      printf( "x1 = %5. 2f\tx2 = %5. 2\n\n",x1,x2 ) ;
    }
    else
    { smaller_than_zero( a,b) ;
      printf( "x1 = %. 2f + %. 2fi\nx2 = %. 2 - %. 2fi\n",p,q,p,q ) ;
    }
}
```

运行结果:

```
Input a,b,c:
1,5,2
equation:
1.00 * x * x + 5.00 * x + 2.00 = 0
root:
x1 = -0.44    x2 = -4.56
```

【例 7 -24】编写一个判断素数的函数,在主函数输入一个整数,输出是否素数的信息。

解题思路:判断素数的方法:用这个数分别去除 2 到 sqrt(这个数)或这个数的一半,如果能被整除,则表明此数不是素数,反之是素数。

源程序:

```
#include "stdio. h"
#include "math. h"
main( )
{
  int prime( int) ;
  printf( " \n" ) ;
  int n;
  printf( " \ninput an integer: " )
      scanf( "% d" ,&n) ;
  if( prime( n) )
      printf( " \n % d is a prime. \n" ) ;
  else
      printf( " \n % d is not a prime. \n" ) ;
}


int prime( int n)
{
  int flag = 1 ,i;
  for( i = 2 ;i < n/2&&flag = = 1 ;i + + )
  if( n% i = = 0)
  flag = 0;
  return( flag) ;
}
```

运行结果:

```
input an integer:17     <回车>
17 is a prime
input an integer:25     <回车>
25 is not a prime
```

【例7-25】编写一个函数,使给定的一个二维数组(3×3)转置,即行列互换。

解题思路:解决数组转置,关键就是行标和列标交换,此题利用调用 convert 函数,实现行标与列标的互换,也减少程序的复杂性。

源程序:

```
#include "stdio. h"
#define N 3
int array[N][N];
void main()
{
  void convert(int array[ ][3]);
  int i,j;
  printf("input array:\n");
  for(i =0;i < N;i + +)
  {
    for(j =0;j < N;j + +)
    scanf("% d",&array[i][j]);
    printf("\noriginal array:\n");
  }
  for(i =0;i < N;i + +)
  {
    for(j =0;j < N;j + +)
    printf ("%5d",array[i][j]);
    printf("\n");
  }
  convert(array);
  printf("convert array:\n");
  for(i =0;i < N;i + +)
  {
    for(j =0;j < N;j + +)
    printf ("%5d",array[i][j]);
    printf("\n");
  }
}
void convert(int array[ ][3])
{
  int i,j,t;
  for(i =0;i < N;i + +)
  for(j =i +1;j < N;j + +)
  { t = array[i][j];
    array[i][j] = array[j][i];
```

```
      array[j][i] = t;
    }
}
```

运行结果：

```
input array：
1 2 3 4 5 6 7 8 9        <回车>
original array：
1   2   3
4   5   6
7   8   9
convert array：
1   4   7
2   5   8
3   6   9
```

【例7-26】编写几个函数。(1)输入10名职工的姓名和职工号；(2)按职工号由小到大排序，姓名顺序也随之调整；(3)要求输入一个职工号，用折半查找法找出该职工的姓名。从主函数输入要查找的职工号，输出该职工姓名。

解题思路：input 函数是完成10名职工的数据录入。sort 函数的作用是选择法排序。search 函数的作用是用折半查找的方法找出指定职工号的职工姓名，其查找的方法是先找出居中的数，然后将要查找的数与居中值比较，若此数比居中值大，则在居中值之后，反之则在前，从而将查找范围缩小为一半。

源程序：

```
#include" stdio. h"
#include" string. h"
#define N 10
void main( )
{
    void input(int[],char name[][8]);
    void sort(int[],char name[][8]);
    void search(int,int[],char name[][8]);
    int num[N],number,flag = 1,c;
    char name[N][8];
    input(num,name);
    sort(num,name);
    while(flag = =1)
    {
        printf(" \ninput number to look for：");
        scanf(" % d",&number);
        search(number,num,name);
```

```
        printf("continue or not(Y/N)?");
        getchar();
        c = getchar();
        if(c=='N'||c=='n')
            flag=0;
        }
    }
void input(int num[],char name[N][8])              /*输入数据的函数*/
    {
    int i;
    for(i=0;i<N;i++)
        {
        printf("\ninput No. :");
        scanf("%d",&num[i]);
        printf("input name:");
        getchar();
        gets(name[i]);
        }
    }
void sort(int num[],char name[N][8])              /*排序的函数*/
    {
    int i,j,min,temp1;
    char temp2[8];
    for(i=0;i<N-1;i++)
        {
        min=i;
        for(j=i;j<N;j++)
            if(num[min]>num[j]) min=j;
            temp1=num[i];
            strcpy(temp2,name[i]);
            num[i]=num[min];
            strcpy(name[i],name[min]);
            num[min]=temp1;
            strcpy(name[min],temp2);
        }
    printf("\n result:\n");
    for(i=0;i<N;i++)
        printf("\n %5d%10s",num[i],name[i]);
    }
void search(int n,int num[],char name[N][8])      /*折半查找的函数*/
```

```
{
    int top, bott, mid, loca, sign;
    top = 0;
    bott = N - 1;
    loca = 0;
    sign = 1;
    if( ( n < num[0] ) || ( n > num[N - 1] ) )
            loca = -1;
    while( ( sign == 1 ) && ( top <= bott ) )
    {
                mid = ( bott + top )/2;
                if( n == num[mid] )
                {
                        loca = mid;
                        printf("No. %d, his name is %s. \n", n, name[loca]);
                        sign = -1;
                }
        else if( n < num[mid] )
            bott = mid - 1;
        else
            top = mid + 1;
    }
    if( sign == 1 || loca == -1 )
        printf("can not find%d. \n", n);
}
```

运行结果:

```
input No.  :1        <回车>
input name:Li        <回车>
input No.  :2        <回车>
input name:Wang      <回车>
input No.  :5        <回车>
input name:Liu       <回车>
input No.  :8        <回车>
input name:Ma        <回车>
input No.  :4        <回车>
input name:Chen      <回车>
input No.  :10       <回车>
input name:Zhou      <回车>
input No.  :12       <回车>
```

```
input name:Zhang        <回车>
input No. :6            <回车>
input name:Xie          <回车>
input No. :23           <回车>
input name:Yuan         <回车>
input No. :34           <回车>
input name:Lu           <回车>
result：
1       Li
2       Wang
4       Chen
5       Liu
6       Xie
8       Ma
10      Zhou
12      Zhang
23      Yuan
34      Lu
input number to look for:3 <回车>
can not find 3.
continue or not(Y/N)？y <回车>
input number to look for:6 <回车>
No. 6,his name is Xie.
continue or not(Y/N)？n <回车>
（程序运行结束）
```

【例7-27】用递归法将一个整数 n 转换成字符串,例如输入483,应输出字符串"483"。n 的位数不确定,可以是任意位数的整数。

解题思路:将整数转换成对应的字符,首先判断该数是否为负数:若该数为负数,则先输出负号,再将该数转换为正数;若该数为正数,则不需要做任何操作。然后递归调用 convert 函数输出字符。,convert 函数的作用是将整数的各位分离出来,再对应整数的各位加上48('0'),则可以得到该整数对应的字符串。

主函数的 N-S 图,

源程序:

```
#include" stdio. h"
```

```
void main( )
{
  void convert( int n);
  int number;
  printf("input an integer:");
  scanf("%d",&number);
  printf("output:");
  if( number < 0)
  { putchar('-');
    number = - number;
  }
  convert( number);
  putchar('\n');
}
void convert( int n)
{
  int i;
  if( ( i = n/10)! = 0)
      convert( i);
  putchar( n%10 + '0');
}
```

运行结果：

> input an integer：2345678　<回车>
> output：2345678

习 题 七

一、选择题

1. 建立函数的目的之一,以下正确的说法是( )。

    A. 提高程序的执行效率　　　　　　　　B. 提高程序的可读性

    C. 减少程序的篇幅　　　　　　　　　　D. 减少程序文件所占内存

2. 以下正确的函数形式是( )。

    A. double fun(int x,int y){z = x + y;return z;}

    B. double fun(int x,y){int z;return z;}

    C. fun(x,y){int x,y;double z; z = x + y; return z;}

    D. double fun(int x,int y){double z;z = x + y;return z;}

3. 若调用一个函数,且此函数中没有 return 语句,则正确的说法是该函数( )。

    A. 没有返回值　　　　　　　　　　　　B. 返回若干个系统默认值

    C. 返回一个用户所希望的函数值　　　　D. 返回一个不确定的值

4. C 语言规定,简单变量做实参时,它和对应形参之间的数据传递方式是(　　)。
   A. 地址传递 　　　　　　　　　　　　B. 单向值传递
   C. 由实参传给形参,再由形参传回实参　 D. 由用户指定传递方式

5. C 语言允许函数值类型缺省定义,此时该函数值隐含的类型是(　　)。
   A. float 型　　　　　　　　　　　　　B. int 型
   C. long 型　　　　　　　　　　　　　D. double 型

6. 下面函数调用语句含有实参的个数为(　　)。
   fun((exp1,exp2),(exp3,exp4,exp5));
   A. 1　　　　　　　　　　　　　　　　B. 2
   C. 4　　　　　　　　　　　　　　　　D. 5

7. 以下正确的描述是(　　)。
   A. 函数的定义可以嵌套,但函数的调用不可以嵌套
   B. 函数的定义不可以嵌套,但函数的调用可以嵌套
   C. 函数的定义和函数的调用均不可嵌套
   D. 函数的定义和函数的调用均可以嵌套

8. 凡是函数中未指定存储类别的局部变量,其隐含的存储类别为(　　)。
   A. auto　　　　　　　　　　　　　　B. static
   C. extern　　　　　　　　　　　　　D. register

9. 以下程序的正确运行结果是(　　)。
```
main()
{ int a=2,i;
  for(i=0;i<3;i++) printf("%4d",f(a));
}
int f(int a)
{ int b=0;
  static int c=3;
  b++;c++;
  return(a+b+c);
}
```
   A. 7　7　7　　　　　　　　　　　　B. 7　10　13
   C. 7　9　11　　　　　　　　　　　 D. 7　8　9

10. 以下程序的正确运行结果是(　　)。
```
#include"stdio.h"
main()
{ int k=4,m=1,p;
  p=func(k,m); printf("%d,",p);
  p=func(k,m); printf("%d\n",p);
}
func(int a,int b)
{ static int m=0,i=2;
```

```
  i + = m + 1;
  m = i + a + b;
  return( m);
 }
```

A. 8,17   B. 8,16

C. 8,20   D. 8,8

二、填空题

1. 在 C 语言中,一个函数一般由两个部分组成,它们是_____和_____。

2. 若输入一个整数 10,以下程序的运行结果是_____。

```
int sub( int a)
{ int c;
  c = a%2;
  return c;
}
main( )
{ int a,e[10],c,i = 0;
  printf("Input a number:");
  scanf("%d",&a);
  while( a! = 0)
  { c = sub( a);
    a = a/2;
    e[i] = c;
    i + + ;
  }
  for(;i > 0;i - -) printf("%d",e[i-1]);
}
```

3. 根据以下公式,返回满足精度(0.0005)要求的 π 值,请填空。

$$\pi/2 = 1 + 1/3 + 1/3 \times 2/5 + 1/3 \times 2/5 \times 3/7 + 1/3 \times 2/5 \times 3/7 \times 4/9 + \cdots$$

```
#include "conio. h"
#include" math. h"
#include" stdio. h"
double pi( double eps)
{ double s,t;
  int n;
  for(_____;t > eps;n + +)
  { s + = t;
    t = n * t/(2 * n + 1);
  }
  return (_____);
}
```

```
main( )
{ double x;
  printf(" \nPlease enter a precision:");
  scanf("% lf",&x);
  printf(" \neps = % lf,π = % lf",x,pi(x));
}
```

4. 下面是一个计算阶乘的程序。程序中错误的语句是_____,应改为_____。

```
#include "stdio. h"
double fac(int);
main( )
{ int n;
  printf("Enter an integer:");
  scanf("% d",&n);
  printf(" \n\n% d!  = % lg\n\n",n,fac(fac(n)));
}
double fac(int n)
{ double result =1. 0;
  while (n>1||n<170) result * = − −n;
  return result;
}
```

5. 下面函数 func 的功能是_____。

```
#include"math. h"
long func(long num)
{ long k =1;
  num =labs(num);
  do
  { k * =num%10;
    num/ =10;
  }while(num);
  return k;
}
main( )
{ long n;
  printf(" \nPlease enter a number:");
  scanf("% ld",&n);
  printf(" \nThe product of its digits is % ld. ",func(n));
}
```

6. 以下程序是应用递归函数算法求某数 a 的平方根,请填空。求平方根的迭代公式
如下:

x1 = 1/2(x0 + a/x0)

```
#include "math. h"
double mysqrt( double a,double x0)
{ double x1,y;
  x1 = _____;
  if( fabs( x1 - x0) >0. 00001) y = mysqrt( _____) ;
  else y = x1;
  return y;
}
main( )
{ double x;
  printf( "Enter x:") ; scanf( "% lf",&x) ;
  printf( "The sqrt of % f = % f\n",x,mysqrt( x,1. 0) ) ;
}
```

7. 以下程序的运行结果是_____。

```
main( )
{ int i;
  for (i =0;i <3;i + +)
  fun( ) ;
}
fun( )
{ static int x =0;
  x + =1;
  printf( "%3d",x) ;
}
```

8. 以下程序的运行结果是_____,其算法是_____。

```
main( )
{ int a[5] ={5,10, -7,3,7},i,t,j;
  sort( a) ;
  for(i =0;i < =4;i + +)
  printf( "%3d",a[i]) ;
}
sort( int a[ ])
{ int i,j,k;
  for(i =0;i <4;i + +)
    for(j =0;j <4 - i;j + +)
      if( a[j] >a[j +1])
        {t =a[j];a[j] =a[j +1];a[j +1] =t;}
}
```

9. 函数 swap(arr,n)可完成对 arr 数组从第一个元素到第 n 个元素两两交换。在运行调用函数中的如下语句后，a[0]和 a[1]的值分别为_____，原因是_____。

```
a[0] = 1,a[1] = 2;
swap(a,2);
```

10. 以下程序的运行结果是_____。

```
int x;
main( )
{ x = 5;
  cude( );
  printf("% d\n",x);
}
cude( )
{x = x * x * x;}
```

三、编程题

1. 请编写一个函数，输入的值是 - 125，要求输出 - 125 = - 5 * 5 * 5。

2. 已有变量定义和函数调用语句：int x = 57；isprime(x)；函数 isprime( )用来判断一个整型数 a 是否为素数，若是素数，函数返回 1，否则返回 0。请编写 isprime 函数。

```
int isprime(int a)
{      }
```

3. 编写一个函数，使输入的一个字符串按反序存放，在主函数中输入和输出字符串。

4. 编写一个函数，输入一个四位数字，要求输出这四个数字字符，但每两个数字字符间空一个空格。如输入 1990，应输出"1 9 9 0".

5. 请编写一个函数，给出年、月、日，计算该日是该年的第几天？

项目 8
指针

项目学习目的

指针是 C 语言中广泛使用的一种数据类型,运用指针编程是 C 语言最主要的风格之一。指针极大地丰富了 C 语言的功能,是最能体现 C 语言特色的设计部分,也是 C 语言程序设计的灵魂。利用指针变量能够表示各种数据结构;能方便地使用数组和字符串;并且能够像汇编语言一样处理内存地址,从而编写出精练而高效的程序。因此,指针是学习 C 语言中最重要的部分,能否正确理解和使用指针是学习并掌握 C 语言的一个重要标志。同时,指针也是 C 语言中最困难的一环,在学习中要正确理解指针相关的概念及使用的注意事项,同时还要坚持多编程,多上机调试。

本项目的学习目标:

1. 指针与指针变量的概念,指针与地址运算符

2. 变量、数组、字符串、函数的指针以及指向变量、数组、字符串、函数的指针变量。通过指针引用以上各类型数据

3. 用指针作函数参数

4. 返回指针值的指针函数

5. 指针数组,指向指针的指针,main 函数的命令行参数

项目学习内容简述

指针是 C 语言中的一个重要特色,也是 C 语言的一个最重要的特色,是 C 语言介于高级语言和低级语言的标志。正确而灵活地运用它,可以有效地表示复杂的数据结构;能动态地分配内存;方便地使用字符串;有效而方便地使用数组;在调用函数时能带回两个及两个以上的结果;能直接处理内存单元地址等。掌握指针的应用,能够使程序简洁、紧凑、高效。每一个学习和使用 C 语言的人,都应当深入地学习和掌握指针。可以说,不掌握指针就是没有掌握 C 语言的精华。

指针的概念很复杂,使用也比较灵活,因此初学时常会出错。在学习本项目内容时应多用心、多思考、多比较、多上机,在实践中掌握它。

8.1. 指针的基本概念

在 C 语言中,所谓的"指针"就是指日常工作中所说的"地址"。为了进一步认识什么是指针,必须首先弄清楚数据在内存中是如何存取的。

如果在程序中定义了一个变量,在编译时就会给这个变量分配一个内存单元。编译系统根据程序中变量的定义类型,分配相应长度的存储空间。在 C 语言中,一般对字符型变量分配一个字节,对基本整型变量分配两个字节,对长整型变量分配四个字节,对单精度浮点型变量也分配四个字节,对双精度浮点型变量分配八个字节……在内存区域中的每一个字节都有一个对应的编号,称之为在内存中的"地址",它相当于旅馆中的房间号。在"地址"所标识的内存单元中——存放数据,就相当于在旅馆中根据房间号安排旅客一样。

接下来,需要区别两个概念:"内存单元的地址"与"内存单元的内容"。假定程序定义了三个整型变量 x,y,z,由于它们在内存中都占两个字节的空间,因此编译时系统会分配地址 1000 和 1001 给变量 x,分配地址 1002 和 1003 给变量 y,分配地址 1004 和 1005 给 z。其中 1000、1001、1002、1003、1004、1005 都是内存单元的地址,而 x,y,z 则是内存单元的内容,存放在相应的内存单元地址中。

在实际程序中,一般是通过变量名来对内存单元进行存取操作的。程序经过编译以后将变量名转换为变量的地址,对变量值的存取都是通过地址进行的。例如有输出语句:

printf ("%d",x);

它的执行过程是:根据变量名与地址的对应关系,找到变量 x 的地址 1000,然后从 1000 开始将 1000 和 1001 这两个字节中的数据取出,然后输出。又如,有输入语句:

scanf ("%d", &x);

在执行时,把从键盘输入的值送到地址为 1000 开始的整型存储单元中,其实输入的数据是被分为两个字节,分别存放在 1000 和 1001 中。又如,有语句:

z = x * y;

在执行时,则是从 1000 和 1001 这两个字节中取出 x 的值,再从 1002 和 1003 这两个字节中取出 y 的值,将它们进行乘法运算,然后将其结果送到 z 所在的存储地址 1004 和 1005 中。这种按变量地址存取变量值的方式称为数据的"直接访问"方式。

在 C 语言中,对数据的访问除了"直接访问"外,还可以采用另一种称之为"间接访问"的方式,将变量 x 的地址存放在另一个用于存放地址的变量中。根据 C 语言的规定,除了可以在程序中定义整型变量、实型变量、字符变量等,还可以定义一种特殊的变量,用来存放地址的,这样的变量称为"指针变量"。

假设定义了一个指针变量 x_address,用来存放整型变量 x 的地址,给它分配的内存单元地址为 2000、2001。则可以通过下面的语句将 x 的地址(1000)存放到 x_address 中。

x_address = &x;

这时,x_address 的值就是 1000,即变量 x 所占用单元的起始地址。要存取变量 x 的值,则可以采用"间接方式"完成,其操作过程为:先找到存放"x 的地址"的变量,从中取出 x 的地址(1000),然后到 1000、1001 字节取出 x 的值 4 即可(如图 8−1 所示)。

有了上述知识的铺垫,将数值 10 存放到变量中去,就可以有两种表达方式:

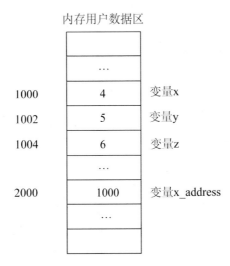

图8-1 内存单元的地址与内容

（1）"直接访问方式"，即已知道变量 x 在内存单元中的地址，根据此地址直接对变量 x 的存储单元进行存取访问。因此，通过直接访问方式可以将数值 10 直接存放到变量 x 所分配的内存单元地址中去，如图 8-2 所示。

（2）"间接访问方式"，即先找到存放变量 x 地址的变量 x_address，从其中得到变量 x 的地址，然后根据存放变量 x 的地址，找到变量 x 在内存中的存储单元，然后对变量 x 进行存取访问。因此，通过间接访问方式存放数值 10，则需要先找到变量 x_address 所指向的内存单元 1000（即变量 x 的内存单元地址），然后再将数据 10 放到存储单元 1000 中，如图 8-3 所示。

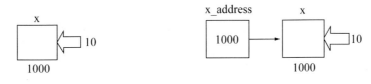

图8-2 直接访问方式　　　　**图8-3 间接访问方式**

在间接访问方式中，提到了"指向"的概念。所谓"指向"就是通过地址的访问来实现数据的存取。x_address 中的值为 1000，它是变量 x 的地址，这样就在 x_address 和变量 x 之间建立起一种联系，即通过 x_address 就能知道 x 的地址，从而找到变量 x 的内存单元，对变量 x 进行相应的存取操作。

在 C 语言中，将地址形象化地称为"指针"，是指是通过指针能找到以指针为地址的内存单元，从而间接地获得相关数据的存取，例如根据地址 1000 就能找到变量 x 的存储单元，从而读取 x 的值。因此在 C 语言中，常有"指针就是地址，地址就是指针"一说。

一个变量的地址在 C 语言中就称为该变量的"指针"。例如，地址 1000 就是变量 x 的指针。如果有一个专门用来存放另一变量的地址（即指针）的变量，则称它为"指针变量"。指针变量的值（即指针变量中存放的值）是指针（即地址）。注意区分"指针"和"指针变量"的不同。例如，可以说变量 x 的指针是 1000，而不能说 x 的指针变量是 1000，由于把 1000 这个地址存放在了变量 x_address 中，因此把变量 x_address 称为指针变量，即变量 x_address 是用来存放地址的。

8.2. 指 针 变 量

如前一节所述,变量的指针就是变量的地址。存放变量地址的变量称之为指针变量,它的作用是用来指向另一个变量。为了表示指针变量和它所指向的变量之间的联系,在程序中用"*"符号表示"指向"。

8.2.1 指针变量的定义

C语言规定所有变量在使用前必须先定义,指定其数据类型,并按此分配内存单元。指针变量不同于整型变量和其他类型的变量,它是用来专门存放变量的地址。必须将它定义为"指针类型",并且根据存放变量的类型不同,定义为不同数据类型的指针类型,对于存放整型变量的指针变量就需要定义为整型的指针类型,对于存放字符型变量的指针变量就需要定义为字符型的指针类型,对于存放单精度实型变量的指针变量就需要定义为单精度型的指针类型。定义指针变量的一般形式为:

基类型   指针变量名

在定义指针变量时需要注意以下几点:

(1)注意区分用于存放数据的基类型变量和用于存放地址的指针变量的区别。将前面讲述的整型变量、实型变量、字符型变量,用于存放数据的变量称为用于存放数据的基类型变量,把针对整型变量、实现变量、字符型变量,用来存放这些变量的地址的变量称为指针变量。例如:

int a, b;

int *c1, *c2;

第一行定义了两个整型变量 a 和 b,用来存放整型数据;第二行定义了两个指针变量 c1 和 c2,用来指向整型变量。左端的 int 是在定义指针变量时必须指定的"基类型"。指针变量的基类型用来指定该指针变量可以指向的变量的类型。

(2)指针变量前面的符号"*",表示该变量的类型为指针型变量,而"*"不是指针变量名的一部分,仅仅是指针变量表明其是"指针变量"身份的一个"标记"。如果有定义

float *c1, *c2;

则指针变量名为 c1、c2,而不是 *c1、*c2,"*"只是为了表明定义的为指针变量,与前面定义的基类型变量有所区别。又如,有定义

float a1, a2;

float *c1, *c2;

能很明显地区分出 a1、a2 是基类型变量,而 c1、c2 是指针变量。如果改写为:

float a1, a2;

float c1, c2;

试问怎么区分 a1、a2 是基类型变量,而 c1、c2 是指针变量呢? 所以切记"*"只是指针变量的一个表明身份的"标记",而不是指针变量名的一部分。

(3)在定义指针变量时必须指定基类型。虽然指针变量是存放地址的,但是不同类型的数据在内存中所占的字节数是不同的(char 型数据占一个字节,int 型数据占两个字节,float

型数据占四个字节),因此不同类型的数据对应的内存单元的地址单元数是不一样的,需要区别对待,一个指针变量只能指向同一个类型的变量,不能忽而指向一个 int 型变量,忽而又指向一个 char 型变量。例如:

　　float ＊c1, ＊ c2;

　　int ＊a1, ＊ a2;

系统会为 c1、c2 各分配四个字节空间,以便其存放对应的 float 型变量(占四个字节)的地址;系统会为 a1、a2 各分配两个字节空间,以便其存放对应的 int 型变量(占两个字节)的地址。如果用 a1、a2 去存放 float 型变量的地址,当然是存放的空间不够,而如果用 c1、c2 去存放 int 型变量的地址,那又会空闲两个空间。因此需要做到指针变量与其存储地址的基类型变量相对应,达到类型匹配。

8.2.2　指针变量的赋值

　　前面提到了定义指针变量,其作用只是定义了相应的指针变量,但指针变量没有指向对应的变量,因此不能发挥任何作用,接下来,将介绍指针变量是如何指向另一个变量的。

　　在 C 语言中,在基类型变量名前添加一个运算符"&",以表示基类型变量的地址,并可以用赋值语句将一个基类型变量的地址赋值给一个指针变量,从而使一个指针变量指向一个基类型变量。例如:

　　int x ＝3,y ＝4, ＊ c1, ＊ c2;

　　c1 ＝&x;

　　c2 ＝&y;

这样的赋值就实现了将变量 x 的地址存放到指针变量 c1 中,因此指针变量 c1 就"指向"了基类型变量 x;同样,将变量 y 的地址存放到指针变量 c2 中,从而指针变量 c2 就"指向"了基类型变量 y,如图 8 -4 所示。

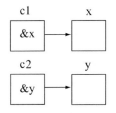

图 8 -4　指针变量的赋值

也可以在定义变量的同时,对指针变量赋值,例如:

　　int x ＝3,y ＝4, ＊ c1 ＝&x, ＊ c2 ＝&y;

等价于

　　int x, y, ＊ c1, ＊ c2;

　　x ＝3;y ＝4;

　　c1 ＝&x; c2 ＝&y;

对指针变量的赋值做以下几点说明:

　　(1)未对指针变量赋值时,指针变量的地址值是随机的,不能确定它的具体指向,必须为指针变量赋值后,指针变量才能有明确的"指向",即必须为指针变量赋予一个地址值,指针变量才有意义。比如有以下赋值:

c1 = &x,c2 = &y

此时 c1 指向变量 x,c2 指向变量 y,使用时可以用指针变量 c1、c2 来代替变量 x、y 完成相应的操作。

(2)指针变量的类型必须与其存放的基类型变量的类型一致,即字符型变量的地址才能放到指向字符型变量的指针变量中,整型变量的地址才能放到指向整型变量的指针变量中,浮点型变量的地址才能放到指向浮点型变量的指针变量中。

(3)指针变量中只能存放地址(即指针)。不要将一个整数(或任何其他非地址类型的数据)赋给一个指针变量。例如:

int * a_1;

a_1 = 100;(a_1 为指针变量,100 为整数)

这样的赋值是不合法的。

8.2.3 指针变量的引用

完成了指针变量的赋值后,指针变量就指向了对应的基类型的变量,接下来,就可以引用指针变量代替基类型变量参与相应的操作。

1.“&”运算符和“ ”运算符

在介绍指针变量引用之前,必须先认识与指针变量有密切关系的两个运算符:

(1)取地址运算符“&”。

取地址运算符“&”可以加在变量和数组元素的前面,其意义是取出变量或数组元素的地址。因为指针变量也是变量,所以取地址运算符也可以加在指针变量的前面,其含义是取出指针变量的地址。例如:若 x 为指针变量,则 &x 为指针变量的地址。

(2)指针运算符“ * ”。

指针运算符“ * ”,或称为“间接访问”运算符,可以加在指针变量的前面,其意义是指针变量所指向的内存单元的内容。 * c 为指针变量 c 所指向的存储单元的内容(即 c 所指向的变量的值)。

对取地址运算符“&”与指针运算符“ * ”还需要做以下几点讨论:

如有语句:

int x, * a1;

a1 = &x;

那么①& * a1 、②* &x、③* a1 + + 、④(* a1) + + 分别表示什么意义呢?

①对于 & * a1,由于“&”和“ * ”两个运算符的优先级别相同,按自右向左的结合性,因此先进行 * a1 的运算,它就是变量 x,再执行 & 运算,因此可以得出结论:

& * a1   等价于   &x

即变量 x 的地址,也就是指针变量 a1。

②对于 * &x,同样由于“&”和“ * ”两个运算符的优先级别相同,按自右向左的结合性,因此先进行 &x 的运算,得到 x 的地址,再进行 * 的运算,因此可以得出结论:

* &x   等价于   * a1

即 a1 所指向的变量,也就是变量 x。

③对于 * a1 + + ,由于“ + + ”和“ * ”为同一优先级别,按自右向左的结合性,因此它相

当于 ∗(a1 ++)。由于 ++在 a1 的右侧,因此先对 a1 的原值进行 ∗运算,得到 x 的值,然后改变 a1 的值,使 a1 不再指向 x,而是指向下一个内存单元的变量。

④对于(∗a1)++,其括号是不能省略的,如果没有括号,就成为 ∗a1 ++了,显然是不正确的,(∗a1)++相当于是 x ++,即先对 a1 进行 ∗运算,得到 x 的值,然后改变 x 的值,完成 ++运算。

2. 指针变量的引用

了解了取地址运算符"&"与指针运算符"∗",再来介绍指针变量的引用就方便了,指针变量的引用形式为:

∗指针变量名

注意定义指针变量时,其形式为"基类型 ∗指针变量名",那时的指针变量名前的"∗"是为了标志定义的为指针变量,与基类型变量区分,是指针变量的身份"标志";而此处的"∗指针变量名"是在定义指针变量完成后,对指针变量赋予了一定的地址值后,在指针变量名前加"∗"表示该指针变量指向的内容。

【例 8 −1】分别用直接访问方式和间接访问方式输出两个整数。

源程序:

```c
#include "stdio. h"
 main( )
 {
    int x,y;
    int ∗a1, ∗a2;                        /∗定义指针变量 a1、a2 ∗/
    x = 10;y = 20;
    a1 = &x;                             /∗把变量 x 的地址赋值给 a1 ∗/
    a2 = &y;                             /∗把变量 y 的地址赋值给 a2 ∗/
    printf("%d,%d\n",x,y);               /∗用直接访问方式输出整数 ∗/
    printf("%d,%d\n", ∗a1, ∗a2);         /∗用间接访问方式输出整数 ∗/
 }
```

运行结果:

10,20
10,20

对程序作以下几点说明:

(1)在程序开头处定义了两个指针变量 a1 和 a2,它们并未指向任何一个整型变量。只是提供了两个指针变量,可以用来指向整型变量。

(2)第七、第八行"a1 = &x;"和"a2 = &y;"是将 x 和 y 的地址分别赋给 a1 和 a2,则指针变量 a1 指向 x,指针变量 a2 指向 y。注意不应写成:"∗a1 = &x;"和"∗a2 = &y;"。因为 x 的地址是赋给指针变量 a1,而不是赋给 ∗a1(即变量 x)。

(3)第十行,由于在此之前有语句"a1 = &x;"和"a2 = &y;",则指针变量 a1 指向 x,指针变量 a2 指向 y,因此 ∗a1 就是变量 x,∗a2 就是变量 y。程序中两个 printf 函数作用和输出结果是相同的。

(4)程序中出现了两处 ∗a1 和 ∗a2,但是它们表示的意义不同。程序第五行的 ∗a1 和

＊a2 表示定义两个指针变量 a1、a2。它们前面的"＊"只是表示该变量是指针变量。第十行 printf 函数中的 ＊a1 和 ＊a2 则分别代表 a1 所指向的变量 x，a2 所指向的变量 y。

接下来，再来看一个有代表性的指针变量应用的例子。

【例 8 - 2】输入 x 和 y 两个整数，按先小后大的顺序输出 x 和 y。

源程序：

```
#include "stdio. h"
 main( )
 {
   int  ＊c1,＊c2,＊c,x,y;
   printf("请输入两个数:\n");
   scanf("%d,%d",&x,&y);
   c1 = &x; c2 = &y;
   if(x > y)
   {
    c = c1;
    c1 = c2;
    c2 = c;
   }
   printf("输入的数为%d,%d\n",x,y);
   printf("从小到大的顺序输出是%d,%d\n",＊c1,＊c2);
 }
```

运行结果：

请输入两个数：
40,30   ＜回车＞
输入的数为 40,30
从小到大的顺序输出是 30,40

当输入的数据为 40,30 时，由于 x > y，将 c1 和 c2 交换。但 x 和 y 并未交换，它们仍保持原值，但 c1 和 c2 的值改变了。c1 的值原为 &x，后来变成 &y，c2 的值原为 &y，后来变成 &x。这样在输出 ＊c1 和 ＊c2 时，实际上是输出变量 y 和 x 的值，所以先输出 30，然后输出 40。

8.2.4 将指针变量作为参数时的传递

函数的参数不仅可以是整型、实型、字符型等基类型的数据，还可以是存放地址的指针变量。用指针变量作为函数参数传递时，它的作用是将一个变量的地址传送到另一个函数中。

【例 8 - 3】输入 x 和 y 两个整数，按先大后小的顺序输出 x 和 y。

源程序：

```
#include "stdio. h"
 ch( int  ＊c1,int ＊c2)
  { int t;
```

```
      t = * c1;
      * c1 = * c2;
      * c2 = t;
    }
   main( )
    {
     int x,y;
     int * a1, * a2;
     scanf("%d,%d",&x,&y);
     a1 = &x;a2 = &y;
     if(x < y) ch(a1,a2);
     printf("%d,%d\n",x,y);
    }
```

运行结果：

56,89   <回车>
89,56

在程序中,ch 是用户定义的函数,它的作用是交换两个变量 x 和 y 的值。ch 函数的两个形参 c1、c2 是指针变量。程序运行时,先执行 main 函数,输入 x 和 y 的值,然后将 x 和 y 的地址分别赋给指针变量 a1 和 a2,使 a1 指向 x,a2 指向 y,如图 8 - 5(a)所示。接着执行 if 语句,由于 x < y,因此调用 ch 函数。在函数调用时,实参是指针变量,形参也是指针变量,实参与形参相结合,函数调用将指针变量 a1、a2 传递给形式参数 c1、c2。由于此时传递的是变量地址,采取的是"地址传递"方式,因此在被调函数 ch 中的 c1、c2 具有了 a1、a2 的值,指向了与主函数相同的内存变量,即形参 c1 的值为 &x,形参 c2 的值为 &y,如图 8 - 5(b)所示。此时 c1 和 a1 都指向变量 x,c2 和 a2 都指向变量 y,在执行 ch 函数的函数体后,使 * c1 与 * c2 的值互换,也就是使 x 和 y 的值互换,互换后的情况如图 8 - 5(c)所示。调用 ch 函数结束后,形参 c1 和 c2 所占空间被释放,c1 和 c2 也随即消失,如图 8 - 5(d)所示。程序最后在主函数 main 中输出 x 和 y,此时的 x 和 y 值已是经过交换的值。

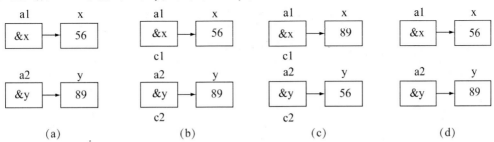

图 8 - 5　用指针变量作为函数参数完成两个数的位置交换

注意交换 * c1 和 * c2 的值在程序中是如何实现的。如果将函数 ch 的函数体写成下面的形式就会出现问题。例如:

```
ch(int * c1,int * c2)
 { int * t;
```

```
        *t = *c1;
        *c1 = *c2;
        *c2 = *t;
    }
```

*c1 就是 x,是整型变量。而 *t 是指针变量 t 所指向的变量,但 t 中并无确定的地址值,它的值是不可预见的,从而导致 *t 所指向的单元也是不可预见的。因此,对 *t 赋值很有可能出现对一个存储着重要数据的内存单元赋值的情况,从而会破坏系统的正常运行状况。应该将 *c1 赋给一个整型变量,像例 8-3 一样,用整型变量 t 作为临时的中间过渡变量来实现 *c1 与 *c2 的交换。如果将函数 ch 的函数体写成下面的形式有能否实现 x 和 y 的互换。例如:

```
    ch (int a, int b)
    {
        int t;
        t = a;
        a = b;
        b = t;
    }
```

在函数调用时,x 的值传送给 a,y 的值传送给 b,如图 8-6(a)所示。执行完 ch 函数后,a 和 b 的值是互换了,但 main 函数中的 x 和 y 并未互换,如图 8-6(b)所示。也就是由于是用的基类型的整型变量作为函数参数,所进行的函数调用是单向的"值传递",只能将实参的值传递给形参,而不能将变化后形参的值传回给实参。因此不能实现 x 与 y 的互换。

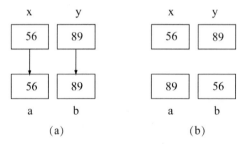

图 8-6　用值传递的方式完成两数间的交换的情况

通过上面的程序分析,可以得出如下结论:如果想通过函数调用得到 n 个要改变的值,可以采用以下方式:

(1)在主调函数中设 n 个变量,用 n 个指针变量指向它们。

(2)然后将指针变量作实参,将这 n 个变量的地址传给所调用的函数的形参。

(3)通过形参指针变量,改变该 n 个变量的值。

(4)主调函数中就可以使用这些改变了值的变量。

请注意,在程序设计过程中,不能企图通过改变指针形参的值而使指针实参的值也随之发生相应的改变。例如:

```
#include "stdio. h"
  ch(int *c1,int *c2)
  { int *c;
```

```
        c = c1 ;
        c1 = c2 ;
        c2 = c ;
    }


    main( )
    {
        int x , y ;
        int  * a1 , * a2 ;
        scanf( "% d,% d" ,&x ,&y ) ;
        a1 = &x ;
        a2 = &y ;
        if( x < y)  ch( a1 ,a2 ) ;
        printf( " \n % d,% d\n" , * a1 , * a2 ) ;
    }
```

此程序的意图是交换 a1 和 a2 的值,使 a1 指向值较大的变量。但是此程序是无法实现的,程序实际输出为"56,89",输出与输入完全相同。其原因是对被调用函数来说,虽然函数内部进行指针相互交换指向,但在内存存放的数据并未移动,函数调用结束后,不可能改变实参指针变量的值,main( )函数中 a1 和 a2 保持原来的指向,结果与输入相同。

函数的调用只可带回一个返回值,而运用指针变量作为函数参数,可以得到多个返回值。

【例 8 - 4】输入 a、b、c 三个整数,按大小顺序输出。

源程序:

```
#include " stdio. h"
 ch( int  * c1 ,int  * c2 )
 { int t ;
    t = * c1 ;
     * c1 = * c2 ;
     * c2 = t ;
 }


 exchange( int  * a1 ,int  * a2 ,int  * a3 )
 {
    if( * a1 < * a2 )  ch( a1 ,a2 ) ;
    if( * a1 < * a3 )  ch( a1 ,a3 ) ;
    if( * a2 < * a3 )  ch( a2 ,a3 ) ;
 }


 main ( )
 {
```

```
    int x,y,z, * p1, * p2, * p3;
    scanf("%d,%d,%d",&x,&y,&z);
    p1 = &x;
    p2 = &y;
    p3 = &z;
    exchange(p1,p2,p3);
    printf("\n%d,%d,%d\n",x,y,z);
}
```

运行结果：

56,23,89   ＜回车＞

89,56,23

8.3. 数组与指针

指针变量既然可以指向单个的变量,当然也可以指向包含众多数组元素的数组。一个数组包含了若干个数组元素,每个数组元素都在内存中占用相应数量的存储单元,它们都有各自的地址。用指针变量去指向数组,无论是一个指针变量指向一个数组元素,还是用一个指针变量指向整个数组都是可行的。所谓数组的指针就是指数组的起始地址,而数组元素的指针就是数组元素的地址,它们都可以用指针变量来表示。

在 C 语言中,引用数组元素可以用前面项目中讲述的下标法,例如 a[3]的形式;也可以使用指针法,即通过指向数组元素的指针找到所需的数组元素。使用指针法引用数组元素占用内存空间少,运行速度快,从而能使生成目标程序的质量较高。

8.3.1 指向一维数组元素的指针

在 C 语言中,定义一个指向数组元素的指针变量的方法,与前面介绍的定义一个指向变量的指针变量的方法相同。例如：

```
int x[10];              /*定义一个包含 10 个元素的整型数组 x */
int * a;                /*定义一个指向整型变量的指针变量 a */
a = &x[0];              /*将元素 x[0]的地址赋值给指针变量 a */
```

通过上述的定义和赋值语句,定义了一个包含 10 个元素的整型数组 x,同时定义了一个指向整型变量的指针变量 a,并把数组元素 x[0]的地址赋给指针变量 a,使得 a 指向了数组 x 的第 0 号元素。需要提醒的是:指针变量的基类型应与数组的类型保持一致,如数组为 int 型,则指针变量的基类型也应为 int 型。

C 语言规定:数组名(不包括形参数组名,形参数组不占用实际的内存单元)代表该数组的首地址,也就是该数组的首元素的地址,或者说是该数组的第 0 号元素的地址。因此,下面两个语句是等价的：

```
a = &x[0];    与    a = x;
```

需要提醒的是:语句"a = x;"的作用是"把数组 x 的首地址赋给指针变量 a",而不是"把数组 x 各元素的值赋给 a"。

在定义指针变量的同时,可以对指针变量赋予初值,例如:

　　int ＊a = &x[0];

它等价于

　　int ＊a;

　　a = &x[0];

当然对指针变量在定义时赋予初值还可以写成:

　　int ＊a = x;

它的作用是将 x 的首地址(即 x[0] 的地址)赋给指针变量 a,而不是赋给 ＊a。

8.3.2 通过指针引用一维数组的元素

按 C 语言的规定:如果指针变量 a 已指向数组中的一个元素,那么 a + 1 则指向同一数组中的下一个元素,而不是将指针变量 a 值简单地加 1。例如,如果数组是 char 型,每个数组元素占一个字节,则 a + 1 意味着使 a 的值(即地址)加一个字节,以使它指向下一个元素;如果数组是 int 型,每个数组元素占两个字节,则 a + 1 意味着使 a 的值(即地址)加两个字节,以使它指向下一个元素;如果数组是 float 型,每个数组元素占四个字节,则 a + 1 意味着使 a 的值(即地址)加四个字节,以使它指向下一个元素。综上所述,a + 1 所代表的地址实际上是 a + 1 × n(n 是一个数组元素所占的字节数),在 Turbo C ＋ ＋ 中,对 char 型,n = 1;对于 int 或 short 型,n = 2;对 float 或 long 型,n = 4;在 Visual C ＋ ＋ 中,对 char 型,n = 1;对于 short 型,n = 2;对 int、float 或 long 型,n = 4。

如果指针变量 a 的初值为 &x[0],即为数组第 0 个元素的地址,则:

(1)a + i 和 x + i 就是 x[i] 的地址,也可以说:它们指向数组 x 的第 i 个元素。需要特别说明的是数组名 x 代表该数组的首元素地址,则 x + i 也表示地址,与 a + i 意义相同,即它的实际地址是 x + i × n。例如,a + 9 和 x + 9 的值都是 &x[9],都指向 x[9],如图 8 - 7 所示。

(2)＊(a + i) 或 ＊(x + i) 是 a + i 或 x + i 所指向的数组元素,即 x[i]。例如,＊(a + 5) 或 ＊(x + 5) 就是 x[5]。其实,＊(a + 5)、＊(x + 5) 与 x[5] 三者是完全等价的。在编译时,对数组元素 x[i] 的操作,实际上是按 ＊(x + i) 来处理的,即按数组首元素的地址加上相应的位移量得到要找的元素的地址,然后找出该单元中的内容。若数组 x 的首元素的地址为 2 000,数组类型为 float 型,则 x[4] 的地址应该是 2 000 + 4 × 4 = 2016,然后从 2016 地址所指向的 float 型单元中取出元素的值,即 x[4] 的值。不难看出,"[ ]"实际上是"变址运算符",即数组元素 x[i] 都按 x + i 计算其地址,然后找到此地

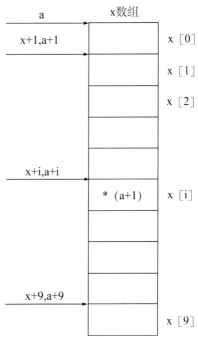

图 8 - 7　用于指向数组的指针变量

址单元中的值。

（3）指向数组的指针变量也可以带下标，如 a[i] 与 *(a+i) 等价。

根据上述的介绍，可以得知：引用一个数组元素，引用一个数组元素有两种方法：下标法和指针法。

①下标法，如 x[i] 形式。

②指针法，如 *(x+i) 或 *(a+i)。其中 x 是数组名，表示该数组的首地址，a 是指向数组的指针变量，其初值为 a=x 或 a=&x[0]。

【例8-5】有一个数据类型为整型的数组 x，包含 10 个元素。使用三种不同的方法输出数组中得各个元素。

第一种：用下标法输出数组元素。

源程序：

```
#include "stdio. h"
 main( )
  {
    int x[10];
    int i;
    for(i =0;i <10;i + +)
       scanf("% d",&x[i]);
    printf("输入的数组元素为:\n");
    for(i =0;i <10;i + +)
       printf("% d ",x[i]);
   printf(" \n");
  }
```

第二种：通过数组名得到数组元素的地址，根据得到的地址找出数组元素的值，从而输出数组元素的值。

源程序：

```
#include "stdio. h"
 main( )
  {
    int x[10];
    int i;
    for(i =0;i <10;i + +)
       scanf("% d",&x[i]);
    printf("输入的数组元素为:\n");
    for(i =0;i <10;i + +)
      printf("% d ", *(x +i));
   printf(" \n");
  }
```

第三种：用指针变量指向数组元素，实现数组元素的输出。

源程序：

```
#include "stdio.h"
  main( )
  {
    int x[10];
    int *a,i;
    for(i=0;i<10;i++)
      scanf("%d",&x[i]);
    printf("输入的数组元素为:\n");
    for(a=x;a<(x+10);a++)
      printf("%d ",*a);
    printf("\n");
  }
```

上面三个程序的运行结果:

12 456 67 87 23 9 76 13 54 72　　<回车>
输入的数组元素为:
12 456 67 87 23 9 76 13 54 72

虽然上述三种方法都能输出数组元素,但各有不同,现在对三种方法作如下比较:

(1)第一种和第二种方法执行效率是相同的。在 C 语言编译系统中,是将 x[i] 转换为 *(x+i) 来处理的,即先计算数组元素的地址,然后找到地址对应的数组元素的值。因此用第一种和第二种方法找到数组元素较第三种方法更费时。

(2)第三种方法比第一种和第二种方法都快,用指针变量直接指向数组元素,不必每次都重复计算数组元素对应的地址,像指针变量 a++ 这样的自加操作是比较快的,这样有规律地改变指针变量的地址值能大大地提高程序的执行效率。

(3)用下标法来引用数组元素比较直观,能直接看出是第几个元素。例如,x[6] 是数组中序号为 6 的元素(注意数组的序号是从 0 算起的)。而用地址法或者指针变量的方法不直观,不能较快判断出当前处理的是哪一个元素,只有仔细分析指针变量的当前指向后,才能判断当前处理的是第几个元素。

(4)在使用指针变量引用数组元素时,应注意以下几个问题:

①可以通过改变指针变量的值指向不同的数组元素。指针变量可以实现其自身的值的改变,如例 8-5 第三种方法用指针变量 a 来指向数组元素,用 a++ 使 a 的值不断改变从而指向不同的数组元素,这是正确的。如果不用 a,而使用数组名 x 的变化(即 x++)可不可以实现指向不同的数组元素呢? 把例 8-5 程序中的语句

```
for(a=x;a<(x+10);a++)
        printf("%d ",*a);
```

改写为:

```
for(a=x;x<(a+10);x++)
        printf("%d ",*x);
```

是不行的。因为数组名 x 代表该数组的首元素的地址,它是一个指针常量,它的值在程序运行期间都保持固定不变,不能进行自增自减运算,因此 x++ 是无法得以实现的。

②要注意指针变量的当前值。

【例8－6】通过指针变量输出 x 数组的五个元素。

源程序：

```
#include "stdio. h"
 main( )
 {
    int  * a,i,x[5];
    a = x;
    for( i = 0;i < 5;i + + )
        scanf( "% d",a + + );
    printf( "输入的数组元素为:\n" );
    for( i = 0;i < 5;i + + ,a + + )
        printf( "% d", * a);//输出加一个空格
 }
```

运行结果：

> 0 1 2 3 4 <回车>
> 输入的数组元素为:
> 0 1245052 1245120 4199161 1

程序的输出结果怎么会是这样呢？这个程序乍看起来没有什么问题,怎么输出结果不对呢？ 显然这个程序输出的结果并不是 x 数组中各元素的值。原因是经过语句"a = x"后,指针变量 a 的初始值为 x 数组的首元素的地址,如图8－8中①处。经过第一个 for 循环读入数组元素后,指针变量 a 已指向 x 数组的末尾,如图8－8中②处。因此,再执行第二个 for 循环时,a 的初始值已不是 &x[0] 了,而是 x + 5。由于执行第二个 for 循环时,每次要执行 a ＋＋。因此 a 指向的是数组 x 下面的五个元素,其存储单元中的值是不可预测的,所以得到了上面的运行结果。

要解决这个问题,让输出的结果趋于正常合理,则只需要在第二个 for 循环之前加上一个赋值语句：

a = x;   或   a = &x[0];

使 a 的初始值回到 &a[0],结果正确。改动后,
正确的程序应为：

```
#include "stdio. h"
 main( )
 {
    int  * a,i,x[5];
    a = x;
    for( i = 0;i < 5;i + + )
        scanf( "% d",a + + );
    printf( "输入的数组元素为:\n" );
    a = x;
```

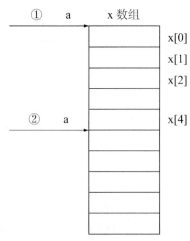

图8－8 二维数组元素及其对应的地址

```
for(i=0;i<5;i++,a++)
        printf("%d",*a);//输出加一个空格
}
```

③从上例可以看到,虽然定义数组时指定它包含五个元素,并用指针变量 a 指向数组元素,但同时指针变量会随着其值的不断变化,可以指向数组以后的内存单元。如果定义数组为"int x[5];",而引用数组元素 x[5](数组 x 中不包括 x[5]这个数组元素),C 编译程序并不认为非法,系统会把 x[5]按*(x+5)来处理,即先找出(x+5)的值(是一个地址值)。然后找出它指向的内存单元的值。这样做虽然是合法的(编译时不出现错误),但应避免出现这样的情况,这会使程序得不到预期的结果。这样的逻辑错误相当地隐蔽,对于初学者来说是很难发现的。因此,为了培养良好的编程习惯,建议在使用指针变量指向数组元素时,应切实保证指针变量指向的是数组中有效的数组元素。

④注意指针变量的相关运算。如果有 a=&x[0](或者 a=x),则:

(a) a++(或 a+=1)。使 a 指向下一元素,即 x[1]。若此时执行*a,则得到元素 x[1]值。

(b) *a++。由于 a++ 和 * 同优先级,结合方向为自右而左,因此它等价于*(a++)。作用是先得到 a 指向的变量的值(即 x[i]),然后再使 a+1 赋值给 a。把例 8-5 程序中的语句

```
for(i=0;i<5;i++,a++)
printf("%d",*a);
```

可以改写为

```
for(i=0;i<5;i++)
printf("%d",*a++);
```

作用完全一样。它们的作用都是先输出*a 的值,然后使指针变量 a 值加 1,使下一次循环时,*a 就指向下一个元素的值。

(c) *(a++)与*(++a)作用不同。前者是先取*a 的值,后使指针变量 a 加 1。后者是先使指针变量 a 加 1,再取*a 的值。若指针变量 a 的初值为 x,即"a=x;"或"a=&x[0];",则*(a++)为 x[0]的值,而*(++a)为 x[1]的值。

(d) ++(*a)与(*a)++。表示 a 所指向的数组元素的值加 1。如果有"a=x;",则++(*a)相当于即++x[0];而(*a)++相当于 x[0]++。如果 x[0]=4,无论是执行++(*a)(即++x[0]),还是执行(*a)++(x[0]++)后,x[0]的值都为 5,只是两个表达式的运算存在先加 1 或者是后加 1 的区别。需要提醒的是:无论++(*a),还是(*a)++,都是使数组元素的值加 1,而不是使指针变量 a 的值加 1。

(e) 如果指针变量 a 当前指向 x 数组中的第 i 个元素,则有:

(a--)相当于 x[i--],先对指针变量 a 进行""运算,然后再使指针变量 a 自减。

*(++a)相当于 x[++i],先使指针变量 a 自加,然后再作*运算。

*(--a)相当于 x[--i],先使指针变量 a 自减,然后再作*运算。

灵活地将自增++和自减--运算符与指针变量结合使用,可以使指针变量在循环语句的作用下,自动地向前或向后移动,从而使指针变量指向下一个或上一个数组元素。例如:想输出 x 数组的 200 个元素,可以使用下面的方法:

```
#include "stdio.h"
```

```
main( )
{
    int  * a,i,x[200];
    for(i = 0;i < 200;i + + )
        scanf("% d",&x[i]);
    printf("输入的数组元素为:\n");
    a = x;
    while (a < x + 200)
        printf("% d ", * a + + );
}
```

8.3.3 用一维数组名作函数参数

前面的项目里已介绍过,可以用数组名作函数的形参和实参。如:

```
main( )                              f(int arr[ ], int n)
{ void f (int arr[ ],int n);        {
  int a [10];
     …                                   …
  f(a,10);                           }
     …
}
```

a 为实参数组名,arr 为形参数组名。当用数组名作函数参数时,如果形参数组中各元素的值发生了变化,实参数组元素的值也会随之变化。

接下来先回顾一下用数组元素作为函数参数的情况。例如,已定义一函数

void ch (int a, int b)

假设函数的作用是实现两个形参(a,b)的值交换,现用数组元素作为函数参数,则其调用函数时的形式为:

ch (x[i],x[i+1]);

用数组元素作函数实参进行函数调用的情况与用单个变量作为函数实参对函数的调用是一样的,都是单向的"值传递"方式,即只能由实参向形参单向传递数据。

如果用数组名作为函数的参数,则是在调用函数时,把实参数组名(代表该数组首元素的地址)传送给形参(注意:不是把数组的值传给形参)。而形参应该是一个指针变量,用来接收从实参传过来的数组首元素的地址。通过函数的传递,实参数组与形参数组(或用于指向数组的指针变量)共占同一段内存单元,实现了函数数据双向的"地址传递"方式,即实参数据发生变化,形参数据也发生变化。同样,形参数据的变化也会导致实参数据的变化。例如,上面给出的函数 f 就是一个形参为数组名的函数,它的形式为:

f(int arr[ ], int n)

但在编译时是将 arr 按指针变量来处理的,相当于将函数 f 的首部写成:

f(int * arr, int n)

在 C 语言中,上面两种 f 函数的首部的表示法都是等价的。在 f 函数被调用时,系统会建立一个指针变量 arr,用来存放从主调函数传递过来的实参数组首元素的地址。如果在 f 函数

中用 sizeof 函数(一个用于检测变量占用内存单元中多少个字节的函数)测定 arr 所占的字节数,结果为 2(在 Turbo C + + 中)或为 4(在 Visual C + + 中)。这就说明系统在实际的编译过程中无论是 arr[ ]的形式,还是 * arr 的形式,都是把 arr 作为指针变量来处理(int 型指针变量在 Turbo C + + 中占两个字节,在 Visual C + + 中占四个字节)。

应提醒的是:实参数组名代表一个固定的地址,或者说实参数组名本身就是一个指针常量,其值是不可改变的,或者是不可再被赋值;但形参数组并不是一个固定的地址值,而是作为指针变量,在函数调用开始时,它的值等于实参数组首元算的地址,在函数执行期间,它可以再被赋值。例如:

将实参数组 a 传递给函数 f 的形参数组 arr,如果函数 f 的函数体是:

```
void f( int arr[ ], int n)
{
   printf("%d\n", * arr);
   arr = arr + 5;
   printf("%d\n", * arr);
}
```

那么,第一个 printf 函数将输出 a[0]的值,第二个 printf 函数将输出 a[5]的值。

【例 8 - 7】将数组 x 中的 n 个整数按逆序输出。

源程序:

```
#include "stdio. h"
void f ( int a[ ],int n)
{
   int temp,i;
   for ( i = 0;i < = ( n - 1)/2;i + + )
   {
      temp = a[ i];
      a[ i] = a[ n - 1 - i];
      a[ n - 1 - i] = temp;
   }
   return;
}
main ( )
{
   int i,x[ 10] = {1,2,3,4,5,6,7,8,9,0};
   printf(" The original array:\n");
   for( i = 0;i < 10;i + + )
      printf("%d ",x[ i]);
   printf(" \n");
   f( x,10);
   printf(" the array has been inverted:\n");
   for( i = 0;i < 10;i + + )
```

```
      printf("%d ",x[i]);
         printf("\n");
   }
```

运行结果：

```
The original array：
1 2 3 4 5 6 7 8 9 0
the array has been inverted：
0 9 8 7 6 5 4 3 2 1
```

主函数中数组名为x,在定义时对数组x进行初始化。函数f中的形参数组名为a,可以不指定数组a的元素个数。因为形参数组名实际上是一个指针变量,并不是真正地开辟一个数组空间。函数f中的形参n是用来接收实际上需要处理的元素的个数。如果在main函数中有函数调用语句"f(x,10);"则表示要求对数组x的10个元素实现逆序输出。如果改为"f(x,5);"则表示要求对数组x的前五个元素实现逆序输出。

对例8-7进行修动。将函数f中的形参a改为指针变量。实参为数组名x,即数组x首元素的地址,将它传给形参指针变量a,使指针变量a指向x[0]。设i,j都是指针变量,分别指向相关的元素,i的初值为a,j的初值为a+n-1,则可以编程如例8-8实现例8-7相同的程序功能。

【例8-8】将数组 x 中的 n 个整数按逆序输出(形参为指针变量的情形)。

源程序：

```
#include "stdio. h"
 void f (int *a,int n)
  {
    int temp, *p, *i, *j;
    for (i=a,j=a+n-1;i<=a+(n-1)/2;i++,j--)
     {
      temp = *i;
       *i = *j;
       *j = temp;
     }
    return;
  }
  main ( )
  {
    int i,x[10] = {1,2,3,4,5,6,7,8,9,0};
    printf("The original array:\n");
    for(i=0;i<10;i++)
       printf("%d ",x[i]);
    printf("\n");
    f (x,10);
```

```
        printf("the array has been inverted:\n");
        for(i=0;i<10;i++)
            printf("%d ",x[i]);
        printf("\n");
    }
```

运行结果：

The original array:
1 2 3 4 5 6 7 8 9 0
the array has been inverted:
0 9 8 7 6 5 4 3 2 1

在 C 语言中，如果有一个实参数组，想在函数中改变此数组的元素的值，实参与形参的对应关系有以下四种情况：

（1）形参和实参都用数组名，如：

```
 main ()                f(int a[ ],int n)
 { int x[10];           {
     …                      …
   f ( x,10);            }
     …

 }
```

程序中的实参 x 和形参 a 都已定义为数组。在函数调用时，是将实参数组首元素的地址传递给形参数组名，从而使形参数组和实参数组共用同一段内存单元，例8-7属于这种情况。

（2）实参用数组名，形参用指针变量。

```
 main ()                f (int * a,int n)
 { int x[10];           {
     …                      …
   f (x,10);            }
     …

 }
```

程序中实参数组名为 x，形参 a 为指向整型变量的指针变量，调用 f 函数时，指针变量 a 指向 x[0]，即 a = x。通过改变 a 的值，可以指向 x 数组中的任意元素。例8-8属于这种情况。

（3）实参形参都用指针变量。例如：

```
 main ()                        f (int *a,int n)
 { int x[10], *p;               {
   p  =x;                           …
     …                          }
   f (p,10);
     …

 }
```

程序中实参 p 和形参 a 都是指针变量。先使实参指针变量 p 指向数组 x,p 的值为 &x[0]，即 p = x,然后将 p 的值传递给形参指针变量 a,从而 a 的初始值也是 &x[0],通过 x 值的改变可以使 x 指向数组 a 的任意元素。例 8－9 将例 8－8 改写后,属于此种情况。

(4)实参为指针变量,形参为数组名。如:

```
main ( )                 f (int a[ ] ,int n)
{ int x[10], * p;          {…}
  p = x;
  …
  f(p,10);
}
```

程序中实参 p 是指针变量,先使实参指针变量 p 指向数组 x,p 的值为 &x[0],即 p = x。形参为数组名 a,编译系统将 a 作为指针变量来处理,因此将 p 的值传递给形参,使指针变量 a 指向 x[0],也可以理解为形参数组 a 和数组 x 共用同一段存储单元。例 8－10 将例 8－7 改写后,属于此种情况。

【例 8－9】将数组 x 中的 n 个整数按逆序输出(实参形参都为指针变量)。

源程序:

```
#include "stdio. h"
void f (int  * a,int n)
{
  int temp, * p, * i, * j;
  for (i = a,j = a + n － 1;i < = a + (n － 1)/2;i + + ,j － － )
  {
    temp = * i;
     * i = * j;
     * j = temp;
  }
  return;
}
main (      )
{
  int i, * p,x[10] = {1,2,3,4,5,6,7,8,9,0} ;
  printf( "The original array:\n" );
  for(i = 0;i < 10;i + + )
    printf( "% d ",x[i]);
  printf( "\n" );
  p = x;
  f (p,10);
  printf( "the array has been inverted:\n" );
  for( p = x;p < x + 10;p + + )
      printf( "% d ", * p);
      printf( "\n" );
}
```

运行结果：

The original array：

1 2 3 4 5 6 7 8 9 0

the array has been inverted：

0 9 8 7 6 5 4 3 2 1

【例8-10】将数组 x 中的 n 个整数按逆序输出(实参为指针变量,形参为数组名)。

源程序：

```
#include " stdio. h"
void f ( int a[ ] ,int n)
{
  int temp,i;
  for ( i =0;i < = (n −1)/2;i + + )
   {
    temp = a[ i ] ;
    a[ i ] = a[ n −1 −i ] ;
    a[ n −1 −i ] = temp;
   }
    return ;
}
main ( )
{
  int i, * p,x[ 10 ] = {1,2,3,4,5,6,7,8,9,0};
  printf(" The original array:\n" ) ;
  for( i =0;i <10;i + + )
    printf(" % d " ,x[ i ]) ;
  printf(" \n" ) ;
  p = x;
  f ( p,10 ) ;
  printf(" the array has been inverted:\n" ) ;
  for( p = x;p < x +10;p + + )
     printf(" % d " , * p) ;
  printf(" \n" ) ;
}
```

运行结果：

The original array：

1 2 3 4 5 6 7 8 9 0

the array has been inverted：

0 9 8 7 6 5 4 3 2 1

注意,main 函数中的指针变量 p 是有确定值的。如果在 main 函数中不设数组,只设指

针变量,就会出错,例如下面的程序:

```
#include "stdio. h"
main (   )
{
    int i, * p;
    printf("The original array:\n");
    for(i =0;i <10;i + +)
        scanf("% d",p +i);
    printf("\n");
    f(p,10);
    printf("the array has been inverted:\n");
    for(i =0;i <10;i + +)
        printf("% d ",*(p +i));
    printf("\n");
}
```

程序在编译时会出错,其原因是指针变量 p 没有确定的值,不明确指向哪个变量。因此,下面的使用形式是不正确的:

```
main ( )                    f (int a[  ],int n)
{ int  * p;                 {
    …                           …
    f(p,10);
}                           }
```

以上四种方式,实质都是进行的地址传递,只是表现形式不一样,其中的(3)和(4)两种只是形式上的不同,实际上形参是使用的指针变量。不论使用上述四种方式的哪一种,如果用指针变量作为实参,必须先使指针变量有确定的值,有明确的指向,指向一个已定义的单元。

【例 8 –11】用选择法对 10 个整数排序,按由小到大的顺序输出。

源程序:

```
#include "stdio. h"
void sort(int a[  ],int n)
{
    int x,y,t;
    for(x =0;x <n –1;x + +)
    {
        for(y =x +1;y <n;y + +)
            if(a[x] >a[y])
            {
                t =a[x];
                a[x] =a[y];
                a[y] =t;
```

```
        }
      }
  }
  main( )
  {
    int  * p,i,x[10];
    p = x;
    for( i = 0;i < 10;i + + )
      scanf( "% d",p + + );
    printf( "the inputed numbers:\n" );
    for( p = x,i = 0;i < 10;i + + ,p + + )
      printf( "% d ", * p );
    printf( "\n" );
    p = x;
    sort( p,10 );
    printf( "the sorted numbers:\n" );
    for( p = x,i = 0;i < 10;i + + ,p + + )
      printf( "% d ", * p );
    printf( "\n" );
  }
```

运行结果：

```
1 6 8 9 5 2 4 3 7 0   <回车>
the inputed numbers:
1 6 8 9 5 2 4 3 7 0
the sorted numbers:
0 1 2 3 4 5 6 7 8 9
```

为了提高程序的可读性,函数 sort 中用数组名作为形参,用下标法引用形参数组元素,这样的程序便于理解。当然也可以改用指针变量,只需要将函数 sort 的首部改为：

void sort(int * a,int n)

即可实现其他的程序部分不用改变,程序的运行结果依然不变。

另外,用数组名作为函数参数,还可以与全局变量配合使用,以达到程序的设计目的。

【例 8 - 12】从 10 个数中找出其中最大值和最小值。

源程序：

```
#include "stdio. h"
  int max,min;
  void max_min_value( int array[ ],int n)
  {
    int  * p, * array_end;
    array_end = array + n;
    max = min = * array;
```

```
    for(p = array + 1; p < array_end; p + +)
    if( * p > max) max = * p;
    else if( * p < min) min = * p;
    return;
}

main ( )
{
    int i, number[10];
    printf("enter 10 integer numbers: \n");
    for(i = 0; i < 10; i + +)
        scanf("% d", &number[i]);
    printf("the inputed numbers: \n");
    for(i = 0; i < 10; i + +)
        printf("% d ", number[i]);
    printf("\n");
    max_min_value(number, 10);
    printf("max = % d, min = % d\n", max, min);
}
```

运行结果:

```
enter 10 integer numbers:
10 34 67 201  - 80 67 45 76  - 98 23   <回车>
the inputed numbers:
10 34 67 201  - 80 67 45 76  - 98 23
max = 201, min =  - 98
```

上例中的实参也可以不用数组名,而改用指针变量来传递地址,形参仍用指针变量。程序可改为例8 – 13,用来实现与例8 – 12 一样的功能。

【例8 –13】从10 个数中找出其中最大值和最小值(实参用指针变量)。

源程序:

```
#include "stdio. h"
int max, min;
void max_min_value(int * array, int n)
{
    int  * p, * array_end;
    array_end = array + n;
    max = min = * array;
    for(p = array + 1; p < array_end; p + +)
    if( * p > max) max = * p;
    else if( * p < min) min = * p;
    return;
```

```
     }
     main ( )
     {
        int i,number[10], * y;
             y = number;
        printf("enter 10 integer numbers:\n");
             for(i = 0;i < 10;i + +,y + +)
                 scanf("% d",y);
        printf("the inputed numbers:\n");
        for(y = number,i = 0;i < 10;i + +,y + +)
                 printf("% d ", * y);
        printf("\n");
        y = number;
             max_min_value(y,10);
             printf("max = % d,min = % d\n",max,min);
     }
```

运算结果:

enter 10 integer numbers:
12 90 45 78 34 −23 −50 89 65 92 <回车>
the inputed numbers:
12 90 45 78 34 −23 −50 89 65 92
max = 92,min = −50

8.3.4 指向多维数组的指针

用指针变量可以指向一维数组,也可以指向多维数组。但在概念上和使用上,多维数组的指针比一维数组的指针要复杂一些。本小节以二维数组为例介绍多维数组的指针变量。

1. 多维数组的地址

为了说清楚多维数组的指针,先回顾一下多维数组的性质。以二维数组为例,设有一个二维数组 a,它有 3 行 4 列,则整型二维数组 a[3][4]如下:

$$
\begin{matrix}
0 & 1 & 2 & 3 \\
4 & 5 & 6 & 7 \\
8 & 9 & 11 & 12
\end{matrix}
$$

它的定义为:

int a[3][4] = {{0,1,2,3},{4,5,6,7},{8,9,11,12}}

设二维数组 a 的首地址为 1000,则二维数组 a 中各下标变量的首地址及其对应的值如下:

10000	10021	10042	10063
10084	10105	10126	10147
10168	10189	102011	102212

前面介绍过,C语言允许把一个二维数组分解为多个一维数组来处理。因此数组 a 可以分解为三个一维数组,那么 a 数组包含三行,即三个元素:a[0]、a[1]、a[2]。而每一元素又是一个一维数组,它包含四个元素(即四个列元素),例如,a[0]所代表的一维数组又包含四个元素:a[0][0]、a[0][1]、a[0][2]、a[0][3]。把二维数组 a 分解为三个一维数组来处理,数组及数组元素的地址表示如图 8 – 9 所示。

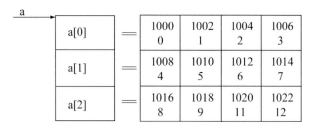

图 8 – 9　二维数组分解为多个一维数组示意图

从二维数组的角度来看,a 是二维数组名,代表整个二维数组的首地址,也就是第 0 行的首地址。a + 1 代表第一行的首地址。如果二维数组的首地址为 1000,则 a + 1 为 1008,因为第 0 行有四个整型数据,因此 a + 1 的含义是 a[1] 的地址,即 a + 4 × 2 = 1008。a + 2 代表第二行的首地址,它的值是 1016,见图 8 – 10。

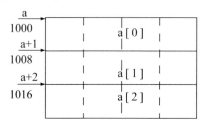

图 8 – 10　二维数组元素地址示意图

a[0]是第一个一维数组的数组名和首地址,因此也为 1000。* (a + 0) 或 * a 是与 a[0]等效的, 它表示一维数组 a[0] 的 0 号元素的首地址,也为 1000。&a[0][0]是二维数组 a 的 0 行 0 列元素的首地址,同样是 1000。因此,a,a[0],* (a + 0),* a,&a[0][0]是相等的。

同理,a + 1 是二维数组第一行的首地址,等于 1008。a[1]是第二个一维数组的数组名和首地址,因此也为 1008。&a[1][0]是二维数组 a 的 1 行 0 列元素地址,也是 1008。因此 a + 1,a[1],* (a + 1),&a[1][0]是等同的。

由此可得出:a + i,a[i],* (a + i),&a[i][0]是等同的。

此外,&a[i]和 a[i]也是等同的。因为在二维数组中不能把 &a[i] 理解为元素 a[i] 的地址,不存在元素 a[i]。C语言规定,它是一种地址计算方法,表示数组 a 第 i 行首地址。由此得出:a[i],&a[i],* (a + i)和 a + i 也都是等同的。

另外,a[0]也可以看成是 a[0] + 0,是一维数组 a[0] 的 0 号元素的首地址,而 a[0] + 1 则是 a[0] 的 1 号元素首地址,由此可得出 a[i] + j 则是一维数组 a[i] 的 j 号元素首地址,它

等于 &a[i][j],如图 8-11 所示。

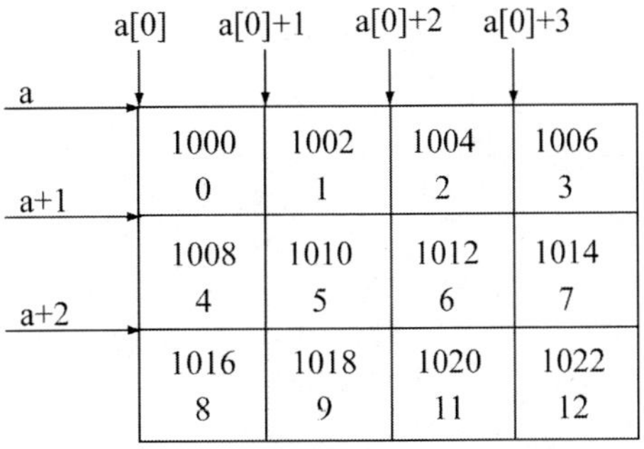

图 8-11 二维数组元素地址示意图

由于存在 a[i] = *(a+i),因此可以得出 a[i]+j = *(a+i)+j。由于 *(a+i)+j 是二维数组 a 的 i 行 j 列元素的首地址,所以,该元素的值等于 *(*(a+i)+j)。

【例8-14】按要求输出二维数组中的有关数据(地址和值)。

源程序:

```c
#include "stdio. h"
main( )
{
    int a[3][4] = {0,1,2,3,4,5,6,7,8,9,10,11};
    printf("%d,%d\n",a, *a);
    printf("%d,%d\n",a[0], *(a+0));
    printf("%d,%d\n",&a[0],&a[0][0]);
    printf("%d,%d\n",a[1],a+1);
    printf("%d,%d\n",&a[1][0], *(a+1)+0);
    printf("%d,%d\n",a[2], *(a+2));
    printf("%d,%d\n",&a[2],a+2);
    printf("%d,%d\n",a[1][0], *(*(a+1)+0));
    printf("%d,%d\n", *a[2], *(*(a+2)+0));
}
```

运行结果:

```
1245008,1245008
1245008,1245008
1245008,1245008
1245024,1245024
1245024,1245024
1245040,1245040
1245040,1245040
4,4
8,8
```

运行结果中：

第一行结果"1245008,1245008"是0行首地址和0行0列元素的地址；

第二行结果"1245008,1245008"是0行0列元素的地址；

第三行结果"1245008,1245008"是0行首地址和0行0列元素的地址；

第四行结果"1245024,1245024"是1行0列元素首地址和1行首地址；

第五行结果"1245024,1245024"是1行0列元素地址；

第六行结果"1245040,1245040"是2行0列元素地址；

第七行结果"1245040,1245040"是2行首地址；

第八行结果"4,4"是1行0列元素的值；

第九行结果"8,8"是2行0列元素的值。

二维数组名a,代表数组首行的起始地址。$*a$等价于$*(a+0)$,即a[0],它是0行0列元素的地址(本次程序运行时输出a,$*a$,a[0]和$*(a+0)$的值都是1245008,都是相应的地址。需要提醒的是：每次编译时分配的地址是不同的,也就是说再次运行该程序其地址值可能不为1245008,而是其他的值)。A是指向一维数组(即指向行)的指针,$*a$是指向列元素的指针,指向0行0列元素,$**a$是0行0列元素的值。同理可有,a+1是1行的首地址,但不能企图通过$*(a+1)$得到a[1][0]的值,而应该用$*(*(a+1))$求a[1][0]的值,$*(*(a+1))$还可以写成$**(a+1)$的形式。

2. 指向多维数组的指针变量

既然多维数组的各种地址都可以得到相应的表示,那么无论是各行各列元素的地址,还是每行的首地址,都可以用相应的指针进行表示,因此在C语言中,可以用指针变量指向多维数组的元素。

(1)指向数组元素的指针变量。

【例8-15】有一个3×4的二维数组,数组的类型为整型。要求用指向元素的指针变量输出二维数组各元素的值。

程序分析：二维数组的类型为整型,则可以用int型指针变量指向数组的元素。二维数组的元素在内存中是按行顺序存放的,即存放完序号为0的行中的全部元素后,接着存放序号为1的行中的全部元素,依此类推,则可以用一个指向整型元素的指针变量,依次指向各个元素。

源程序：

```c
#include "stdio. h"
void main( )
{
    int a[3][4] = {0,1,2,3,4,5,6,7,8,9,11,12};
    int  * p;
    for(p = a[0];p < a[0] + 12;p + + )
    { if((p - a[0])%4 = =0) printf(" \n");
        printf("%4d", * p);
    }
    printf(" \n");
```

}

运行结果：

```
0   1   2   3
4   5   6   7
8   9   11  12
```

（2）指向由 m 个元素组成的一维数组的指针变量。

把二维数组 a 分解为一维数组 a[0]，a[1]，a[2]之后，设 p 为指向二维数组的指针变量。可定义为：

int (* p)[4]

它表示 p 是一个指针变量，它指向包含四个元素的一维数组。若指向第一个一维数组 a[0]，其值等于 a，a[0]，或 &a[0][0]。而 p + i 则指向一维数组 a[i]。从前面的分析可得出 * (p + i) + j 是二维数组 i 行 j 列的元素的地址，而 * (* (p + i) + j)则是 i 行 j 列元素的值。

二维数组指针变量说明的一般形式为：

类型说明符 (* 指针变量名)[长度]

其中"类型说明符"为所指向数组的数据类型。" * "表示其后的变量是指针变量。"长度"表示二维数组分解为多个一维数组时，一维数组的长度，也就是二维数组的列数。应注意"(* 指针变量名)"两边的圆括号不可少，如缺少圆括号则表示是指针数组（本项目后面介绍），意义就完全不同了。

【例 8 - 16】用一维数组的指针变量实现二维数组元素的输出。

程序分析：假设仍然用例 8 - 16 程序中的二维数组，例 8 - 15 中定义的指针变量是指向变量或数组元素的，现在改用指向一维数组的指针变量。

源程序：

```
#include "stdio. h"
main( )
{
    int a[3][4] = {0,1,2,3,4,5,6,7,8,9,11,12};
    int( * p)[4];
    int i,j;
    p = a;
    for(i = 0;i < 3;i + + )
    {
        for(j = 0;j < 4;j + + )
            printf("%2d ", * ( * (p + i) + j));
        printf("\n");
    }
}
```

运行结果：

```
0   1   2   3
4   5   6   7
8   9   11  12
```

【例8－17】输出二维数组任意一行任意一列元素的值。

源程序：

```
#include "stdio. h"
main( )
{
    int a[3][4] = {0,1,2,3,4,5,6,7,8,9,11,12};
    int( * p)[4];
    int i,j;
    p = a;
    for(i = 0;i < 3;i + +)
    {
        for(j = 0;j < 4;j + +)
            printf("%2d ", * ( * (p + i) + j));
        printf("\n");
    }
    printf("enter row and colum:\n");
    scanf("%d,%d",&i,&j);
    printf("a[%d,%d] = %d\n",i,j, * ( * (p + i) + j));
}
```

运行结果：

```
0   1   2   3
4   5   6   7
8   9   11  12
enter row and colum:
2,1   <回车>
a[2,1] =9
```

8.4. 指针与字符串

8.4.1 字符串的表示形式

在 C 程序中,可以用两种方法输入或输出一个字符串:一种是用字符数组来存放一个字符串;另一种是用字符指针指向一个字符串。

1. 用字符数组表示字符串

用字符数组的方法来输入输出字符串,已在项目6中进行了详细介绍,这里就不再多加阐述,通过一个例题,来回顾一下用字符数组表示字符串的方法。

【例8－18】定义一个字符数组,用来存放输入的字符串,然后将其输出。

源程序：
#include "stdio. h"
main( )
{
　char string[80];
　scanf("%s",string);
　printf("输入的字符串为:\n");
　printf("%s\n",string);
}
运行结果：

123456789abcdefghj! @#$%^&*( )　＜回车＞
输入的字符串为：
123456789abcdefghj! @#$%^&*( )

string 是数组名,它代表字符数组的首元素地址。本程序实现了输入一个字符串,则对应输出该字符串的目的。如果将字符串"LOVE CHINA"作为运行结果输入,该程序的运行结果为：

LOVE CHINA　＜回车＞
输入的字符串为：
LOVE

运行结果怎么只能输出"LOVE"呢？在前面的项目中已介绍过,用 scanf 输入字符时,遇空格、回车键、Tab 键等字符将提前结束字符串输入,因此用 scanf 不能输入"带空格的字符串",要输入带空格的字符串,只能使用 gets 函数,于是可以将例8-18 改为例8-19,便可输入带空格的字符串。

【例8-19】定义一个字符数组,用来存放输入带空格的字符串,然后将其输出。
源程序：
#include "stdio. h"
#include "string. h"
main( )
{
　char string[80];
　gets(string);
　printf("输入的字符串为:\n");
　printf("%s\n",string);
}
运行结果：

I LOVE CHINA　＜回车＞
输入的字符串为：
I LOVE CHINA

2. 用字符指针表示字符串

在 C 语言中,除了可以用字符数组表示字符串外,还可以定义一个字符指针,用字符指针指向字符串中相应的字符。

【例 8 – 20】定义字符指针,用字符指针完成字符串的输入输出。

源程序:

```
#include "stdio. h"
main( )
{
    char  * string = "I love China!";
    printf("% s\n",string);
}
```

运行结果:

> I love China!

程序中没有定义字符数组,而是定义了一个字符指针变量 string,同时用字符串"I love China!"对 string 进行了初始化。在 C 语言中,对字符串常量的处理是按字符数组方式进行的,在内存中开辟一个字符数组用来存放字符串常量。对字符指针变量 string 初始化,实际上是把字符串的第一个元素的地址赋给了指针变量 string。不要误认为:string 是一个字符串变量,定义时把"I love China!"这几个字符赋给该字符串常量。程序中定义 string 的语句:

```
char  * string = "I love China! ";
```

等价于:

```
char  * string;
string  = "I love China! ";
```

而不等价于:

```
char  * string;
 * string  = "I love China! ";
```

输出字符串时,要用:

```
printf ("% s\n",string);
```

输入输出字符串时所用的格式符为"% s",如 printf 函数的输出项是字符指针变量名 string,则系统先输出它所指向的一个字符,然后再自动使 string 加 1,使之指向下一个字符,然后输出下一个字符……直到遇到字符串结束标志" \0" 为止。

通过字符数组名或字符指针变量可以完成一个字符串的输入或输出。但这样的方法不适合一个数值型数组,不能企图用数组名输入输出数值型数组的全部元素,例如:

```
int a[ 100];
…
printf ("% d\n",a);
```

是不正确的,对于数值型数组,只能配合 for 等循环语句,逐个输出对应的元素。

在 C 语言中,对一个字符串中的各个字符的存取,不仅可以使用下标的方法,同样也可以使用指针的方法来实现字符的相关操作。

【例8-21】用字符数组名实现字符串的复制。

源程序:

```
#include "stdio. h"
main( )
{
    char x[ ] = "I LOVE CHINA!",y[20];
    int i;
    for(i = 0; *(x + i)! = '\0';i + +)
        *(y + i) = *(x + i);
    *(y + i) = '\0';
    printf("string a is:%s\n",x);
    printf("string b is:\n");
    for(i = 0;y[i]! = '\0';i + +)
        printf("%c",y[i]);
    printf("\n");
}
```

运行结果:

string a is:I LOVE CHINA!

string b is:

I LOVE CHINA!

程序中 x 和 y 都是字符数组名,都代表数组首元素的地址,可以通过 x 和 y 访问各自的数组元素。在程序中,用 *(x + i)表示 x[i],用 *(y + i)表示 y[i],于是在 for 语句中,就有 *(y + i) = *(x + i),其目的是将数组 x 的一个字符复制到数组 y 中,这样的复制字符不断重复,直到遇到数组 x 中的字符串结束标志'\0'为止。通过 for 循环,将字符串 x 复制到字符串 y 中,最后通过语句"*(y + i) = '\0';"将'\0'也复制到字符串 y 中。

在例 8-21 中用字符数组的方式实现了字符串中字符的存取,接下来,将定义一个指针变量,通过其值的改变来指向字符串中不同的字符,从而实现通过指针方法实现字符串中字符的存取。

【例8-22】用指针变量来实现字符串的复制。

源程序:

```
#include "stdio. h"
main( )
{
    char x[ ] = "I LOVE CHINA!",y[20], *z1, *z2;
    int i;
    for(z1 = x,z2 = y; *z1! = '\0';z1 + +,z2 + +)
        *z2 = *z1;
    *z2 = '\0';
    printf("string a is:%s\n",x);
```

```
    printf("string b is:\n");
    for(i=0;y[i]!  ='\0';i+ +)
        printf("%c",y[i]);
    printf("\n");
}
```

运算结果：

> string a is:I LOVE CHINA!
> string b is：
> I LOVE CHINA!

程序中,定义了两个变量 z1、z2,是指向字符型数据的指针变量,然后将字符串 x 和字符串 y 的首元素地址分别赋值给 z1、z2。然后通过 z1、z2 的值不断变化(每循环一次,就加 1),而指向不同的字符,从而实现将 x 中的字符依次复制到字符串 y 中的目的。

8.4.2 字符指针作函数参数

将一个字符串从一个函数传递到另一个函数,可以采用地址传递的方法,此时既可以用字符数组名作为函数参数,也可以用指向字符串的指针变量作为函数参数。通过被调函数中改变字符串的内容,从而使主调函数中的字符串也得到相应的改变。

1. 用字符数组作参数

【例 8 -23】用函数调用的方式来实现字符串的复制(用字符数组名作为函数参数)。
源程序：

```
#include "stdio. h"
void copy_s( char from[  ],char to[  ])
{
    int i;
    for(i =0;from[i]!  ='\0';i+ +)
        to[i] =from[i];
    to[i] ='\0';
}
main( )
{
    char x[ ] ="I am a boy. ";
    char y[ ] ="you are a girl. ";
    printf("string a =% s\nstring b =% s\n",x,y);
    copy_s(x,y);
    printf(" \nstring x =% s\n string y =% s\n",x,y);
}
```

运行结果：

> string a = I am a boy.
>
> string b = you are a girl.
>
> string x = I am a boy.
>
> string y = I am a boy.

x 和 y 是字符数组，初值如图 8 - 12(a)所示。copy_s 函数的作用是将 from[i]赋给 to[i]，直到 from[i]的值为" \0"为止。在调用 copy_s 函数时，将 x 和 y 的首地址分别传递给形参数组 from 和 to。因此 from[i]和 x[i]是同一个单元，to[i]和 y[i]是同一个单元。程序执行完以后，y 数组的内容如图 8 - 12(b)所示。可以看到，由于 y 数组原来的长度大于 x 数组，因此在将 x 数组复制到 y 数组后，未能全部覆盖 y 数组原有内容。y 数组最后三个元素仍保留原状。由于在输出 y 时按"%s"格式输出，则遇" \0"即结束输出，因此第一个" \0"后的字符是不被输出的。如果不采取"%s"格式输出而用"%c"逐个字符输出是可以输出后面这些字符的。

在 main 函数中也可以不定义字符数组，而用字符型指针变量作为实参。则例 8 - 23 中的 main 函数可改写如下：

```
main( )
{
    char * x = "I am a boy. ";
    char * y = "you are a girl. ";
    printf(" string a = % s\nstring b = % s\n",x,y);
    copy_s(x,y);
    printf(" \nstring x = % s\n string y = % s\n",x,y);
}
```

所得到的程序将实现与例 8 - 23 程序相同的功能。

2. 形参用字符指针变量

如果形参用字符指针变量来实现，则例 8 - 23 可以改写为下面的形式：

```
#include "stdio. h"
void copy_s( char * from,char * to)
{
    for( ; * from! = '\0';from + +,to + +)
        * to = * from;
    * to = '\0';
}
main( )
{
    char a[ ] = "I am a boy. ";
    char b[ ] = "you are a girl. ";
    char * x = a, * y = b;
```

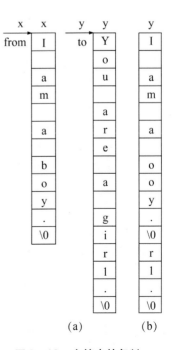

图 8 - 12 字符串的复制

```
        printf("string a = % s\nstring b = % s\n",x,y);
        copy_s(x,y);
        printf("\nstring x = % s\n string y = % s\n",x,y);
    }
```

其运行结果依然和例8－23运行结果一致。对于copy_s函数,可以用多种方法来实现,还可以更加简化。例如,可以将copy_s函数改写为:

```
    void copy_s(char  * from,char  * to)
    {
        for (;( * to = * from)!  = '\0';from + + ,to + + )
    }
```

也可以将copy_s函数改为:

```
    void copy_s(char  * from,char  * to)
    {
        while(( * to + + = * from + + )!  = '\0');
    }
```

还可以将copy_s函数改为:

```
    void copy_s(char  * from,char  * to)
    {
        while( * from!  = '\0')
         * to + + = * from + + ;
         * to = '\0';
    }
```

上面的while语句还可进一步简化为下面的while语句:

```
    while( * to + + = * from + + );
```

它与"while((* to + + = * from + +)! = '\0');"语句等价。同时,函数体中while语句也可以改用for语句:

```
    for(;( *  to + +  = * from + +)!  =0;);   或   for(; * to + + = * from + + ;);
```

也可以在函数copy_s中使用指针变量,则函数copy_s可写为:

```
    void copy_string(char from[  ],char to[  ])
    { char  * p1, * p2;
      p1 =  from;p2 = to;
      while(( * p2 + + = * p1 + + )!  = '\0');
    }
```

以上各种方法, 变化多端,使用十分灵活,初看起来不太易懂,含义不太直观,对于初学者来说,会有些困难,容易出错。但在C语言编程熟练后,会发现各种方法的好处及妙用,读者可以在掌握其意义的基础上加以熟练掌握。将上面的各种方法归纳起来,字符串通过函数调用来实现相应的操作,其函数参数通常有以下几种情况:

表 8 -1　函数参数情况

实参	形参
数组名	数组名
数组名	字符指针变量
字符指针变量	字符指针变量
字符指针变量	数组名

8.5. 函数的指针

8.5.1 用函数指针变量调用函数

用指针变量可以指向整型变量、字符串、数组,当然也可以用指针变量指向一个函数。一个函数在编译时被分配给一个入口地址。这个入口地址就称为函数的指针。可以用一个指针变量指向函数,然后通过该指针变量调用此函数。

【例 8 -24】求两个数中的较小者。

源程序:

```
#include "stdio. h"
main( )
{
  int min( int a,int b) ;
  int x,y,z;
  scanf( "% d,% d" ,&x,&y) ;
  z = min( x,y) ;
  printf( "x = % d,y = % d,min = % d\n" ,x,y,z) ;
}

int min( int a,int b)
{
  int c ;
  if( a < b)  c = a;
  else c = b;
  return c ;
}
```

运行结果:

```
12,34　<回车>
  x = 12,y = 34,min = 12
```

程序中,main 函数中的“z = min(x,y) ;”包括了对 min 函数的调用。在编译时,每一个函数都占用一段内存单元,都有一个起始地址。因此,可以用一个指针变量指向一个函数,通过指针变量来调用它指向的函数。则程序可以保持函数 min 不变,将 main 函数改写为:

```
main( )
{
    int min( int a,int b );
    int ( * p)(int,int);
    int x,y,z;
    p = min;
    scanf("%d,%d",&x,&y);
    z = ( * p)(x,y);
    printf("x = %d,y = %d,min = %d\n",x,y,z);
}
```

程序中,用"int (* p)(int,int);"定义了一个指向函数的指针变量,该函数有两个整型参数,函数值类型为整型;用"p = min;"实现将函数 min 的入口地址赋值给指针变量 p,函数名代表该函数的入口地址,因此调用 * p 就是调用 min 函数;赋值语句"z = (* p1)(x, y);"等价于"z = min(x,y),",它实现了用指针形式实现函数的调用。

对函数指针变量调用函数的使用作如下说明:

(1)指向函数的指针变量的一般定义形式为:

数据类型(* 指针变量名)(函数参数列表)

其中的"数据类型"是指函数返回值的类型。

(2)函数的调用可以通过函数名调用,也可以通过函数指针调用(即用指向函数的指针变量调用)。

(3)"int (* p)(int,int);"表示定义一个指向函数的指针变量 p,它不是固定指向哪一个函数,而只是表示定义了这样一个指向整型函数的指针变量,是专门用来存放函数的入口地址的。在程序中把哪一个函数的入口地址赋给它,它就指向哪一个函数。在一个程序中,一个指针变量可以先后指向不同的函数。

(4)在"int (* p)(int,int);"中, * p 两侧的括号不可省略,表示 p 先与 * 结合,是指针变量,然后再与后面的( )结合,表示此指针变量指向函数。如果省略了 * p 两侧的括号,写成"int * p(int,int);",则由于( )优先级高于 * ,它就成了函数的声明语句,声明的函数是一个返回值为指向整型变量指针的函数。

(5)在给函数指针变量赋值时,只需给出函数名即可,不必给出函数的参数。例如:

p = min;

(6)用函数指针变量调用函数时,只需将(* p)代替函数名即可(p 为指针变量名),在(* p)之后的括弧中根据需要写上实参。例如:

z = (* p)(x,y);

(7)对指向函数的指针变量,它只能指向函数的入口处,而不能指向函数中间的某一条指令处,因此不能用 * (p + 1)来表示函数的下一条指令,同样像 p + n、p + + 、p − − 等的运算都是无意义的。

8.5.2 用指向函数的指针作函数参数

函数指针变量通常的用途是把指向函数的指针作为参数传递到其他函数中。前面介绍过,函数的参数可以是常量、变量、表达式,也可以是指向变量的指针变量等,同样指向函数的指针也可以作为函数的参数,从而实现函数地址的传递,在被调函数中使用实参函数。

例如:有一个函数(假设函数名为 fun),它有两个形参 x1 和 x2,定义 x1 和 x2 为指向函数的指针变量。在调用函数 fun 时,实参为两个函数名 f 1 和 f 2,给形参传递的就是 f1 和 f2 的函数地址。这样在函数 fun 中就可以调用 f 1 和 f 2 函数了。例如:

```
                                         (f1、f2 为实参函数名)
                                          f 1        f 2
                                           ↓          ↓
fun(int (*x1)(int), int (*x2)(int,int))    /*定义 x1、x2 为函数指针变量,x1 指
                                             向的函数有一个整型形参,x2 指向的
                                             函数有两个整型形参*/

{ int m, n, i=1,j=2;
  m = (*x1)(i);                            /*调用 f 1 函数*/
  n = (*x2)(i,j);                          /*调用 f 2 函数*/
  ...

}
```

显然,如果在程序运行过程中只是用到了 f 1 和 f 2,完全可以直接在 fun 函数中直接调用 f 1 和 f 2,而不必定义指针变量 x1、x2。但是,如果在每次调用 fun 函数时,要调用的函数不是固定的,这次调用 f 1 和 f 2,下次要调用 f 3 和 f 4,第三次要调用的是 f 5 和 f 6……在这样的状况下,用指针变量可以发挥其优势,fun 函数不必作任何修改,只要在每次调用 fun 函数时给出不同的函数名作为实参即可实现函数调用的目的。

【例 8 - 25】有一个函数 fun,通过调用它,每次实现不同功能。输入 x 和 y 两个数,第一次调用 fun 时,找出 x 和 y 中较大者;第二次调用 fun 时,找出 x 和 y 中较小者;第三次调用 fun 时,求 x 与 y 之和。

源程序:

```
#include "stdio. h"
main()
{ int max(int,int);                      /*函数说明*/
  int min(int,int);                      /*函数说明*/
  int add(int,int);                      /*函数说明*/
  void fun(int,int,int(*p)(int,int));    /*函数说明*/
  int x,y;
  printf("enter x and y:\n");
  scanf("%d,%d",&x,&y);
  printf("max = ");
  fun(x,y,max);
  printf("min = ");
  fun(x,y,min);
  printf("sum = ");
  fun(x,y,add);
}
```

```
max( int a,int b)
{ int t;
  if( a > b)    t = a;
  else          t = b;
  return t;
}


min( int a,int b)
{ int t;
  if( a < b)    t = a;
  else          t = b;
  return t;
}
add( int a,int b)
{ int t;
  t = a + b;
  return t;
}
void fun( int a,int b,int( * p)( int,int))
{ int r;
  r = ( * p)(a,b);
  printf( "% d\n",r);
}
```

运行结果:

```
enter x and y:
12,45    <回车>
max = 45
min = 12
sum = 57
```

max、min 和 add 是已定义的三个函数,分别用来实现求最大值、求最小值和求两数和的功能。在 main 函数中第一次调用 fun 函数时,除了将 x 和 y 作为实参将两个数传给 fun 的形参 a、b 外,还将函数名 max 作为实参,将其入口地址传送给 fun 函数中的形参 p(p 是指向函数的指针变量)。这时,fun 函数中的(* p)(a,b)相当于 max(a,b) ,调用函数 fun 后可以输出 x 和 y 中较大者。在 main 函数第二次调用时,将函数名 min 作为实参,此时 fun 函数的形参 p 指向函数 min,在 fun 函数中的函数调用(* p)(a, b)相当于 min(a, b)。同理,第三次调用 fun 函数时,在 fun 函数中的函数调用 (* p) (a, b)相当于 add(a, b)。通过三次指向函数的指针变量的不同指向,分别调用不同的函数,从而实现了三个函数的不同功能。

8.6 返回指针值的函数

通过调用函数,返回一定的函数值,已是程序设计过程中的普遍现象。一个函数的返回值类型可以是一个整型值、字符值、实型值等,同样函数的返回值也可以是一个指针型的数据,即返回地址值。

如果一个函数需要返回指针值,则一般定义的形式为:

类型名   函数名(参数表)

例如:

float ∗ fun(float x, float y);

fun 是函数名,调用它可以返回一个指向数据的指针的值。x、y 是函数 fun 的形参,为 float型。请注意在 ∗fun 两侧没有括号,在 fun 的两侧分别为 ∗ 运算符和( )运算符。而( )优先级高于 ∗,因此 fun 先与( )结合,即函数的形式。fun 函数前面有一个 ∗,表示此函数是指针型函数(即函数返回值是指针)。∗fun 前面的 float 表示返回的指针指向 float 型变量。

返回函数值的函数格式为:

float ∗ fun(float x, float y)

而指向函数的指针变量的格式为:

float (∗ fun)(float x, float y)

两者极为相似,注意区分。对初学 C 语言的人来说,这两种形式都可能不大习惯,容易出错,用时要多注意,小心使用。

【例8-26】有若干学生的成绩(每名学生有四门课程),要求在用户输入学生序号以后,用指针函数来实现输出该学生的全部成绩。

源程序:

```
#include "stdio. h"
main( )
{
  float score[ ][4] = {{55,66,77,88},{61,72,83,94},{34,56,78,90}};
  float  ∗ search(float( ∗ pointer)[4],int n);
  float ∗ p;
  int i,m;
  printf("enter the number of student: \n");
  scanf("% d",&m);
  printf("The scores of No. % d are:",m);
  p = search(score, m);
  for(i = 0;i < 4;i + +)
  printf("%5. 1f", ∗ (p + i));
       printf("\n");
}
float  ∗ search(float ( ∗ pointer)[4],int n)
```

```
{ float  * pt;
   pt = * ( pointer + n);
   return pt;
}
```

运行结果：

enter the number of student：

1   <回车>

The scores of No. 1 are：61. 0 72. 0 83. 0 94. 0

注意输入的是 1,得到的是第二个学生的成绩,因为学生学号是从 0 开始的。函数 search 被定义为指针型函数,它的形参 pointer 是一个指向包含四个元素一维数组的指针变量。pointer + 1 指向 score 数组第一行,而 * (pointer + 1)就指向第一行 0 列元素。在 search 函数中的 pt 是指针变量,它指向实型变量,而不是指向一维数组。main 函数调用 search 函数,将 score 数组的首地址传给 pointer(score 也是指向行的指针,而不是指向列元素的指针)。m 是要查找成绩学生的序号。调用 search 函数后,得到一个地址值赋给 p,该地址指向第 m 个学生第 0 门课程。然后通过这个地址值的不断加 1 改变指向,依次指向下一门课的成绩,就可以将此学生的四门课的成绩打印出来,需要提醒的是:p 是指向列元素的指针变量,* (p + i)表示该学生第 i 门课的成绩。

【例 8 - 27】有若干学生的成绩(每名学生有四门课程),找出其中有不及格课程的学生,并输出该学生其他课程的成绩。

源程序：

```
#include " stdio. h"
main( )
{ float score[ ][4] = {{55,66,77,88},{61,72,83,94},{34,56,78,90}};
   float  * search(float( * pointer)[4]);
   float  * p;
   int i,j;
   for(i =0;i <3;i + + )
   { p = search(score + i);
     if(p = = * (score + i))
     { printf(" No. % d scores:\n",i);
       for(j =0;j <4;j + + )
            printf(" %5. 1f", * (p + j));
       printf(" \n");
     }
   }
}
float  * search(float ( * pointer)[4])
{ int i;
   float  * pt1;
```

```
    pt1 = * ( pointer + 1 ) ;
    for( i = 0 ; i < 4 ; i + + )
    if( * ( * pointer + i ) < 60 ) pt1 = * pointer ;
    return pt1 ;
}
```

运行结果：

```
No. 0 scores：
55. 0 66. 0 77. 0 88. 0
No. 2 scores：
34. 0 56. 0 78. 0 90. 0
```

8.7 · 指 针 数 组

8.7.1 指针数组

把相同类型的一组数据组合在一起，就构成了数组。前面的项目中，介绍了一维数组，二维数组和字符数组，它们的数组元素都是基本类型的数据。如果一个数组的数组元素皆为指针类型，称这样的数组为指针数组。指针数组是一组有序的指针集合，其所有元素都必须是具有相同存储类型和指向相同数据类型的指针变量。

1. 指针数组的定义

在 C 语言中，指针数组的定义格式为：

类型说明符　　数组名[数组长度]

指针数组的定义形式与前面介绍的数组定义形式几乎一致，只不过，定义的数组是用来存放指针，因此在数组名前多加了一个"*"，表示为指针数组；另外定义格式中的"类型说明符"为定义的指针数组中的数组元素所指向的变量类型，例如：

```
float  * pa[ 10 ] ;
```

定义了一个名为 pa 的指针数组，它有 10 个数组元素，每个元素值都是一个指针，用来指向float 型变量。

2. 指针数组的引用

（1）用指针数组表示二维数组。

在实际的编程过程中，可以用指针数组来指向二维数组，完成相关的操作。

【例 8 - 28】用一个指针数组实现一个二维数组的指定元素的输出。

源程序：

```
#include " stdio. h"
main( )
{
    int a[ 3 ][ 3 ] = { 1,2,3,4,5,6,7,8,9 } ;
    int * pa[ 3 ] = { a[ 0 ],a[ 1 ],a[ 2 ] } ;
```

```
    int  * p = a[0];
    int i;
    for(i = 0;i < 3;i + + )
        printf("%d,%d,%d\n",a[i][0], * (a[i] +1), * ( * (a +i) +2));
    printf("\n");
    for(i = 0;i < 3;i + + )
        printf("%d,%d,%d\n", * pa[i],p[i +1], * (p +i));
}
```

运行结果：

```
1,2,3
4,5,6
7,8,9
1,2,1
4,3,2
7,4,3
```

在程序中，pa 是一个指针数组，三个元素分别指向二维数组 a 的各行。然后用循环语句输出指定的数组元素。其中 * (a[i] +j)表示 i 行 j 列元素值; * (* (a +i) +j)表示 i 行 j 列的元素值; * pa[i]表示 i 行 0 列元素值;由于 p 与 a[0]相同,故 p[i]表示 0 行 i 列的值; * (p +i)表示 0 行 i 列的值。由于指针变量概念的引入,使一维数组、二维数组、字符数组的表示形式变得多样化,加之指针数组可以指向一维数组等普通数组,使数组的表现形式更加多元化,读者应在学习过程中多领会数组元素值的各种不同的表示方法。

这里还需要强调:注意指针数组与二维数组指针变量的区别。这两者虽然可用来表示二维数组,但是其表示方法和意义不同。

二维数组的指针变量是单个的指针变量,其一般形式为:

(* 指针变量名)[常量表达式]

其格式两边的括号不可缺少。例如:

int (* p)[3];

表示一个指向二维数组的指针变量。该二维数组的列数为 3 或分解为一维数组的长度为 3。

指针数组可以看成是多个指针变量的集合,是一组有序的指针,其一般形式为:

* 指针数组名[常量表达式]

其格式两边不能有括号,例如:

int * p[3];

表示 p 是一个指针数组,有三个数组元素 p[0],p[1],p[2],它们均为指针变量。

(2)用指针数组表示字符串。

指针数组也常用来表示一系列的字符串,在实际过程中,指针数组的每个元素都被赋予一个字符串的首地址。然后通过指针数组的数组元素完成对一系列字符串的处理。

【例8 -29】输入一个 1 ~7 之间的整数,输出对应的星期名。

源程序：

#include "stdio. h"

```
main( )
{
  int i;
  char * day_name( int n) ;
  printf( "input Day No：\n" ) ;
  scanf( "% d" ,&i) ;
  if( i <0) exit(1) ;
  printf( "Day No：% 2d - - > % s\n" ,i,day_name(i) ) ;
}
char * day_name( int n)
{ char * name[ ] = { "Illegal day" ,
                    "Monday" ,
                    "Tuesday" ,
                    "Wednesday" ,
                    "Thursday" ,
                    "Friday" ,
                    "Saturday" ,
                    "Sunday" } ;
  return n <1 | | n >7? name[0] :name[n] ;
}
```

运行结果：

input Day No：

5　　　<回车>

Day No：5 - - > Friday

（3）用指针数组作函数参数。

指针数组除了可以指向二维数组,字符串外,还可以用作函数参数。

【例 8 -30】输入 5 个国名并按字母顺序排列后输出。

源程序：

```
#include "stdio. h"
#include "string. h"
main( )
{
  void sort( char * name[ ] ,int n) ;
  void print( char * name[ ] ,int n) ;
  static char * name[ ] = { "CHINA" ,"AMERICA" ,"AUSTRALIA" ,"FRANCE" ,"GER-
  MAN" } ;
  int n =5;
  sort( name,n) ;
  print( name,n) ;
```

```
        }
    void sort( char  * name[ ] ,int n)
        {
            char  * pt;
            int i,j,k;
            for( i = 0 ;i < n – 1 ;i + + )
            {
                k = i;
                for( j = i + 1 ;j < n;j + + )
                    if( strcmp( name[ k ] ,name[ j ] ) > 0 )  k = j;
                if( k !  = i)
                {
                    pt = name[ i ] ;
                    name[ i ] = name[ k ] ;
                    name[ k ] = pt;
                }
            }
        }
    void print( char  * name[ ] ,int n)
        {
            int i;
            for ( i = 0 ;i < n;i + + )  printf( " % s\n" ,name[ i ] ) ;
        }
```

运行结果:

AMERICA

AUSTRALIA

CHINA

FRANCE

GERMAN

本程序定义了两个函数,一个名为 sort 完成排序,其形参为指针数组 name,即为待排序的各字符串数组的指针。形参 n 为字符串的个数。另一个函数名为 print,用于排序后字符串的输出,其形参与 sort 的形参相同。主函数 main 中,定义了指针数组 name 并作了初始化赋值。然后分别调用 sort 函数和 print 函数完成排序和输出。值得说明的是在 sort 函数中,对两个字符串比较,采用了 strcmp 函数,strcmp 函数允许参与比较的字符串以指针方式出现。name[k] 和 name[j] 均为指针,因此是合法的。字符串比较后需要交换时,只交换指针数组元素的值,而不交换具体的字符串,这样将大大减少时间的开销,提高了运行效率。

8.7.2 main 函数的参数

前面介绍的 main 函数都是不带参数的。因此常常看见主函数 main 后的括号都是空括号。实际上,指针数组的一个重要应用就是作为函数 main 的形参。由此看来,main 函数是可以带参数的,而其后括号内的参数可以认为是 main 函数的形式参数。C 语言规定:main 函数的参数只能有两个,习惯上将这两个参数写为 argc 和 argv。因此,main 函数的函数头可由原来的

    void main( )

改写为:

    void main(argc,argv)

C 语言还规定第一个形参 argc 必须是整型变量,第二个形参 argv 必须是指向字符串的指针数组。加上形参说明后,main 函数的函数头应写为:

    void main (int argc, char ∗ argv[ ])

由于 main 函数不能被其他函数调用,因此不可能在程序内部取得实际值。实际上,main 函数是由操作系统调用的,其参数值是从操作系统命令行上获得的。当处于操作命令状态下,要运行一个可执行文件时,在 DOS 提示符下键入文件名,再输入实际参数即可把这些实参传送到 main 的形参中去。

在 DOS 提示符下命令行的一般形式为:

盘符　可执行文件名　参数 1　参数 2…参数 n

特别强调的是,函数 main 的两个形参和命令行中的参数在位置上并不是一一对应的。因为 main 的形参只有二个,而命令行中的参数个数原则上是未加限制,可以为任意多个。因此,参数 argc 用来表示命令行中参数的个数(注:文件名本身也是一个参数),参数 argc 的值是在输入命令行时由系统按实际参数的个数自动赋予的。例如有命令行为:

    C:﹨>E24　BASIC　foxpro　FORTRAN

由于文件名 E24 本身也算一个参数,所以共有四个参数,因此 argc 取得的值为 4。argv 参数是字符串指针数组,其各元素值为命令行中各字符串(参数均按字符串处理)的首地址,如图 8 −13所示。

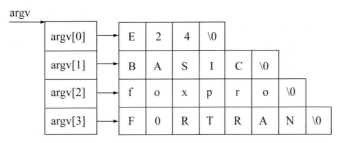

图 8 −13　main 函数的参数

如果有一个名为 e24. exe 的文件,它包含以下的 main 函数:

```
main ( int argc, char ∗ argv[ ] )
{
    while( argc − − >1)
    printf("% s\n", ∗ + + argv);
}
```

假如可执行文件名为 e24. exe 存放在 A 驱动器的盘内。因此输入的命令行为:

    C:﹨>a:e24 BASIC foxpro FORTRAN

则运行结果为：

BASIC

foxpro

FORTRAN

该命令行共有四个参数。执行 main 时，argc 的初值即为 4。指针数组 argv 的四个元素分别存放着四个字符串的首地址。执行 while 语句时，每循环一次 argc 的值即减 1，当 argc 的值等于 1 时就终止循环，因此 while 循环共循环三次，共可输出三个参数。在 printf 函数中，由于打印项 ＊＋＋argv 是先加 1 再打印，故第一次打印的是 argv[1] 所指的字符串 BASIC。第二、三次循环分别打印后两个字符串。而参数 e24 是文件名，不必输出。

8.8. 指向指针的指针

在 C 语言中，如果一个指针变量存放的又是另一个指针变量的地址，则称这个指针变量为指向指针的指针变量。

在此前已介绍过，通过指针访问变量称为"间接访问"。通过指针变量直接访问变量的寻址方式，可以称为"单级间址"，如图 8 – 14(a) 所示。如果通过指向指针的指针变量来访问变量的寻址方式就可以称为"二级间址"，如图 8 – 14(b) 所示。

图 8 – 14　二级间址的寻址方式

如图 8 – 15 所示，name 是一个指针数组，包含了五个元素，每个元素都是一个指针型数据，其值都为地址。对于指针数组 name 而言，它的每一个元素又有各自的地址，同时 name 又是数组名，本身就表示该指针数组的首地址，则 name ＋i 就是 mane[i] 的地址，因此可以说 name ＋i 就是指向指针型数据的指针。如果设置一个指针变量 p，用它来指向指针数组元素，那么 p 就叫做指向指针的指针变量。指向指针的指针变量的定义格式为：

类型说明符　　　指针变量名

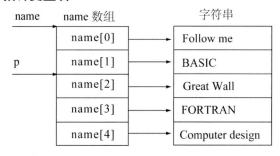

图 8 – 15　指向指针的指针变量

其中"类型说明符"为指向的指针变量的类型，"＊＊"表示指向指针的指针变量的标记，以区别于变量、指针变量，例如：

char ＊＊p;

p 前面有两个 ＊ 号,相当于 ＊(＊p)。显然 ＊p 是指针变量的定义形式,如果没有最前面的
＊,那就是定义了一个指向字符数据的指针变量。现在它前面又有一个 ＊ 号,表示 p 是指向
一个字符指针型变量的。＊p 就是 p 所指向的另一个指针变量。针对图 8 - 14 所示数据,如
果有语句组:

p = name + 1;

printf("％d\n", ＊p);

printf("％s\n", ＊p);

则第一个 printf 函数语句通过整数十进制格式"％d"输出 name[1]的地址,这个值是存放字
符串"BASIC"的地址值;第二个 printf 函数语句以字符串格式"％s"输出字符串"BASIC"。

【例 8 - 31】使用指向指针的指针完成一系列字符串的输出。

源程序:

```
#include "stdio. h"
main( )
{ char ＊name[ ] = { "Follow me" , "BASIC" , "Great Wall" ,
    "FORTRAN" , "Computer design" } ;
    char ＊＊p;
    int i;
    for( i = 0 ; i < 5 ; i + + )
    {
        p = name + i;
        printf("％s\n", ＊p) ;
    }
}
```

运行结果:

```
Follow me
BASIC
Great Wall
FORTRAN
Computer design
```

为了加深对指向指针的指针变量的认识,再看一个程序举例。

【例 8 - 32】用指向指针的指针变量完成指针数组所指向数据的输出。

源程序:

```
#include "stdio. h"
main( )
{ static int a[5] = {1,3,5,7,9};
    int ＊num[5] = { &a[0],&a[1],&a[2],&a[3],&a[4] } ;
    int ＊＊p,i;
    p = num;
```

```
        for( i = 0 ; i < 5 ; i + + )
        { printf( " % 4d ", * * p ) ;
        p + + ;}
        printf( " \n" ) ;
    }
```

运行结果：

　　1　3　5　7　9

　　指向指针的指针变量对于初学者来说，是一件很困难和头疼的事情，希望读者多多理解，多多应用，才能熟练掌握。

------------→ 项 目 学 习 实 践 ←--------------

　　【例8 - 33】输入三个整数，按由小到大的顺序输出。

　　解题思路：此题主要利用指针、if 语句及 swap 函数共同实现程序的目的。通过函数 swap 利用改变程序中指针的指向来实现数值的互换，通过数与数之间的两两互换，最终实现三个数从小到大的顺序输出，只要体现用指针的方法实现程序的目的。例如：void swap(int * p1,int * p2) // * p1 = a; * p2 = b;改变指针指向的地址的值，即 a 和 b 的值互换。使 a 和 b 的值进行互换就是它的基本用法。

　　源程序：

```
#include " stdio. h "
void main( )
{
    void swap( int * p1 ,int * p2 ) ;
    int n1 ,n2 ,n3 ;
    int * p1 , * p2 , * p3 ;
    printf( " input three integer n1 ,n2 ,n3 : " ) ;
    scanf( " % d,% d,% d ",&n1 ,&n2 ,&n3 ) ;//输入那里最好去掉空格
    p1 = &n1 ;
    p2 = &n2 ;
    p3 = &n3 ;
    if( n1 > n2 ) swap( p1 ,p2 ) ;
    if( n1 > n3 ) swap( p1 ,p3 ) ;
    if( n2 > n3 ) swap( p2 ,p3 ) ;
    printf( " Now,the order is:% d,% d,% d\n ",n1 ,n2 ,n3 ) ;
}
void swap( int * p1 ,int * p2 )
{ int p ;
    p = * p1 ; * p1 = * p2 ; * p2 = p ;
}
```

运行结果：

> input three integer n1,n2,n3:34,21,25　　<回车>
>
> Now,the order is:21,25,34

【例 8 - 34】 输入三个字符串,按由小到大的顺序输出。

解题思路:程序主要利用指针、strcmp(字符串比较函数)及 swap 函数组合。程序主要通过函数 strcmp 完成字符串的比较,再通过函数 swap 利用改变指针指向的方式,达到两个字符串交换值的目的,进而完成三个字符串的排序。例如:if(strcmp (str1 , str2) >0) swap(str1 , str2);改变指针指向的地址的值,即 str1 和 str2 的值互换。

源程序:

```
#include "stdio. h"
#include "string. h"
void main()
{ void swap(char * ,char * );
  char str1[20],str2[20],str3[20];
  printf("input three line:\n");
  gets(str1);
  gets(str2);
  gets(str3);
  if( strcmp( str1,str2) >0) swap( str1,str2);
  if( strcmp( str1,str3) >0) swap( str1,str3);
  if( strcmp( str2,str3) >0) swap( str2,str3);
  printf("Now,the order is:\n");
  printf("%s\n%s\n%s\n",str1,str2,str3);
}
void swap(char *p1,char *p2)
{ char p[20];
  strcpy(p,p1);strcpy(p1,p2);strcpy(p2,p);
}
```

运行结果：

> input three line:
>
> I study very hard.　　　　　　　<回车>
>
> C language is very interesting.　　<回车>
>
> He is a professor.　　　　　　　<回车>
>
> Now,the order is:
>
> C language is very interesting.
>
> He is a professor.
>
> I study very hard.

【例 8 - 35】 有 n 个整数,使其前面各数顺序向后移 m 个位置,最后 m 个数变成最前面 m 个数。

解题思路:首先将 n 个数保存到数组 number 中,然后再确定后移定位置 m 的值。通过调用函数 move,将实参数组 number 传递给形参数组 arrary,然后将 array_end = array[$n-1$],之后将这 n 个数依次后移一个数,此时得到的最后一个数赋值给 array,array = array_end,依次循环 m 次,直到 m 等于 0 为止。

源程序:

```
#include "stdio. h "
void main( )
{    void move( int [20] ,int ,int) ;
    int number[20] ,n,m,i;
    printf("how many numbers? ") ;          /*问共有多少个数*/
    scanf("%d ",&n) ;
    printf("input %d numbers:\n",n) ;
    for(i=0;i<n;i++)                          /*输入 n 个数*/
        scanf("%d ",&number[i]) ;
    printf("how many place you want move? ") ;   /*后移多少个位置*/
    scanf("%d ",&m) ;
    move( number,n,m) ;                       /*调用 move 函数*/
    printf("Now,they are:\n ") ;
    for(i=0;i<n;i++)
        printf("%d",number[i]) ;
    printf("\n ") ;
}
void move( int array[20] ,int n,int m)        /*循环后移一次函数*/
{    int *p,array_end;
    array_end = *(array+n-1) ;
    for(p=array+n-1;p>array;p--)
        *p = *(p-1) ;
    *array = array_end;
    m--;
        if(m>0) move(array,n,m) ;      /*递归调用,当循环次数 m 减少为 0 时,停止调用*/
}
```

运行结果:

```
how many number? 8                    <回车>
input 8 numbers:
12 43 65 67 8 2 7 11                   <回车>
how many place you want move? 4        <回车>
Now,they are:
8 2 7 11 12 43 65 67
```

【例8-36】将一个5×5的矩阵中最大的元素放在中心,四个角分别放四个最小的元素(顺序为从左到右、从上到下顺序依次从小到大存放),编写一个函数实现之,用main函数调用。

解题思路:程序中用change函数来实现题目所要求的元素值的交换,分为以下几个步骤:

① 找出全部元素中的最大值和最小值,将最大值与中心元素互换,将最小值与左上角元素互换。中心元素的地址为p+12(该元素是数组中的第12个元素——序号从0算起)。

② 找出全部元素中的次小值。由于最小值已找到并放在a[0][0]中,因此,在这一轮的比较中不应包括a[0][0],在其余24个元素中最小的就是全部元素中的次小值。在双重for循环中应排除a[0][0]参加比较。在if语句中,只有满足条件((p+5*i+j)!=p)才进行比较。不难理解,(p+5*i+j)就是&a[i][j],p的值是&a[0][0]。((p+5*i+j)!=p)意味着在i和j的当前值条件下&a[i][j]不等于&a[0][0]才满足条件,这样就排除了a[0][0]。因此执行双重for循环后得到次小值,并将它与右上角元素互换。右上角元素的地址为p+4。

③ 找出全部元素中的第三个最小值。因此a[0][0]和a[0][4](即左上角和右上角元素)不应参加比较。可以看到:在if从句中规定,只有满足条件((p+5*i+j)!=p)&&((p+5*i+j)!=(p+4))才进行比较。((p+5*i+j)!=p)的作用是排除a[0][0],((p+5*i+j)!=(p+4))的作用是排除a[0][4]。(p+5*i+j)是&a[i][j],(p+4)是&a[0][4],即右上角元素的地址。满足((p+5*i+j)!=(p+4))条件意味着排除了a[0][4]。执行双重for循环后得到除了a[0][0]和a[0][4]外的最小值,也就是全部元素中的第三个最小值,将它与右下角元素互换。右下角元素的地址为p+20。

④ 找出全部元素中的第四最小值。此时a[0][0]、a[0][4]和a[4][0](即左上角,右上角和左下角元素)不应参加比较、在if语句中规定,只有满足条件((p+5*i+j)!=p)&&(((p+5*i+j)!=(p+4))&&((p+5*i+j)!=(p+20)))才进行比较。((p+5*i+j)!=p)和((p+5*i+j)!=(p+4))的作用前已说明,((p+5*i+j)!=(p+20))的作用是排除a[4][0],理由与前面介绍类似。执行双重for循环后得到除了a[0][0]、a[0][4]和a[4][0]以外的最小值,也就是全部元素中的第四个最小值,将它与右下角元素互换。右下角元素的地址为p+24。

源程序:

```c
#include "stdio.h"
void main()
{
    void change(int *);
    int a[5][5], *p,i,j;
    printf("input matrix:\n");
for(i=0;i<5;i++)                    /*输入矩阵*/
    for(j=0;j<5;j++)
        scanf("%d",&a[i][j]);
    p=&a[0][0];                     /*使p指向0行0列元素*/
    change(p);                      /*调用函数,实现交换*/
```

```
        printf("Now,matrix:\n");
    for(i =0;i <5;i + +)                    /＊输出已交换的矩阵＊/
      {
        for(j =0;j <5;j + +)
            printf("%d ",a[i][j]);
        printf("\n");
      }
  }
  void change(int ＊p)                     /＊交换函数＊/
  {
    int i,j,temp;
    int ＊pmax, ＊pmin;
    pmax =p;
    pmin =p;
      for(i =0;i <5;i + +)       /＊找最大值和最小值的地址,并赋予 pmax,pmin ＊/
            for(j =i;j <5;j + +)
                  {
                      if( ＊pmax < ＊(p +5 ＊i +j)) pmax =p +5 ＊i +j;
                      if( ＊pmin > ＊(p +5 ＊i +j)) pmin =p +5 ＊i +j;
                  }
                  temp = ＊(p +12);
                              /＊将最大值交给中心元素＊/
      ＊(p +12) = ＊pmax;
      ＊pmax =temp;
      temp = ＊p;                /＊将最小值交给左上角元素＊/
      ＊p = ＊pmin;
      ＊pmin =temp;
      pmin =p +1;
      for(i =0;i <5;i + +)        /＊找第二最小值的地址赋给 pmin ＊/
          for(j =0;j <5;j + +)
            if(((p +5 ＊i +j)! =p)&&( ＊pmin > ＊(p +5 ＊i +j)))
                  pmin =p +5 ＊i +j;
                  temp = ＊pmin;/＊将第二最小值换给右上角元素＊/
                  ＊pmin = ＊(p +4);
          ＊(p +4) =temp;
          pmin =p +1;
          for(i =0;i <5;i + +)     /＊将第三最小值的地址赋给 pmin ＊/
              for(j =0;j <5;j + +)
                  if((((p +5 ＊i +j)! =(p +4))&&((p +5 ＊i +j)! =p)&&( ＊
  pmin > ＊(p +5 ＊i +j)))
```

```
                pmin = p + 5 * i + j;
                temp = * pmin;          /* 将第三最小值换给左下角元素 */
                * pmin = * (p + 20);
                * (p + 20) = temp;
                pmin = p + 1;
                for(i = 0; i < 5; i + +)    /* 找第四最小值元素赋予给 pmin */
                    for(j = 0; j < 5; j + +)
if(((( p + 5 * i + j)! = p) && ((p + 5 * i + j)! = (p + 4)) && ((p + 5 * i + j)! = (p + 20))
&&( * pmin > * (p + 5 * i + j)))
pmin = p + 5 * i + j;
                temp = * pmin;                     /* 将第四最小值换给右下角元素 */
                * pmin = * (p + 24);
                * (p + 24) = temp;
    }
```

运行结果：

```
input matrix :
35 34 33 32 31      <回车>
30 29 28 27 26      <回车>
25 24 23 22 21      <回车>
20 19 18 17 16      <回车>
15 14 13 12 11      <回车>
Now , matrix :
11 34 33 32 12
30 29 28 27 26
25 24 35 22 21
20 19 18 17 16
13 23 15 31 14
```

说明：上面所说的元素地址是指以元素为单位的地址，p + 24 表示从指针 p 当前位置向前移动 24 个单位元素的位置。如果用字节地址表示，上面右下角元素的字节地址为 p + 4 * 24，其中 4 是整型数据所占的字节数。

还可以改写上面的 if 语句，change 函数可以改写如下：

```
void change( int  * p)                  /* 交换函数 */
{
    int i, j, temp;
    int * pmax, * pmin;
    pmax = p;
    pmin = p;
    for(i = 0; i < 5; i + +)             /* 找最大值和最小值地址, 并赋予给 pmax、pmin */
        for(j = i; j < 5; j + +)
```

```
    {
           if( * pmax < * ( p + 5 * i + j ) ) pmax = p + 5 * i + j;
           if( * pmin > * ( p + 5 * i + j ) ) pmin = p + 5 * i + j;
    }
temp = * ( p + 12 ) ;          / * 将最大值与中心值互换 * /
* ( p + 12 ) = * pmax ;
* pmax = temp ;
temp = * p ;                   / * 将最小值与左上角元素互换 * /
* p = * pmin ;
* pmin = temp ;
pmin = p + 1 ;                 / * 将 a[0][1] 的地址赋予给 pmin,从该位置开始
                                 找最小元素 * /
for( i = 0 ; i < 5 ; i + + )        / * 找第二最小值的地址赋给 pmin * /
       for( j = 0 ; j < 5 ; j + + )
       {
             if( i = = 0&&j = = 0) continue ;
                    / * 当 i = 0 和 j = 0 时跳过下面的 if 语句 * /
             if( * pmin > * ( p + 5 * i + j ) )
                pmin = p + 5 * i + j ;
       }
   temp = * pmin ;             / * 将第二最小值与右上角元素互换 * /
   * pmin = * ( p + 4 ) ;
   * ( p + 4 ) = temp ;
   pmin = p + 1 ;
   for( i = 0 ; i < 5 ; i + + )/ * 找第三最小值的地址赋给 pmin * /
          for( j = 0 ; j < 5 ; j + + )
          {
                if( ( i = = 0&&j = = 0) | | ( i = = 0&&j = = 4) ) continue ;
                / * 当( i = 0 和 j = 0) 或( i = 0 和 j = 4) 时跳过下面的 if 语句 * /
                if( * pmin > * ( p + 5 * i + j ) ) pmin = p + 5 * i + j ;
          }
       temp = * pmin ;         / * 将第三最小值与左下角元素互换 * /
       * pmin = * ( p + 20 ) ;
       * ( p + 20 ) = temp ;
       pmin = p + 1 ;
       for( i = 0 ; i < 5 ; i + + )  / * 找第四最小值的地址赋给 pmin * /
          for( j = 0 ; j < 5 ; j + + )
          {
                if( ( i = = 0&&j = = 0) | | ( i = = 0&&j = = 4) | | ( i = =
                4&&j = = 0) ) continue ;
```

```
            /* 当( i = 0 和 j = 0)或( i = 0 和 j = 4)或( i = 4 和 j = 0)
        时跳过下面的 if 语句 */
                if( * pmin > * ( p + 5 * i + j)) pmin = p + 5 * i
        + j;
             }
        temp = * pmin; /* 将第四最小值与右下角元素互换 */
        * pmin = * ( p + 24);
        * ( p + 24) = temp;

}
```

习　题　八

一、选择题

1. 下面程序欲对两个整型变量的值进行交换,以下正确的说法是(　　　　)。

```
    main( )
    { int a = 10,b = 20;
      printf("(1)a = % d,b = % d\n",a,b);
      swap(&a,&b);
      printf("(2)a = % d,b = % d\n",a,b);
    }
    swap（int p,int q)
    { int t;
      t = p;p = q;q = t;}
```

则输出结果是_____。

A. 该程序完全正确

B. 该程序有错,只要将语句 swap(&a,&b);中的参数改为 a,b 即可

C. 该程序有错,只要将 swap( )函数中的形参 p、q 和变量 t 均定义为指针即可

D. 以上说法都不正确

2. 有四组对指针变量进行操作的语句,以下判断正确的选项是(　　　　)。

(1)int * p, * q;q = p;

　　int a, * p, * q;p = q = &a;

(2)int a, * p, * q;q = &a;p = * q;

　　int a = 20, * p; * p = a;

(3)int a = b = 0, * p;p = &a;b = * p;

　　int a = 20, * p, * q = &a; * p = * q;

(4)int a = 20, * p, * q = &a;p = q;

　　int p, * q;q = &p;

A. 正确:(1)　　　　　　　不正确:(2),(3),(4)

B. 正确:(1),(4)　　　　　不正确:(2),(3)

C. 正确:(3)　　　　　　　不正确:(1),(2),(4)

D. 以上结论都不正确

3. 有如下语句 int a = 10, b = 20; * p1 = &a, * p2 = &b;如果让两个指针变量均指向 b, 正确的赋值方式是(　　)。

　　A. * p1 = * p2;　　　　B. p1 = p2;　　　　C. p1 = * p2;　　　　D. * p1 = p2;

4. 已有定义 int k = 2;int * p1, * p2;且 p1,p2 均指向变量 k,下面不能正确执行的赋值 语句是(　　)。

　　A. k = * p1 + * p2;　　B. p2 = k;　　　　C. p1 = p2;　　　　D. k = * p1 * (* p2);

5. 变量的指针,其含义是指变量的(　　)。

　　A. 值　　　　　　　　B. 地址　　　　　C. 名　　　　　　　D. 一个标志

6. 若有说明 int * p1, * p2,m = 5,n;以下正确的程序段是(　　)。

　　A. p1 = &m;p2 = &p1;　　　　　　　　B. p1 = &m;p2 = &n; * p1 = * p2;

　　C. p1 = &m;p2 = p1;　　　　　　　　D. p1 = &m; * p2 = * p1;

7. 设有下面的程序段,则下列正确的是(　　)。

　　char s[ ] = "China"; char * p;p = s;

　　A. s 和 p 完全相同

　　B. 数组 s 中的内容和指针变量 p 中的内容相等

　　C. * p 与 s[0]相等

　　D. s 数组长度和 p 所指向的字符串长度相等

8. 以下与库函数 strcpy(char * p1,char * p2)功能不等的程序段是(　　)。

　　A. strcpy1(char * p1,char * p2)

　　　　{ while ((* p1 + + = * p2 + +) ! = ′\0′) ;}

　　B. strcpy2(char * p1,char * p2)

　　　　{ while ((* p1 = * p2) ! = ′\0′) { p1 + + ;p2 + + ;} }

　　C. strcpy3(char * p1,char * p2)

　　　　{ while (* p1 + + = * p2 + +) ;}

　　D. strcpy4(char * p1,char * p2)

　　　　{ while (* p2) * p1 + + = * p2 + + ;}

9. 下面程序的功能是将八进制正整数字符串转换为十进制整数。请选择填空【】 (　　),【2】(　　)。

```
#include "stdio. h"
main( )
{ char * p,s[6];int n;
  gets( p);
  n =【1】;
  while(【2】! = ′\0′) n = n * 8 + * p − ′0′;
  printf( "% d\n",n);
}
```

　　【1】A. 0　　　B. * p　　　C. * p − ′0′　　　D. * p + ′0′

　　【2】A. * p　　　B. * p + +　　　C. * (+ + p)　　　D. p

10. 语句 int（＊ptr)（）;的含义是（　　　）。

    A. ptr 是指向一维数组的指针变量

    B. ptr 是指向 int 型数据的指针变量

    C. ptr 是指向函数的指针,该函数返回一个 int 型数据

    D. ptr 是一个函数名,该函数的返回值是指向 int 型数据的指针

二、填空题

1. 执行以下程序后,a 的值为_____,b 的值为_____。

```
main( )
{ int a,b,k = 4,m = 6, * p1 = &k, * p2 = &m;
  a = p1 = = &m;
  b = ( - * p1)/( * p2) +7;
  printf("a = % d,b = % d\n",a,b);
}
```

2. 设 char ＊s = "\ta\017bc";则指针变量 s 指向的字符串所占的字节数是_____。

3. 下面程序段中,for 循环的执行次数是_____。

```
char * s = "\ta\018bc";
for( ; * s! = '\0';s + + ) printf( " * ");
```

4. 已有变量定义和函数调用语句 int a = 25;print_value(&a);下面函数输出的正确结果是_____。

```
void print_value( int * x)
{printf( " % d\n", + + * x);}
```

5. 下面程序的功能是在字符串 str 中找出最大的字符并放在第一个位置上,并将该字符前的原字符往后顺序移动,如 chyab 变成 ychab。请选择填空。

```
#include < stdio. h >
main( )
{ char str[80], * p,max, * q;
  p = str;gets( p);max = * ( p + + );
  while( * p! = '\0')
        { if( max < * p) {max = * p;_____;}
          p + + ;
        }
  p = q;
  while(_____) { * p = * ( p -1);_____;}
  * p = max;
  puts( p);
}
```

6. 下面程序段是把从终端读入的一行字符作为字符串放在字符数组中,然后输出,请分析程序填空。

```
int i;
char s[80], * p;
```

```
for( i = 0 ; i < 79 ; i + + )
{ s[ i ] = getchar( ) ;
  if( s[ i ] = = '\n' ) break ;
}
s[ i ] = _____ ;
p = _____ ;
while( * p) putchar( * p + + ) ;
```

7. 下面程序的功能是检查给定字符串 s 是否满足下列两个条件：

a. 字符串 s 中左括号"（"的个数与右括号"）"的个数相同；

b. 从字符串 s 的首字符起顺序查找右括号"）"的个数在任何时候均不超过所遇到的左括号"（"的个数；若字符串同时满足上述两个条件,函数返回 1,否则返回 0

```
#include " stdio. h"
main( )
{ char c[ 80 ] ;
  int d ;
  printf( " Input a string: " ) ;
  gets( c ) ;
  d = check( c ) ;
  printf( " % s" , d?" Yes" : " No" ) ;
}
check ( char * s )
{ int l = 0 , r = 0 ;
  while ( * s! = '\0' )
  { if( * s = = '(' ) l + + ;
    else if ( * s = = ')' )
        { r + + ; if ( _____ ) return( 0 ) ; }
            _____ ;
  }
  return( _____ ) ;
}
```

8. 下面程序的功能是将十进制数转换成十六进制数（注释:'0'和'A'的 ASCⅡ码值为 48 , 65 ）。

```
#include " stdio. h"
#include " string. h"
main( )
{ int a , i ;
  char s[ 20 ] ;
  printf( " Input a: \n" ) ;
  scanf( " % d" , &a ) ;
  c10_16( s , a ) ;
```

```
   for (i = _____;i > = 0;i – – ) printf("% c", * (s + i));
        printf("\n");
}
c10_16( char  * p,int b)
{ int j;
  while( b > 0)
{ j = b% 16;
  if (_____)  * p = j + 48;
  else  * p = j + 55;
  b = b/16;
  _____;
}
* p = '\0';
}
```

9. 下面程序是判断输入的字符串是否是"回文"(顺读和倒读都一样的字符串,称"回文",如 level)。

```
#include "stdio. h"
#include "string. h"
main( )
{ char s[81], * p1, * p2;
  int n;
  printf("Input a string:");
  gets(s);
  n = strlen(s);
  p1 = s;
    p2 = _____;
  while (_____)
  { if ( * p1!  = * p2) break;
    else {p1 + + ;_____;}
  }
  if (p1 < p2) printf("No\n");
  else printf("Yes\n");
}
```

10. 下面程序的运行结果是_____。

```
#include" stdio. h"
main( )
{ char a[80],b[80], * p = "aAbcdDefgGH";
      int i = 0,j = 0;
      while ( * p!  = '\0')
      { if ( * p > = 'a'&& * p < = 'z')
```

```
{a[i] = * p;i + + ;}
else
      {b[j] = * p;j + + ;}
p + + ;
}
a[i] = b[j] = '\0';
puts(a);puts(b);
}
```

三、编程题

1. 输入数组，最大的与第一个元素交换，最小的与最后一个元素交换，输出数组。

2. 有 n 个人围成一圈，顺序排号。从第一个人开始报数（从 1 到 3 报数），凡报到 3 的人退出圈子，问最后留下的是原来第几号的那位。

3. 写一个函数，求一个字符串的长度，在 main 函数中输入字符串，并输出其长度。

4. 编写一个函数，将一个 3×3 的矩阵转置。

5. 用指向指针的指针的方法对五个字符串排序并输出。

项目 9
结构体和共用体

 项目学习目的

在前面的项目中,已经介绍过基本类型(整型、实型、字符型)的数据,也介绍了一种构造类型数据——数组。但数组往往只能处理同一种类型的数据,对于不同类型的数据数组就显得力不从心了。在实际问题中,一组数据往往具有不同的数据类型。例如,在学生登记表中,姓名为字符型;学号为整型;年龄为整型;性别为字符型;成绩为实型。显然不能再用一个数组来存放这些不同类型的数据。为了解决这个问题,C 语言给出了另一种构造数据类型——结构(structure)或叫结构体。它相当于其他高级语言中的记录。"结构"是一种构造类型,它是由若干"成员"组成的,每一个成员可以是一个基本数据类型或者又是一个构造类型。接下来,开始就让我们一道翻开认识"结构体"和"共用体"的篇章。

本项目的学习目标:
1. 结构体和共用体类型数据的定义和成员的引用
2. 单向链表的建立,结构点的输出、删除与插入
3. 用 typedef 说明一个新类型

9.1 结　构　体

9.1.1 结构体的定义

结构体是 C 语言中另一种构造数据类型,用于把不同类型的数据组合成一个自定义的数据类型。结构类型定义的一般形式是:

```
struct  结构体名
{ 成员类型标识符1  成员名1;
  成员类型标识符2  成员名2;
  …
  成员类型标识符n  成员名n;
};
```

在格式中,

（1）"struct"是关键字,不能省略。

（2）"结构体名"是结构体类型的标志,它又称为"结构体标记"。"结构体名"为合法标识符,同时可以省略,成为无名称的结构体。

（3）花括号内是结构体中各个成员,由它们组成一个结构体。

（4）"成员名"是结构体中的组成部分,当成员名不止一个时,用逗号分隔,同时成员名的命名应符合标识符的命名规则。

（5）"成员类型标识符"标明结构体中各个成员名的类型,可以是相同的或不同的数据类型,也可以是基本类型或构造类型。

（6）花括号外面的分号不能省略,省略了就会出现错误。

例如,定义一个结构体 student,其内存中的存储形式如图 9-1 所示,其定义形式如下:

```
struct student
{ int num;
  char name[20];
  char sex;
  int age;
  float score;
  char addr[30];
};
```

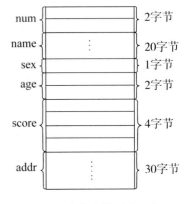

图 9-1　内存存储形式示意

在这个结构体定义中,结构名为 student,该结构由六个成员组成。第一个成员为 num,整型变量;第二个成员为 name,字符数组;第三个成员为 sex,字符变量;第四个成员为 age,整型变量;第五个成员为 score,实型变量;第六个成员为 addr,字符数组。应注意在括号后的分号是不可少的。结构体定义之后,就可将变量说明为该结构体类型,凡说明为结构体 student 的变量都由上述六个成员组成。由此可见,结构体是一种复杂的数据类型,是数目固定、类型不同的若干有序变量的集合。

9.1.2 结构体变量的定义

定义了一个结构体,相当于构建了一个模型,但其中并无具体数据,系统对之也不分配实际的内存单元。为了能在程序中使用结构体类型的数据,应当定义结构体变量,并在其中存放具体的数据。在 C 语言中,可以采用以下三种方法定义结构体变量。

方法一:先定义结构体类型,再说明结构体变量

可以先定义一个结构体类型,再说明具有结构体类型的变量,其说明的一般形式为:

struct 结构名

{

　　成员表列

};

结构体名　变量名表列;

例如有如下的语句:

```
struct student
{ int num;
  char name[20];
  char sex;
  float score;
};
struct student stu1,stu2;
```

说明了两个变量 stu1 和 stu2 为 student 结构体类型,它们分别拥有了六个成员。

也可以用宏定义使一个符号常量来表示一个结构类型。例如:

```
#define STU struct student
STU
{ int num;
  char name[20];
  char sex;
  float score;
};
STU stu1, stu2;
```

它的作用与前面的方法一致,只是用宏定义的方式说明了两个变量 stu1 和 stu2 为 student 结构体类型。

方法二:在定义结构体类型的同时,说明具有结构体类型的变量

可以在定义一个结构体的同时,说明具有结构体类型的变量,其说明的一般形式为:

struct 结构名

{

　　成员表列

}变量名表列;

例如有如下的语句:

```
struct student
```

```
｛ int num;
    char name[20];
    char sex;
    float score;
｝stu1,stu2;
```

它的作用与第一种方法一致,说明了两个变量 stu1 和 stu2 为 student 结构体类型。

方法三:直接定义结构体变量

可以直接定义结构体变量,其说明的一般形式为:

```
struct
｛
    成员表列
｝变量名表列;
```

例如有如下的语句:

```
struct
｛ int num;
    char name[20];
    char sex;
    float score;
｝stu1,stu2;
```

第三种方法与第二种方法的区别在于第三种方法中省去了结构体类型名,而直接给出结构体类型变量。

通过以上三种方法,都可以将变量 stu1、stu2 说明为具有结构体类型的变量,而 stu1、stu2 变量都具有如下结构。

num	name	sex	score

在说明了 stu1、stu2 变量为 student 结构体类型后,便可向这两个变量中的各个成员赋予相应的值。

在上述 student 结构定义中,所有的成员都是基本数据类型或数组类型,同时成员也可以又是一个结构体类型,即构成了嵌套的结构如下所示:

num	name	sex	birthday			score
			month	day	year	

按图可给出以下结构体类型定义:

```
struct date
｛
    int month;
    int day;
    int year;
｝;
    struct
```

```
{
    int num；
    char name[20]；
    char sex；
    struct date birthday；
    float score；
} stu1,stu2；
```

首先定义一个结构体类型 date,包含 month(月)、day(日)、year(年) 三个成员。在定义并说明变量 stu1 和 stu2 时,其中的成员 birthday 被说明为 date 结构类型。成员名可与程序中其他变量同名,互不干扰。

在 C 语言中,类型与变量的概念是有区别的,这里以结构体类型与结构体变量为例进行说明：

(1)结构体类型不分配内存,结构体变量要分配内存。

(2)结构体变量可以执行赋值、存取、运算,而结构体类型则不能。

(3)结构体类型中的成员名可与程序中结构体变量名相同,不会相互混淆。

(4)结构体类型的有效范围叫作用域,而结构体变量的有效范围叫生存期。

(5)结构体类型可嵌套定义,而结构体变量不能嵌套定义。例如：

```
struct date                      struct student
{                                {
    int month；                      int num；
    int day；                        char name[20]；
    int year；                       char sex；
}；                                   float score；
struct student          或         char addr[30]；
{                                    struct date
    int num；                        {
    char name[20]；                      int month；
    char sex；                           int day；
    float score；                        int year；
    char addr[30]；                  } birthday；
    struct date birthday；          } stu ；
} stu ；
```

9.1.3 结构体变量的引用

在程序中使用结构体变量时,往往不是把它作为一个整体来使用。在 ANSI C 中除了允许具有相同类型的结构体变量可以相互赋值外,一般对结构体变量的使用,都是通过结构体变量的成员来实现的。引用结构体变量成员的一般形式是：

结构变量名. 成员名

例如：

stu1. num   即第一个学生的学号

stu2. sex   即第二个学生的性别

对结构体变量的引用作以下几点说明：

（1）通常情况下，结构体变量不能整体引用，只能引用结构体变量中的各个成员，也就是说，不能将一个结构体变量作为一个整体进行输入、输出和其他相关操作。例如：已定义 stu1 和 stu2 为结构体变量，下面的引用都是错误的：

printf("％d,％s,％c,％d,％f,％s\n", stu1)；

stu1 ＝｛101,"Yue Fei",′M′,16,100,"HeNan"｝；

只能对结构体变量中的各个成员分别进行输入和输出。例如，stu1. num 表示 stu1 变量中的 num 成员，即 stu1 的 num（学号）项，同时可以对结构体变量的成员赋值，例如：

stu1. num ＝10011；

"."是成员运算符，在 C 语言所有运算符中优先级别最高，因此可以把 stu1. num 作为一个整体来处理，通过上面的赋值语句后，将整数 10011 赋给结构体变量 stu1 的成员 num。

（2）可以将一个结构体变量赋值给另一个具有相同结构体类型的变量。例如：已定义 stu1 和 stu2 为同一类型的结构体变量，并且它们都已经赋值，则有

stu2 ＝ stu1；

由于 stu1 和 stu2 具有相同类型，则具有相同的成员，已经相对应的成员的类型也一致，因此可以将 stu1 赋值给 stu2。

（3）对结构体变量的成员可以像普通变量一样，进行相应的运算（能进行何种运算，根据成员的类型决定。例如：

stu1. score ＝85. 5；

stu1. score ＋＝ stu2. score；

stu1. age ＋＋；

（4）如果结构体变量的成员本身又是一个结构体类型，即结构体嵌套，则要用若干个成员运算符"."逐级引用，一级一级地找到最低的一级成员。只能对最低级的成员进行赋值及相关的运算操作。例如：已定义 stu 为前面定义的结构体类型 student 的结构体变量，则可以访问相应的成员：

stu. birthday. month ＝2；

stu1. num

需要提醒的是：不能用 stu. birthday 来访问 stu 变量中的成员 birthday，因为 birthday 本身是一个结构体变量。

（5）可以引用结构体变量成员的地址，也可以引用结构体变量的地址。例如：

scanf("％c",&stu1. sex)；   （输入 stu1. sex 的值）

printf("％x", &stu1)；   （输出 stu1 的首地址）

9.1.4 结构体变量的赋值

在 C 语言中，对结构体变量的赋值可以分为两种：一种是在定义结构体变量时对结构体变量的赋值（即结构体变量的初始化），另一种是在定义完结构体变量后，对给结构体变量的各成员赋值从而实现对结构体变量的赋值。

1. 结构体变量的初始化

和其他类型的变量一样，可以对结构体变量在定义时指定初始值。

【例9-1】对结构体变量进行初始化。

源程序:

```
#include "stdio. h"
 main( )
 {
   struct student                        /*定义结构体*/
   {
     int num;
     char name[20];
     char sex;
     float score;
   }stu2,stu1 = {102,"Xiao Cao",'M',78. 5};
   stu2 = stu1;
   printf("Number = % d\nName = % s\n",stu2. num,stu2. name);
   printf("Sex = % c\nScore = % . 1f\n",stu2. sex,stu2. score);
 }
```

运行结果:

```
Number = 102
Name = Xiao Cao
Sex = M
Score = 78. 5
```

本程序中,stu1,stu2 均被定义为结构体变量,并对结构体变量 stu1 作了初始化赋值。在 main 函数中,把 stu1 的值整体赋予 stu2,然后用 printf 语句输出 stu2 各成员的值。

2. 在定义完结构体变量后,对结构体变量赋值

可以在定义完结构体变量后,对结构体变量的各成员赋值。

【例9-2】对结构体变量赋值并输出其值。

源程序:

```
#include "stdio. h"
 main( )
 {
   struct student                        /*定义结构体*/
 {
   int num;
   char name[20];
   char sex;
   float score;
 }stu2,stu1;
   stu1. num = 102;
   stu1. sex = 'M';
```

```
    printf("input name and score:\n");
    scanf("%s%f",&stu1. name,&stu1. score);
    stu2 = stu1;
    printf("Number = %d\nName = %s\n",stu2. num,stu2. name);
    printf("Sex = %c\nScore = %1f\n",stu2. sex,stu2. score);
}
```

运行结果：

> input name and score:
> XiaoCao 96.5　＜回车＞
> Number = 102
> Name = XiaoCao
> Sex = M
> Score = 96.5

在程序中,用赋值语句给 num 和 sex 两个成员赋值。用 scanf 函数动态地输入 name 和 score 成员值,然后把 stu1 的所有成员的值整体赋予 stu2。最后分别输出 stu2 的各个成员值。

9.2 结构体数组

在 C 语言中,数组元素允许是结构体类型,因此可以构成结构体数组。结构体数组的每一个元素都是具有相同结构体类型的结构体变量。在实际应用中,经常用结构体数组来表示具有相同数据结构的一个群体。如一个班的学生档案,一个车间职工的工资表等。

9.2.1 结构体数组的定义

结构体数组的定义与普通的结构体变量的定义形式类似,只需说明其为数组即可。例如：

```
struct student
{
    int num;
    char name[20];
    char sex;
    int age;
    float score;
    char addr[30];
};
struct student stu[10];
```

定义了一个结构体数组 stu,共包含 10 个元素,即 stu [0] ~ stu [9],每个数组元素都具有 struct student 的结构体类型,如图 9 - 2 所示。

也可以直接定义一个结构体数组,例如：

struct student

{

    int num;

    char name[20];

    char sex;

    int age;

    float score;

    char addr[30];

}stu[10];

或者是

struct

{

    int num;

    char name[20];

    char sex;

    int age;

    float score;

    char addr[30];

}stu[10];

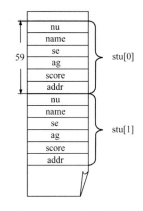

图 9-2　**struct student 结构体类型**

也就是可以用定义结构体变量的三种方法来定义结构体数组,只不过定义结构体变量时操作对象是变量,定义结构体数组时操作对象为数组而已。

9.2.2　结构体数组的初始化

结构体数组的初始化与其他类型的数组一样,可以对数组的全部元素初始化,也可以对数组的部分元素初始化,还可以是按行初始化,同时可以是按顺序初始化。

在结构体数组初始化时,可以对结构体数组的元素全部初始化。例如:

struct student

{ int num;

  char * name;

  char sex;

  float score;

  }stu[2] = { {101,"Li ping",'M',90}, {102,"Zhang ping",'M',80}};

当结构体数组的全部元素初始化时,数组的维数可以省略,则 stu[2]可以写成 stu[ ]是正确的。也可以只对结构体数组的部分元素初始化。例如:

struct student

{ int num;

  char * name;

  char sex;

  float score;

  }stu[5] = { {101,"Li ping",'M',90}, {102,"Cheng ling",'F',60}}

结构体数组 stu 包含五个元素,只对前两个元素 stu[0]和 stu[1]初始化。

初始化结构体数组时,可以按行的方式初始化,也可以按顺序初始化,上面对结构体数组的初始化都采用的是按行的方式,如果将上面的结构体数组用顺序的方式初始化,其形式如下:

```
struct student
{ int num;
    char * name;
    char sex;
    float score;
    } stu[2] = {101,"Li ping",'M',90, 102,"Zhang ping",'M',80};
```

即结构体数组 stu 的每个元素(stu[0]和 stu[1])将按照结构体类型 student 的模型结构,对其结构体的成员一一初始化,从而达到对结构体数组元素初始化的目的。

9.2.3 结构体数组元素的引用

结构体数组元素的引用与普通数组元素的引用大体一致,只是在结构体数组元素引用时,需引用结构体数组元素的成员,而不是结构体数组元素(因为结构体数组元素本身是一个结构体变量,不能整体引用)。其引用的一般形式为:

结构体数组名[下标]. 成员名

其中"结构体数组名"为定义的结构体数组的名称,"下标"是结构体数组中元素的标号,"成员名"是结构体数组元素的成员。例如:

```
stu[1]. age + +;
```

将结构体数组元素 stu[1]的成员 age 进行自增运算。又如:

```
strcpy(stu[0]. name, "YuePengju");
```

将字符串"YuePengju"复制到结构体数组元素 stu[0]的成员 name 中去。

9.2.4 结构体数组的应用举例

下面通过几个简单的程序来说明结构体数组的应用。

【例9-3】计算学生的平均成绩和不及格的人数。

源程序:

```
#include " stdio. h"
struct student
{ int num;
    char * name;
    char sex;
    float score;
} stu[5] = { {101,"Li ping",'M',80}, {102,"Zhang ping",'M',56}, {103,"He fang",
            'F',87. 5},
            {104,"Cheng ling",'F',87}, {105,"Wang ming",'M',78}};
main( )
```

```
{
  int i,c = 0;
  float ave,s = 0;
  for(i = 0;i < 5;i + + )
  {
  s + = stu[i].score;
  if(stu[i].score < 60) c + = 1;
  }
  printf("s = %.1f\n",s);
  ave = s/5;
  printf("average = %.1f\ncount = %d\n",ave,c);
}
```

运行结果：

```
s = 388.5
average = 77.7
count = 1
```

本例程序中定义了一个外部的结构体数组 stu,包含五个元素,并对数组初始化赋值。在 main 函数中用 for 语句逐个累加各元素的 score 成员值并存于 s 之中,如 score 的值小于 60 (不及格)即计数器 C 加 1,循环完毕后计算出平均成绩,最后输出全班总分,平均分不及格 人数。

【例 9 - 4】建立同学通讯录

源程序:

```c
#include "stdio.h"
#define NUM 3
struct mem
{
  char name[20];
  char phone[10];
};
main()
{
  struct mem man[NUM];
  int i;
  for(i = 0;i < NUM;i + + )
  {
  printf("input name:\n");
  gets(man[i].name);
  printf("input phone:\n");
  gets(man[i].phone);
```

```
        }
      printf("name\t\t\tphone\n\n");
      for(i=0;i<NUM;i++)
        printf("%s\t\t\t%s\n",man[i].name,man[i].phone);
    }
```

运行结果：

```
    input name：
    Li Yi                    <回车>
    input phone：
    139654321                <回车>
    input name：
    Wang Er                  <回车>
    input phone：
    138808080                <回车>
    input name：
    Hu Si                    <回车>
    input phone：
    136123456                <回车>
    name                  phone
    Li Yi                 139654321
    Wang Er               138808080
    Hu Si                 136123456
```

本程序中定义了一个结构 mem，它有两个成员 name 和 phone 用来表示姓名和电话号码。在主函数中定义 man 为具有 mem 类型的结构数组。在 for 语句中，用 gets 函数分别输入各个元素中两个成员的值。然后又在 for 语句中用 printf 语句输出各元素中两个成员值。

9.3. 结构体和指针

9.3.1 指向结构体变量的指针

一个结构体变量的指针就是指该变量在内存中的起始地址，可以用一个指针变量指向一个结构体变量，此时该指针变量用来存放所指结构体变量的起始地址。指向结构体变量的指针的定义形式为：

struct 结构体名 ∗指针变量

定义指针变量用来指向具有结构体类型的变量。例如：

    struct student ∗p;

定义了一个指针变量 p，用来指向具有结构体 student 类型的变量。当然也可在定义 student 结构体的同时说明 p，还可以在定义指针变量的时候对其赋值，例如：

struct student ＊p = &stu1；

与前面讨论的各类指针变量一样,结构体指针变量也必须先赋值,然后才能使用。对结构体指针变量的赋值就是把结构体变量的首地址赋予给相应的指针变量,而不是把结构体名赋予给指针变量。如果 stu 是被说明为 student 类型的结构体变量,p 是被说明为指向 student 类型的指针变量,那么：

p = &stu

是正确的,如果是：

p = &student

则是错误的。

这里需要强调的是：结构体名和结构体变量是两个不同的概念,不能混淆。结构体名只能表示一个结构体类型,编译系统并不对它分配内存空间。只有当某变量被说明为这种结构类型时,才会对那个变量分配存储空间。因此上面 &student 这种写法是错误的,不能取一个结构体名的首地址。而应该取具有结构体类型的结构体变量的首地址。

结构体指针变量中的值是所指向的结构体变量的首地址。通过结构指针即可访问该结构变量,就能方便地访问结构体变量的各个成员。用结构体指针变量访问结构体变量的成员,其访问的一般形式为：

（＊结构指针变量）. 成员名

或者为：

结构指针变量 − > 成员名（其中 − > 为指向运算符）

如果有

struct student stu, ＊p；

p = &stu；

…

则引用结构体 stu 的 num 成员,则可以使用形式

（＊p）. num = 100；

或者是：

p − > num = 100；

其执行效果相当于"stu. num = 100；"。应注意的是：（＊p）两侧的圆括号不可少,因为成员符"."的优先级高于指针运算符"＊",如去掉圆括号写作＊p. num,则等效于＊（p. num）,其意义就完全发生了变化。

为了方便使用和表达直观,常常把（＊p）. num 改用 p − > num 来代替,它表示 p 所指向的结构体变量中的 num 成员。同样,（＊p）. name 等价于 p − > name。也就是说,以下三种形式用于表示结构成员是完全等效的：

结构变量 . 成员名

（＊结构指针变量）. 成员名

结构指针变量 − > 成员名

所以如果有

struct student stu, ＊p；

p = &stu；

...

则 stu. name,(* p). name,p - > name 三者是等价的。

接下来通过一个简单的例子来说明结构指针变量的具体说明和使用方法。

【例 9 - 5】用三种不同的形式输出结构体变量的成员。

源程序：

```
#include "stdio. h"
struct student
{
    int num;
    char * name;
    char sex;
    float score;
} stu1 = {102,"Zhang ping",'M',78.5}, * p;
main( )
{
    p = &stu1;
    printf("Number = % d\nName = % s\n",stu1. num,stu1. name);
    printf("Sex = % c\nScore = %. 1f\n\n",stu1. sex,stu1. score);
    printf("Number = % d\nName = % s\n",( * p). num,( * p). name);
    printf("Sex = % c\nScore = %. 1f\n\n",( * p). sex,( * p). score);
    printf("Number = % d\nName = % s\n",p - > num,p - > name);
    printf("Sex = % c\nScore = %. 1f\n\n",p - > sex,p - > score);
}
```

运行结果：

```
Number = 102
Name = Zhang ping
Sex = M
Score = 78. 5

Number = 102
Name = Zhang ping
Sex = M
Score = 78. 5
Number = 102
Name = Zhang ping
Sex = M
Score = 78. 5
```

本例程序定义了一个结构体 student,定义了具有 student 结构体类型的变量 stu1,并对 stu1 进行了初始化,还定义了一个指向 stu1 类型结构体的指针变量 p,并在 main 函数中将 stu1 的地址赋予 p,从而使 p 指向 stu1,最后通过 printf 语句用三种形式输出 stu1 的各个成员值。

9.3.2 指向结构体数组的指针

既然指针变量可以指向一个结构体变量,那么指针变量也应该可以指向一个结构体数组。指向结构体数组的指针变量称为结构体数组指针变量,结构体数组指针变量的值是整个结构体数组的首地址。

如果 p 为指向结构体数组的指针变量,那么 p 就指向该结构体数组的 0 号元素,p + 1 就指向该结构体数组的 1 号元素,p + i 就指向 i 号元素。例如有:

struct student stu[5],* p;

p = stu;

…

则存在以下的关系:p 指向 stu[0],p + 1 指向 stu[1],如果

p - > num = 101;

其执行效果相当于 stu [0]. num = 101;又如

(+ + p) - > num = 102;

其执行效果相当于 stu [1]. num = 102;

【例 9 - 6】用指针变量输出结构数组。

源程序:

```
#include "stdio. h"
struct student
{
    int num;
    char * name;
    char sex;
    float score;
}stu[5] = { {101,"Li ping",'M',80},{102,"Zan pin",'M',56},{103,"He fan",'F',
            87.5},
                {104,"Sen lin",'F',87},{105,"Wang mi",'M',78}};
main( )
{
    struct student  * p;
    printf( "No\tName\t\tSex\tScore\t\n" );
    for( p = stu;p < stu + 5;p + + )
    printf( "% d\t% s\t\t% c\t%. 1f\t\n",p - > num,p - > name,p - > sex,p - > score );
}
```

运行结果：

No	Name	Sex	Score
101	Li ping	M	80.0
102	Zan pin	M	56.0
103	He fan	F	87.5
104	Sen lin	F	87.0
105	Wang mi	M	78.0

在程序中，定义了具有 student 结构体类型的外部结构体数组 stu，并对其作了初始化。在 main 函数内定义 p 为指向 student 类型的指针。在循环语句 for 的表达式 1，p 被赋予 stu 的首地址，然后循环 5 次，分别输出 stu 数组中各成员值。值得注意的是，一个结构体指针变量虽然可以用来访问结构体变量或结构体数组元素的成员，但是不能使它指向一个成员。也就是说不允许取一个成员的地址来赋予给指针变量。因此下面的赋值是错误的：

    p = &stu[1]. sex;

而只能是：

    p = stu;   （赋予结构体数组首地址）

或者是：

    p = &stu[0];   （赋予结构体数组 0 号元素首地址）

9.3.3 用结构体变量和指向结构体的指针作函数参数

在 ANSI C 标准中，允许用结构体变量作为函数的参数进行整体传递。但是这种传递是将结构体的全部成员逐个传送，如果成员又是数组的状况，则会使传送的时间和空间开销很大，严重地降低了程序的效率。因此最好的办法就是使用指向结构体变量或结构体数组的指针作函数参数进行传递。这样就使得由实参传递给形参的只是地址，从而减少了时间和空间的开销，其效率优于结构体变量参数方式和结构体成员变量参数方式（多值传递）。

如果用结构体变量作为参数，则定义的函数原型如

    void print(struct student cstu);

调用该函数的形式应为

    print(stu1); 或 print(*p1);

如果用结构体指针变量作为参数，则定义的函数原型如：

    void print(struct student * pStu);

调用该函数的形式应为

    print(&stu1); 或 print(p1);

接下来，就通过一个简单的程序来说明用结构体指针变量作为函数参数的应用。

【例 9 - 7】用结构指针变量作函数参数实现计算一组学生的平均成绩和不及格人数。

源程序：

```
#include "stdio. h"
struct student
    {
```

```
    int num;
    char * name;
    char sex;
    float score;
}stu[5] = {{101,"Li ping",'M',80},{102,"Zan pin",'M',56},{103,"He fan",'F',
        87.5},
            {104,"Sen lin",'F',87},{105,"Wang mi",'M',78}};
main()
{
    struct student * p;
    void ave(struct student * p);
    p = stu;
    ave(p);
}
void ave(struct student * p)
{
    int c = 0,i;
    float ave,s = 0;
    for(i = 0;i < 5;i + + ,p + + )
        {
            s + = p - > score;
            if(p - > score < 60) c + = 1;
        }
    printf("s = %.1f\n",s);
    ave = s/5;
    printf("average = %.1f\ncount = %d\n",ave,c);
}
```

运行结果：

```
s = 388.5
average = 77.7
count = 1
```

本程序中定义了函数 ave,其形参为结构指针变量 p。stu 被定义为具有结构体类型 student 的外部结构体数组,因此在整个源程序中都有效。在 main 函数中定义说明了结构指针变量 p,并把 stu 的首地址赋予它,使 p 指向 stu 数组。然后以 p 作实参调用函数 ave。在函数 ave 中完成计算平均成绩和统计不及格人数的工作并输出结果。本程序全部采用指针变量作运算和处理,故速度更快,程序效率更高。

9.4. 动态存储分配

在前面的学习过程中,曾介绍过数组的长度必须是预先定义好的确定的数据单元,在整个程序运行过程中也是固定不变,故在 C 语言中,不允许动态数组类型。例如:

int n;

scanf("%d",&n);

int a[n];

在定义数组时用变量表示其长度,意图是对数组的大小作动态的说明,这是不正确的。但是在实际的编程中,往往会出现所需的内存空间取决于实际输入的数据,而无法预先确定的状况。对于这种现象,用数组的办法肯定很难解决。为了解决上述问题,C 语言提供了一些内存管理函数,使用内存管理函数可以按需要动态地分配内存空间,也可把不再使用的空间回收,为有效地利用内存资源提供了必要的手段。常用的内存管理函数有以下三个。

1. 分配内存空间函数 malloc

【格式】(类型说明符 *)malloc(size)

【功能】在内存的动态存储区中分配一块长度为"size"字节的连续空间。函数的返回值为分配区域的首地址;如果此函数未能成功地执行,则返回空指针 NULL。

【说明】

在格式中,"类型说明符"表示把该区域用于何种数据类型;(类型说明符 *)表示把返回值强制转换为该类型指针。"size"是一个无符号数。例如:

p = (char *)malloc(50);

表示分配 50 个字节的内存空间,并强制转换为字符数组类型,函数的返回值为指向该字符数组的指针,把该指针赋予指针变量 p。

2. 分配内存空间函数 calloc

【格式】(类型说明符 *)calloc(n, size)

【功能】在内存动态存储区中分配 n 块长度为"size"字节的连续空间。函数的返回值为分配区域的起始地址;如果分配不成功,返回 NULL。

【说明】

在格式中,(类型说明符 *)用于强制类型转换;calloc 函数与 malloc 函数的区别仅在于一次可以分配 n 块区域。例如:

p = (struet student *)calloc(3,sizeof(struct student));

表示按 student 的长度分配三块连续的区域,强制转换为 student 类型,并把其首地址赋予指针变量 p。其中的 sizeof(struct student)表示求 student 的结构长度。

3. 释放内存空间函数 free

【格式】free(void * ptr);

【功能】释放 ptr 所指向的一块内存空间,ptr 是一个任意类型的指针变量,它指向被释放区域的首地址。被释放区应是由 malloc 或 calloc 函数所分配的区域。

【例 9 -8】分配一块区域,输入一个学生数据。

源程序：

```
#include "stdio. h"
main( )
{
    struct student
    { int num;
      char * name;
      char sex;
      float score;
    } * p;
        p = ( struct student * ) malloc( sizeof( struct student) ) ;
        p - > num = 110 ;
        p - > name = "Li ping" ;
        p - > sex = 'F' ;
        p - > score = 78. 5 ;
        printf( "Number = % d\nName = % s\n" , p - > num, p - > name) ;
        printf( "Sex = % c\nScore = %. 1f\n" , p - > sex, p - > score) ;
        free( p) ;
}
```

运行结果：

```
Number = 110
Name = Li ping
Sex = F
Score = 78. 5
```

本例中，定义了结构 student，定义了 student 类型指针变量 p。然后按 student 的长度分配一块连续区域，并把首地址赋予 p，使 p 指向该区域。再以 p 为指向结构的指针变量对各成员赋值，并用 printf 输出各成员值。最后用 free 函数释放 p 指向的内存空间。整个程序包含了申请内存空间、使用内存空间、释放内存空间三个步骤，实现存储空间的动态分配。

9.5 指 针 链 表

9.5.1 结构体构成的链表

在动态分配存储中，可以为一个结构体分配一段内存空间。每一次分配一块空间都可用来存放一定的数据，如存放学生的信息，把这样的一块空间就称为一个结点。有多少个数据需要处理就应该申请分配多少块内存空间，也就是说需要建立多少个结点。当然用结构体数组也可以完成内存空间的分配工作，但如果预先不能准确把握处理对象的数量，也就无法确定数组的大小。而且当处理对象发生了一些变化，也不能及时地响应，释放相应的数组空间。

对于存储学生信息等类似的问题,可以用动态存储的方法来解决。有一个学生就分配一个结点,无须预先确定学生的准确人数,某学生退学,可删去该结点,并释放该结点占用的存储空间,从而节约了宝贵的内存资源。同时,使用动态分配时,每个结点之间可以是不连续的(结点内是连续的)。结点之间的联系可以用指针实现,即在结点结构中定义一个成员项用来存放下一结点的首地址,这个用于存放地址的成员,称为指针域。

可在第一个结点的指针域内存入第二个结点的首地址,在第二个结点的指针域内又存放第三个结点的首地址,如此下去直到最后一个结点。最后一个结点因无后续结点连接,其指针域可赋值为0。这样一种连接方式,在数据结构中称为"链表"。如图9-3所示为一个简单的链表示意图。

图9-3 链表示意

在图9-3中,第0个结点称为头结点,它存放有第一个结点的首地址,它没有数据,只是一个指针变量。以下的每个结点都分为两个域,一个是数据域,存放各种实际的数据,如学号num,姓名name,性别sex和成绩score等。另一个域为指针域,存放下一结点的首地址。链表中的每一个结点都是同一种结构类型。例如,一个存放学生学号和成绩的结点应为以下结构:

```
struct stu
{ int num;
  int score;
  struct stu * next;
}
```

前两个成员项组成了数据域,后一个成员项next构成了指针域,它是一个指向stu类型结构的指针变量。一个指针类型的成员既可以指向其他类型的结构体数据,又可以指向自己所在结构体类型的数据。next是struct stu类型中的一个成员,它又指向struct stu类型的数据,可以用于建立链表。链表的基本操作对链表的主要操作有以下几种:

(1)建立链表。

(2)结构的查找与输出。

(3)插入一个结点。

(4)删除一个结点。

下面通过一个简单的例子先来看看链表是怎么建立的。

【例9-9】建立一个三个结点的链表,存放学生数据。为简单起见,假定学生数据结构中只有学号和年龄两项,可编写一个建立链表的函数creat。

源程序:

```
#define NULL 0
#define TYPE struct stu
#define LEN sizeof ( struct stu )
struct stu
{ int num;
```

```
        int age;
        struct stu * next;
    };
TYPE  * creat(int n)
{    struct stu  * head, * pf, * pb;
     int i;
     for(i = 0;i < n;i + + )
     {  pb = (TYPE * )  malloc(LEN);
        printf("input Number and Age\n");
        scanf("% d% d",&pb - > num,&pb - > age);
        if(i = = 0)
        pf = head = pb;
        else pf - > next = pb;
        pb - > next = NULL;
        pf = pb;
     }
     return(head);
}
```

在函数外首先用宏定义对三个符号常量作了定义。用 TYPE 表示 struct stu,用 LEN 表示 sizeof(struct stu),这样做的目的是为了在以下程序内减少书写并使阅读更加方便。结构体 stu 定义为外部结构体类型,程序中的各个函数均可使用该定义。

creat 函数用于建立一个有 n 个结点的链表,它是一个指针函数,它返回的指针指向 stu 结构。在 creat 函数内定义了三个 stu 结构的指针变量。head 为头指针,pf 为指向两相邻结点的前一结点的指针变量。pb 为后一结点的指针变量。

9.5.2 在链表中插入结点

在链表中插入一个数据时,首先要生成一个存放该数据的结点(可以通过动态存储分配完成),然后再将其插入链表中。如图 9 -4(a)所示,指针 p 指向结点 a,结点 a 指向结点 b,指针 q 指向要插入的结点 c。在结点 a、b 之间插入结点 c 时,应该先将结点 c 指向结点 b,如图 9 -4(b)所示,此时结点 a、c 都指向 b;再将结点 a 指向结点 c,如图 9 -4(c)所示,即断开结点 a 和结点 b 之间的联系。插入后的链表如图 9 -4(d)所示。上述指针修改用语句描述为:

q - > next = p - > next; p - > next = q;

表达式 q - > next = p - > next 中的 p - > next 是右值,表示 p 所指向的结点,即结点 b,该表达式的作用是将结点 c 指向结点 b。表达式 p - > next = q 中的 p - > next 是左值,表示结点 a 的指针成员,该表达式的作用是将结点 a 指向结点 c。注意,这两条语句的顺序不能颠倒,否则先断开结点 a 和结点 b 的关系后,再想将结点 c 指向结点 b 时,已经无法通过链表关系找到结点 b。

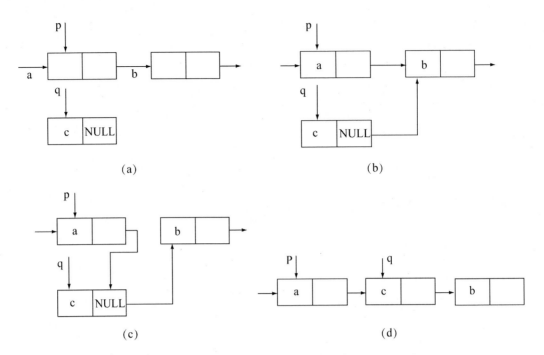

图9-4　单链表插入节点示意

插入结点的函数 insert( )参考代码如下：

```
struct data  * insert( struct data  * head , struct data  * stud)
{ struct data  * p0 ,  * p1 ,  * p2 ;
    p1 = head ;
    p0 = stud ;
    if( head = = NULL)
    {  head = p0 ; p0 -  > next = NULL ; }
    else
    {
        while( ( p0 -  > num > p1 -  > num) && ( p1 -  > next!  = NULL) )
        {
            p2 = p1 ;
            p1 = p1 -  > next ;
        }
        if( p0 -  > num <  = p1 -  > num)
        {
            if( head = = p1 ) head = p0 ;
            else p2 -  > next = p0 ;
            p0 -  > next = p1 ;
        }
        else
        {  p1 -  > next = p0 ; p0 -  > next = NULL ; }
    }
```

```
        n + +;
        return(head);
    }
```

9.5.3 在链表中删除结点

如图 9-4(b) 所示的链表中删除结点 c 时,修改结点 a 中的指针成员即可。操作语句如下:

P - > next = P - > next - > next;

赋值号右边,P - > next 表示结点 c,P - > next - > next 表示结点 b。删除过程如图 9-5 所示。

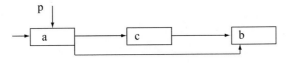

图 9-5 删除结点操作过程

删除结点函数 del( ) 参考代码:

```
struct data * del(struct data * head,int num)
{ struct data * p1, * p2;
    if(head = = NULL) { printf("\nlist null! \n"); return head;}
    p1 = head;
    while(num! = p1 - > num&&p1 - > next! = NULL)
    { p2 = p1;p1 = p1 - > next;}
    if(num = = p1 - > num)
    { if(p1 = = head)head = p1 - > next;
        else
            p2 - > next = p1 - > next;
        printf("delete:% d\n",num);
        n - -;
    }
    else printf("% d not been found! \n",num);
    return head;
}
```

9.6 共 用 体

9.6.1 共用体的概念

共用体,也称为联合体,也是一种构造数据类型,用于使几个不同类型的变量共占同一段内存单元。定义共用体类型变量的一般形式为:

union　共用体名

{

　　成员表列

　　…

} **变量表列；**

其定义形式与结构体相似,只是将关键字由结构体的关键字"struct"替换成共用体的关键字"union"即可。例如：

```
union data
{
    int i;
    char ch;
    float f;
}x,y,z;
```

也可以将类型声明与变量定义分开,例如：

```
union data
{
    int i;
    char ch;
    float f;
};
union data x,y,z;
```

即声明了一个 union data 共用体类型,再将 x、y、z 定义为 union data 类型。当然也可以直接定义共用体变量,例如：

```
union
{
    int i;
    char ch;
    float f;
}x,y,z;
```

可以看到,"共用体"与"结构体"的定义变量的形式相似,但它们的含义不同：

结构体变量用于把不同类型的数据组合成一个整体,即构成自定义数据类型,所占内存长度是各成员所占的内存长度之和,每个成员分别占有其自己的内存单元。

共用体变量用于使几个不同类型的变量共同占有一段内存,可以说不会产生新的数据类型,只是某个时刻为共用体其中一个成员的类型而已,所占的内存长度等于最长的成员的长度。如上面定义的"共用体",变量 x、y、z 占四个字节(因为成员中 float 型占四个字节,而且是长度最长的成员类型),如果上面定义的是一个"结构体",则变量 x、y、z 占 2 + 1 + 4 = 7 个字节。

9.6.2 共用体变量的引用

只有先定义共用体变量,才能对其引用,而且引用共用体变量的时候只能引用共用体变量的成员,而不能整体引用共用体变量。例如,有定义共用体变量为:

```
union
{
    int i;
    char ch;
    float f;
}x,y,z;
```

则共用体变量成员的正确引用可以是:

x. i　　　　　(引用共用体变量 x 中的整型变量成员 i)

y. ch　　　　(引用共用体变量 y 中的字符型变量成员 ch)

z. f　　　　　(引用共用体变量 z 中的单精度型变量成员 f)

不能只引用共用体变量,例如:

printf("%f", x);

是不正确的,x 的存储区有几种类型,分别占不同长度的存储区,仅引用共用体变量名 x,难以使系统确定究竟输出的是哪一个成员的值,应该写成:

printf("%f", x. f);

printf("%d", x. i);

printf("%c", x. ch);

才是正确的。

在使用共用体类型数据时应注意以下几点:

(1)在共用体中,同一个内存段可以存放几种不同类型的成员,但在某一时刻只能存放其中的一种,而不是同时存放几种。也就是说,某一时刻只有一个成员存在,其他成员都不起作用。

(2)共用体变量中起作用的成员是最后一次存放的成员,在存入一个新的成员后原来的成员就失去作用,例如有如下语句:

x. i = 12;

x. ch = 'a';

x. f = 2. 6;

在完成以上三个赋值语句后,只有 x. f 是有效的,x. i 和 x. ch 已经失去作用,无意义了。此时用"printf("%c",x. ch);"或者"printf("%d",x. i);"都是不行的,只有"printf("%f",x. f);"才是可以的。因此在引用共用体变量时应十分注意当前存放在共用体变量中的成员名称。

(3)共用体变量的地址和它的成员的地址都是同一个地址。例如,&x、& x. i、&x. ch、& x. f 都是同一个地址值。

【例 9 – 10】将一个整数按字节输出。

源程序:

```c
#include <stdio.h>
    union int_char
    {
        short i;
        char ch[2];
    };
     void main( )
    {
        union int_char x;
        x.i = 24897;
        printf("i = %o; i = %x\n", x.i, x.i);
        printf("ch0 = %o,ch1 = %o\nch0 = %c,ch1 = %c\n", x.ch[0], x.ch[1], x.ch[0], x.ch[1]);
    }
```

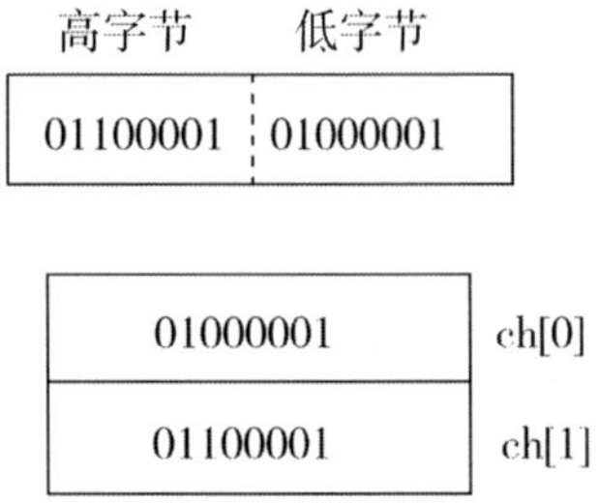

	高字节	低字节
	01100001	01000001

01000001	ch[0]
01100001	ch[1]

图 9 – 6　例 9 – 10 解题示意

运行结果:

> i = 60501; i = 6141
> ch0 = 101,ch1 = 141
> ch0 = A,ch1 = a

　　程序实现了将整数用字节输出的目的,其在计算机中的内存的存储样式如图 9 – 6 所示。

　　(4)不能对共用体变量赋值,也不能企图引用共用体变量来得到一个值,还不能在定义的时候对共用体变量初始化。例如:

①union
```c
    {
        int i;
        char ch;
        float f;
    }x = {10,'S',2.6};
```
②a = 10;

③m = a;

都是错误的。

　　(5)不能把共用体变量作为函数参数,也不能使函数带回共用体变量,但可以使用指向共用体变量的指针作为函数参数。

　　(6)共用体类型可以出现在结构体类型定义中,也可以定义共用体数组。反之,结构体也可以出现在共用体类型定义中,数组也可以作为共用体的成员。例如:

结构体中嵌套共用体　　　　　　共用体中嵌套结构体

struct　　　　　　　　　　　　struct w_tag

```
  {                                {
    int num;                         char low;
    char name[10];                   char high;
    char sex;                      };
    char job;                    union u_tag
    union                        {
    { int class;                   struct w_tag byte_acc;
      char position[10];           int word_acc;
    } category;                  } u_acc;
  } person[2];
```

9.7 枚举类型

在实际问题中,有些变量的取值限定在一个有限的范围内。例如,一个星期只有七天,一年只有十二个月等。如果把这些数据说明为整型,字符型或其他类型,显然是不恰当的,因此,C语言提供了另一种基本数据类型——“枚举”类型。在“枚举”类型的定义中列举出所有可能的取值,被说明为“枚举”类型的变量的取值只限于列举出来的值的范围内。需要强调的是:枚举类型是一种基本的数据类型,而不是一种构造类型,因为它不能再分解为任何基本的类型。

9.7.1 枚举类型的定义

声明枚举类型用enum,其定义的一般形式为:

enum　枚举类型名　{枚举值表};

在枚举值表中应罗列出所有可能的取值,这些取值称为枚举元素。枚举变量的定义与结构体变量的定义相类似,可以直接定义也可以间接定义。例如:

直接定义:enum wkdays{Sunday, Monday, Tuesday, Wednesday, Thursday, Friday, Saturday};

间接定义:enum wkdays workday;

9.7.2 枚举类型变量的定义

如同结构体和共用体一样,定义为枚举类型的变量可以使用不同的方式,即可以先定义枚举类型后定义枚举类型变量,也可以在定义枚举类型同时定义枚举类型变量,还可以直接定义枚举类型变量。设有变量x、y、z,被定义为上述的枚举类型wkday,可采用以下任意一种方式:

enum wkday{ sun,mon,tue,wed,thu,fri,sat };

enum wkday x ,y, z;

或者为:

enum wkday{ sun,mon,tue,wed,thu,fri,sat }x, y, z;

或者为：

```
enum { sun,mon,tue,wed,thu,fri,sat }x, y, z;
```

9.7.3 枚举类型变量的赋值和使用

在使用枚举类型数据时，应注意以下几点：

（1）定义为枚举类型的变量仅适用于取值为枚举值表中的值。

（2）枚举元素在程序中运行时的含义与其字面的词义是没有关系的，而取决于程序中用于解释说明的对应代码。例如，上面枚举元素 Sunday 不会自动代表"星期天"，只是英语中 Sunday 对应"星期天"。其实程序中对应"星期天"的枚举元素用什么表示都可以，只要能得到用户认可就行。

（3）在 C 编译中，对枚举元素是按常量处理的，故又称为枚举常量，因此不能对它们赋值。例如：

```
sun = 7;
mon = 1;
tue = 2;
```

都是错误的。

（4）枚举元素由系统定义了一个表示序号的数值，其值分别为对应在枚举类型定义时取值列表中的序号（从 0 开始顺序定义为 0,1,2,…），因此枚举元素是可以进行比较的（比较规则是：序号大者为大）。例如，有语句：

```
enum wkday{ sun, mon, tue, wed, thu, fri, sat }x, y, z;
```

则其枚举元素的值分别是 sun 的值为 0,mon 的值为 1,…,sat 的值为 6,如果要对它们进行比较，则有

```
mon > sun
mon < tue
tue < wed
```

其逻辑值皆为真，而在所有的枚举元素中 sun 的值最小，而 sat 的值最大。

（5）枚举元素的值也可以是人为规定的，即在枚举类型定义时由程序指定。例如，有语句

```
enum days{Sunday = 7,Monday = 1, Tuesday, Wednesday, Thursday, Friday, Saturday};
```

则 Sunday 的值为 7,Monday 的值为 1,Tuesday 的值为 2,从 Tuesday 开始,其后的枚举元素的值依次增 1。

（6）只能把枚举值赋予枚举变量，不能把相关的数值直接赋予枚举变量。

【例 9 – 11】枚举变量赋值为枚举值举例。

源程序：

```
#include "stdio. h"
main( )
{
    enum weekday{sun,mon,tue,wed,thu,fri,sat}x,y,z;
    x = sun;
    y = mon;
    z = tue;
    printf( "%d,%d,%d\n",x,y,z) ;
```

}

运行结果：

0,1,2

程序中,将枚举值 sun 、mon、tue 分别赋予枚举变量 x,y,z 是正确的。如果是：

x = 0; y = 1;

则都是错误的。如果一定要把数值赋予枚举变量,则必须用强制类型转换。例如：

x = (enum weekday)2;

其意义是将顺序号为 2 的枚举元素赋予枚举变量 x,相当于：

x = tue;

(7)枚举元素不是字符常量,也不是字符串常量,使用时不加单撇号或者双撇号,直接使用就可以了。

【例9-12】枚举类型数据举例。

源程序：

```
#include "stdio. h"
main( )
{
    enum week{mon,tue,wed,thu,fri,sat,sun}month[31],j;
    int i;
    j = mon;
    for(i = 1;i < = 30;i + + )
    {
        month[i] = j;
        j + + ;
        if ( j > sun) j = mon;
    }
    for(i = 1;i < = 30;i + + )
    {
        switch(month[i])
        {
        case mon:printf(" %2d %s\t",i,"mon"); break;
        case tue:printf(" %2d %s\t",i,"tue"); break;
        case wed:printf(" %2d %s\t",i,"wed"); break;
        case thu:printf(" %2d %s\t",i,"thu"); break;
        case fri:printf(" %2d %s\t",i,"fri"); break;
        case sat:printf(" %2d %s\t",i,"sat"); break;
        case sun:printf(" %2d %s\t",i,"sun"); break;
        default:break;
        }
    }
    printf(" \n");
}
```

运行结果:

1 mon	2 tue	3 wed	4 thu	5 fri
6 sat	7 sun	8 mon	9 tue	10 wed
11 thu	12 fri	13 sat	14 sun	15 mon
16 tue	17 wed	18 thu	19 fri	20 sat
21 sun	22 mon	23 tue	24 wed	25 thu
26 fri	27 sat	28 sun	29 mon	30 tue

本程序定义了枚举类型 week,并定义了一个枚举类型为 week 的数组 month,包含了 30 个元素,都为枚举类型变量,通过程序的运行,实现一个月的日期 30 天与一个月的星期相对应,可以用来制作平时的日历。

9.8 类型定义符 typedef

C 语言不仅提供了丰富的数据类型(如 int、char、float、double、long、结构体、共用体、指针等),而且还允许由用户自己定义相应的类型说明符,也就是说允许由用户为数据类型取个"别名"。类型定义符 typedef 即可用来完成此功能。typedef 定义的一般形式为:

typedef　原类型名　新类型名

其中原类型名中含有定义部分,新类型名一般用大写表示,以便于区别。例如,有整型变量 x 和 y,其定义形式如下:

int x,y;

其中 int 是整型变量的类型说明符,由于 int 的完整写法为 integer,为了增加程序的可读性,可把整型变量说明符用 typedef 定义为:

typedef int INTEGER

则以后就可用 INTEGER 来代替 int 进行整型变量类型的定义了。例如:

INTEGER x,y;

它等价于:

int x, y;

用类型定义符 typedef 还可以用于定义数组、指针、结构等类型,从而使程序书写更加简单,意义更为明确,以至于增强了程序的可读性。例如:

typedef char NAME[20];

表示 NAME 是字符数组类型,数组长度为 20。然后可用 NAME 说明变量,例如:

NAME a1, a2, s1, s2;

完全等效于:

char a1[20],a2[20],s1[20],s2[20]

又如:

typedef struct stu

{ char name[20];

　int age;

char sex;
} STU;

定义 STU 表示 stu 的结构体类型,然后可用 STU 来说明结构体变量:

STU body1,body2;

对使用类型说明符 typedef 作以下几点说明:

(1)用 typedef 可以声明各种类型名,但只能对已经存在的类型增加一个类型名,而没有创造新类型的能力。例如:

typedefchar SUM[20];

SUM ch1, ch2;

等价于:

char ch1[20], ch2[20];

(2)typedef 与 define 作用的异同之处:

其一,#define 是在预编译时处理的,且只是作字符串替换处理,而 typedef 是在编译时处理的,并不是作字符串处理。例如

typedef int INTGEGER;

是用 INTGEGER 代替 int 定义整型变量,而

#define DEN 10

是用 DEN 去代替整型常量 10。

其二,typedef 与#define 都能做到一改全改的作用,从而提高程序的移植,但二者修改方式不一致。

习 题 九

一、选择题

1. 以下程序的输出结果(   )。

```
#include "stdio. h"
typedef union
{
    long x[2];
    int y[4];
    char z[8];
}MYTYPE;
MYTYPE them;
void main( )
{
    printf("% \n",sizeof(them));
}
```

A. 32   B. 16   C. 8   D. 24

2

2. 若有下列定义：struct b｛float a[5]; double c; int d;｝x; 则变量 x 在内存中所占的字节为下列哪一个(　　　)。

A. 6 　　　　　　　　B. 10 　　　　　　　　C. 30 　　　　　　　　D. 14

3. 设有以下说明语句，则下面的叙述不正确的是(　　　)。

struct stu｛int a; float b;｝stutype;

A. struct 是结构体类型的关键字　　　　B. struct stu 是用户定义的结构体类型

C. stutype 是用户定义的结构体类型名　　D. a 和 b 都是结构体成员名

4. 设有以下说明语句，则下面的叙述正确的是(　　　)。

typedef struct｛int a; float b;｝stutype;

A. stutype 是结构体变量名　　　　　　　B. stutype 是结构体类型名

C. struct 是结构体类型名　　　　　　　　D. typedef struct 是结构体类型名

5. 下列程序中，结构体变量 a 所占内存字节数是(　　　)。

```
union U
{
    char st[4];
    int i;
    long l;
};
struct A
{
    int c;
    union U ;
}a;
```

A. 4 　　　　　　　　B. 5 　　　　　　　　C. 6 　　　　　　　　D. 8

二、填空题

1. 若有下面的定义和说明：

```
struct test
{
    int m1;char m2;float m3;
    union uu{
    char u1[5];
    int u2[2];
    }ua;
    }a;
    }myaa;
```

则 sizeof(struct test) 的值是_____。

2. 已知：

```
union
{
    int i;
```

```
    char c;
    float a;
} test;
```

则 sizeof(test) 的值是_____。

3. 下列程序的运行结果是_____。

```
#include "stdio. h "
main( )
{ struct EXAMPLE{
  int x;
  int y;
} in;
int a;
int b;
  } e;
e. a = 1; e. b = 2;
e. in. x = e. a * e. b;
e. in. y = e. a + e. b;
printf("% d% d\n ", e. in. x, e. in. y);
}
```

4. 已知字符 0 的 ASCⅡ代码值的十进制数是 48,有以下程序:

```
#include "stdio. h "
main( )
{ union{
  int i[2];
  long k;
  char c[4];
} r, * s = &r;
s - >i[0] = 0x39; s - >i[1] = 0x38;
printf("% x\n ", s - >c[0]);
}
```

则输出结果是_____。

5. 利用结构体和共用体的特点分别取出 int 变量中高字节和低字节中的两个数,有以下程序:

```
#include "stdio. h "
        union{
    int i;
      char c[2];
} un;
main( )
{
```

```
    un. i = 26984；
    printf("% d,% c\n ", un. c[0], un. c[0]);
    printf("% d,% c\n ", un. c[1], un. c[1]);
}
```

则输出结果是_____。

三、编程题

1. 编写一个函数 print，输出一个学生的成绩数组，该数组中有五份学生的数据记录，每个记录包括 num、name、score[3]，用主函数输入这些记录，用 print 函数输出这些记录。

2. 在上题的基础上，编写一个函数 input，用来输入五名学生的数据记录。

3. 有 10 个学生，每个学生的数据包括学号、姓名、三门课程的成绩。从键盘输入 10 个学生的数据，要求打印出三门课程的总平均成绩以及最高分的学生的数据（包括学号、姓名、三门课程成绩、平均分数）。

4. 13 个人围成一圈，从第一个人开始顺序报号 1、2、3，报到"3"者退出圈子，找出最后留在圈子里的人原来的序号（用链表实现）。

5. 已有 a,b 两个链表，每个链表中的结点包括学号、成绩。要求把两个链表合并，按学号升序排列。

项目 10
文件

 项目学习目的

在前面讲述的项目中无论数据量的大小,程序段的多少,每次运行程序都必须通过键盘输入,程序调试,程序连接,然后程序处理的结果才能在屏幕上显示出来。如果将输入或输出的数据以磁盘文件的形式存储起来,在进行大批量数据处理时则会更加方便。本项目将学习 C 语言中文件的概念、文件的分类、文件操作的一般过程、文件指针、文件的打开和关闭、文件的读写及文件定位等。

本项目的学习目标:

1. 文件类型指针(FILE 类型指针)

2. 文件的打开与关闭(FOPEN,FCLOSE)

3. 文件的读写(FPUTC,FGETC,FPUTS,FGETS,FREAD,FWRITE,FPRINTF,FSCANF),文件的定位(REWIND,FSEEK)。

10.1 文件概述

10.1.1 文件的概念

文件是计算机程序设计中的一个重要概念。所谓"文件"通常是指存储在外部介质上的相关数据的有序集合。这个数据集合叫做文件名。实际上在前面的各项目中已经多次使用了文件的概念,例如源程序文件、目标文件、可执行文件、库文件等。

操作系统是以文件为单位对数据进行存储管理的。因此想要读取存在外部介质上的数据,须先按文件名找到所指定的文件,然后再从该文件中读取相关的数据。同样,要向外部介质上存储数据也必须先建立文件,再向该文件输出数据。

1. 文件的读与写

在实际程序中,所用到的输入和输出,都是以终端为对象的,从终端获得数据称为输入数据,也叫读操作,向终端传送数据称为输出数据,也叫写操作。

2. 文件的分类

(1)普通文件和设备文件。

从用户使用的角度看,文件可分为普通文件和设备文件。

普通文件是指驻留在磁盘或其他外部介质上的一组有序的数据集。它包括程序文件和数据文件两种。存储程序代码的文件称为程序文件,如源文件、目标文件、可执行程序等;存储数据的文件称为数据文件,如输入数据的文件、输出数据的文件等。

设备文件是指与主机相连的各种外部设备,如显示器、打印机、键盘等。在操作系统中,把外部设备看做一个文件来进行管理,把它们的输入、输出等同于对磁盘文件的读和写。

(2)文本文件和二进制文件。

从文件编码的方式来看,文件可分为文本文件和二进制文件。

文本文件也称为 ASCⅡ文件,一个文本文件是一行行的字符,在磁盘中存放时每个字符以 ASCⅡ码的形式存放,每一个字符对应一个字节。文本文件的结束标志为 EOF,其值为整数 −1,存在头文件"stdio. h"中,可以通过对它的检测判断文件是否结束。文本文件可以使用 DOS 的 type 命令和各种文本编译器直接阅读,但文本文件占用存储空间较多,计算机进行数据处理时需要先将 ASCⅡ码转换为二进制数据形式,因此程序执行效率降低了。

二进制文件,按二进制的编码方式来存放文件。二进制文件由与内存中存储形式完全相同的二进制数据及对应的数据 I/O 操作构成。二进制文件所占存储空间少,数据可直接在程序中使用而不必进行转换,程序的执行效率较高,但二进制文件不能使用 DOS 的 type 命令和各种文本编译器直接阅读。

(3)顺序存取文件和随机存取文件。

从文件存取顺序来看,文件可以分为顺序存取文件和随机存取文件。

顺序存储文件,对文件数据进行读写操作时,总是从文件的开头开始,从头到尾地顺序地进行相应的读写。例如,有一个顺序存储文件,包含 100 个字符,要想读取第 99 个字符时,不能一开始就读到第 99 个字符,只能先读取前 98 个字符,才能读到第 99 个字符。因此在某些情况下,用顺序存取的方式是相当不方便的,尤其数据量较大,读取的数据未处于文件的前端。

随机存储文件,对文件数据进行读写操作时,不必从文件的开头开始,可以直接读取相应的数据。在进行文件数据读写操作时,可以指定开始读或写的字节号,然后进行读操作或者写操作。利用随机存储的方式做数据查找时,可以使文件指针直接指向任意一条数据,找到符合条件的数据后,再对该数据进行存取的操作。

(4)缓冲区文件和非缓冲区文件。

从对文件处理的方式来看,文件可以分为缓冲区文件和非缓冲文件。

缓冲区文件系统,就是数据在存取时,系统先将数据放置到一块缓冲区中,并不会直接与磁盘发生关系,也就是说,系统自动地在内存区为每个正在使用的文件开辟一个缓冲区。

所谓缓冲区,是系统在内存中为文件开辟的一片存储区。使用缓冲文件处理,不需要不断地做磁盘的输入和输出,可以增加程序执行的速度;其不足是占用了一块内存空间。此外,如果没有存储文件或者系统发生了死机,使用缓冲区文件方式处理数据会因为留在缓冲区里的数据尚未写入磁盘保存起来,而造成数据丢失。

非缓冲文件系统,就是数据在存取时,直接通过磁盘,系统不自动地在内存区为每个正在使用的文件开辟一个缓冲区。使用非缓冲文件处理,不需要占用一大块内存空间做缓冲区,同时只要程序中存在数据的写入操作,则可以立即完成写盘工作。如果系统死机,使用非缓冲文件处理数据的损失也会较小,但读写速度慢,程序执行效率降低。

3. C 文件的概述

在 C 语言中,以从文件获得数据或者向文件写入数据为准则,将它分为文件的读操作和写操作:当调用输入函数从外部文件中获得数据的操作,称为读操作;当调用输出函数把程序中的数据输出到外部文件中的操作,称为写操作。

C 语言的输入和输出文件都是以数据流的形式存储在介质上的。一个 C 语言文件是一个字节流或二进制流,"流"可以理解为流动的数据,数据的来源或数据的去向,从而可以将 C 文件看成是承载数据流动的介质。因此对 C 文件的读写就可以看成是"文件流"中存入或取出数据。

C 语言把文件看做是一个字符序列,分为 ASCⅡ 文件和二进制文件。ASCⅡ 文件又称为文本文件,它的每个字节存放一个 ASCⅡ 代码,代表一个字符,占用存储空间多,便于输出字符;二进制文件,把数据按其在内存中的存储形式原样输出到磁盘上存放,占用存储空间少,不能直接输出字符。例如一个十进制数 5678,其在二进制文件的存储形式如图 10-1(a)所示,其在 ASCⅡ 文件的存储形式如图 10-1(b)所示,其在内存中的存储形式如图 10-1(c)所示。

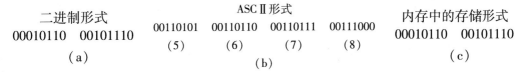

二进制形式　　　　　ASCⅡ形式　　　　　内存中的存储形式
00010110　00101110　00110101　00110110　00110111　00111000　00010110　00101110
　　(a)　　　　　　(5)　　(6)　　(7)　　(8)　　　　　(c)
　　　　　　　　　　　　　　(b)

图 10-1 不同的二进制文件存储形式

在 C 语言中,对于输入和输出的数据都按"数据流"的形式进行处理,仅受程序控制而不受物理符号(如回车换行符)控制。或者说,在输入时,逐一读入数据,直到遇到 EOF 或文件结束标志;在输出时,不会添加任何信息(如回车换行符)作为文件结束的标志。把这样的文件称为"流式文件"。

在 C 语言中,没有输入输出语句,对文件的读写都是靠调用库函数来实现的。ANSI 规定了标准的库函数,库函数为我们提供了方便的文件操作函数(文件的创建、打开、关闭、读出、写入、出错检查等)。

10.1.2 文件的指针

在 C 语言中,每个被使用的文件都在内存中为其开辟一个区域,用来存放文件的相关信息,并用一个指针变量指向该文件,这个指针称为该文件的文件指针。通过文件指针就可对它所指的文件进行相关的操作。

定义文件指针的一般形式为:

FILE ∗指针变量名;

其中 FILE 应为大写,它实际上是系统定义的一个结构体类型,该结构中含有文件名、文件状态和文件当前位置等信息,其具体内容为

```
typedef struct
{ short          level;          /∗缓冲区"满"或"空"的程度∗/
  unsigned       flags;          /∗文件状态标志∗/
  char           fd;             /∗文件描述符∗/
  unsigned char  hold;           /∗如无缓冲区不读取字符∗/
  short          bsize;          /∗缓冲区的大小∗/
  unsigned char  ∗buffer;        /∗数据缓冲区的位置∗/
  unsigned char  ∗curp;          /∗指针,当前的指向∗/
  unsigned       istemp;         /∗临时文件,指示器∗/
  short          token;          /∗用于有效性检查∗/
} FILE;
```

有了 FILE 类型之后,就可以用它来定义若干个 FILE 类型的变量,以便存放若干个文件的信息。例如,可以定义文件型指针变量:

FILE ∗fp;

表示 fp 是具有 FILE 结构的指针变量,通过 fp 即可找到存放某个文件信息的结构变量,然后按结构变量提供的信息找到该文件,实施对文件的操作。习惯上也把 fp 称为指向一个文件的指针。

当然也可以对多个文件一起操作,这时就需要定义文件型指针数组,例如:

FILE fp[10];

表示定义了一个文件指针数组 fp,它有 10 个元素,可以用来存放 10 个文件的信息。

10.1.3 文件的一般操作过程

同其它高级语言一样,使用 C 文件也要遵循一定的规则。在使用文件之前应该先打开文件,使用结束后要关闭文件。使用文件的一般步骤如下:

1. 打开文件

建立用户程序和文件的联系,系统为文件开辟文件缓冲区。

2. 操作文件

文件的读、写、追加和定位操作。

（1）读操作。从文件中读出数据，即将文件中数据输入到计算机内存。

（2）写操作。向文件中写入数据，即将计算机内存中的数据输出到文件。

（3）追加操作。将新的数据写到文件原有数据的后面。

（4）定位操作。移动文件读写指针的位置。

3. 关闭文件

切断文件与程序的联系，将文件缓冲区的内容写入磁盘，并释放文件缓冲区。

对于文件的基本操作，C 语言都提供了相应的函数给予实现，有关知识将在后续的内容中介绍。需要指出的是，标准设备文件的打开和关闭，如标准输入文件 stdin，标准输出文件 stdout，标准错误输出文件 stderr，标准辅助设备文件 stdaux，标准打印机文件 stdprn 等，都由系统自动完成。如果不进行 stdin、stdout 文件的重定向，那么标准文件中的数据流的流向是确定的，即 stdin 是从键盘输入数据流，stdout 和 stderr 是向显示器输出数据流。用户在执行某个程序时，可以临时性地改变系统的设置，把标准设备文件指定为其他设备和文件，这就是常说的标准设备文件的转向。但由于磁盘文件不仅数量多，而且数据流的流向不确定，因此要使用磁盘文件时，需要编程人员通过设置命令打开或关闭文件，而且在打开文件时必须选择好文件的使用模式。

10.2 文件的打开和关闭

在进行文件读写操作之前，要先打开文件才能使用相应的文件，使用完文件后又要关闭文件才行。所谓打开文件，就是建立文件的各种有关信息，并使文件指针指向该文件，以便对文件进行其他操作。所谓关闭文件则是指断开指针与文件之间的联系，也就是禁止再对该文件进行任何操作。

10.2.1 文件的打开——fopen 函数

C 语言提供了 fopen( )函数来实现文件的打开，函数原型存放在"stdio. h"中。fopen 函数用来打开一个文件，其调用的一般形式为：

文件指针名 = fopen（文件名，使用文件方式）

在 fopen 函数的调用格式中：

"文件指针名"必须是被说明为 FILE 类型的指针变量。

"文件名"是打开文件的文件名。

"使用文件方式"是指文件的类型和操作要求。

例如有如下语句：

FILE * fp；

fp = fopen("file. c"，"r")；

其意义是在当前目录下打开文件"file. c"，并且只允许对文件进行"r"操作（即读操作），并使文件指针 fp 指向该文件。又如：

FILE ＊f；

f＝fopen("c：\\dos\\smp"，"rb")；

其意义是打开 C 盘驱动器下 dos 目录中的二进制文件"smp"，并且只允许按二进制方式对该文件进行"rb"操作(即二进制文件的读操作)，并使文件指针 f 指向该文件。

使用文件的方式共有 12 种，它们的使用方式及对应的意义如表 10－1 所示。

表 10－1　使用文件的方式与意义对照

文件使用方式	意义
"rt"或"r"	只读，打开一个文本文件，只允许读数据
"wt"或"w"	只写，打开或建立一个文本文件，只允许写数据
"at"或"a"	追加，打开一个文本文件，并在文件末尾写数据
"rb"	只读，打开一个二进制文件，只允许读数据
"wb"	只写，打开或建立一个二进制文件，只允许写数据
"ab"	追加，打开一个二进制文件，并在文件末尾写数据
"rt＋"或"r＋"	读写，打开一个文本文件，允许读和写
"wt＋"或"w＋"	读写，打开或建立一个文本文件，允许读写
"at＋"或"a＋"	读写，打开一个文本文件，允许读，或在文件末追加数据
"rb＋"	读写，打开一个二进制文件，允许读和写
"wb＋"	读写，打开或建立一个二进制文件，允许读和写
"ab＋"	读写，打开一个二进制文件，允许读，或在文件末追加数

对文件的使用方式进行如下说明：

(1)文件使用方式由"r"，"w"，"a"，"t"，"b"，"＋"六个字符叠加构成，各字符的含义是：

　r(read)：读　　　　w(write)：写　　　　a(append)：追加

　t(text)：文本文件，可省略不写　　　　b(banary)：二进制文件

　Ⅰ．读和写

(2)用"r"方式打开的文件，只能用于向计算机输入数据，而不能用作向该文件输出数据，并且该文件必须已经存在。不能使用"r"方式打开一个并不存在的文件。

(3)用"w"方式打开的文件只能用于向该文件写入数据，而不能用来向计算机输入。若打开的文件不存在，则在打开时以指定的文件名建立一个新文件；若打开的文件已经存在，则在打开时将计算机原有的文件删去，重建一个新的文件。

(4)若希望向一个已存在的文件末尾追加新的信息(不希望删除原有数据)，则只能用"a"方式打开文件。但此时打开文件必须是已经存在的，否则将会出现错误信息。打开时，位置指针移到文件末尾，等待新的信息输入。

(5)在打开一个文件时，如果出现错误，如用"r"方式打开一个不存在的文件；磁盘出现了故障；磁盘存储数据已满不能建立新文件等，fopen 函数将返回一个空指针值 NULL(NULL 在 stdio.h 文件中已经被定义为 0)。在程序设计过程中可以用这一信息来判别是否完成文件打开操作，并作出相应的处理。因此常用以下程序段打开文件：

```
if( ( fp = fopen( "c:\\hy16" ,"rb" ) ) = = NULL)
{ printf( "error on open this file! \n" ) ;
    getch( ) ;
    exit(1) ;
}
```

如果返回的指针为空,则表示不能打开 C 盘根目录下的"hy16"文件,同时给出错误提示信息"error on open this file!";getch( )的功能是从键盘输入一个字符,但输入的字符不会在屏幕上显示,getch( )在此的作用是只要不输入字符,将一直显示错误提示信息,用户可利用这个函数的功能,获得更多的时间阅读出错提示信息。只有当用户从键盘敲任意键时,程序才继续执行,从而执行 exit(1)退出程序。

(6)把一个文本文件读入内存时,要将 ASCⅡ码转换成二进制码,而把文件以文本方式写入磁盘时,也要把二进制码转换成 ASCⅡ码。在用二进制文件时,不需要进行这种转换,在内存中的数据形式与输出到外部文件中的数据形式完全一致。因此文本文件的读写与二进制文件的读写相比,会花费较多的转换时间。

(7)在程序开始运行时,系统会自动打开三个标准文件:标准输入(stdin)、标准输出(stdout)和标准出错输出(stderr),且这三个文件都与终端相联系。因此在以前所用到的从终端输入或输出都不需要打开终端文件。

10.2.2 文件的关闭——fclose 函数

磁盘文件读写操作是函数通过数据缓冲区进行的,文件一旦使用完毕,应用关闭文件函数把文件关闭,系统会将与文件相关联的缓冲区中的数据全部写入磁盘文件中,以避免文件的数据丢失等错误。通常情况下,在 main( )函数结束返回操作系统或调用 exit( )函数返回操作系统时,所有文件会自动地进行关闭。但如果出现程序执行时出错,或中途停电关机等非正常中断的情况,文件则不会自动关闭,从而导致缓冲区数据的丢失或者出现错误。

C 语言提供了 fclose ( )函数来实现文件的关闭,函数原型存放在"stdio.h"中。fclose 函数用来关闭一个文件,其调用的一般形式为:

fclose(文件指针) ;

此函数用来关闭已打开的文件,使文件指针变量和打开的文件脱离,此函数返回值为整型(值为 0 时表示成功, 值为 −1 或 EOF 时表示失败)。例如:

```
FILE  * fp;
fp = fopen( "file.c" ,"r" ) ;
    …
fclose( fp ) ;
```

在使用文件前,用 fopen 函数"file.c"文件的打开,并将文件指针赋给了 fp,使用完文件后,通过 fclose 函数使 fp 不再指向文件"file.c",从而实现文件的关闭。

对于 fgetc 函数的使用作以下几点说明:

(1)关闭文件时并不使用文件名,而是使用在打开文件时赋予的文件指针。

(2)操作系统对打开的文件数量是有一定限制的。因此应养成先关闭不再使用的文件,再打开要使用的文件的良好习惯。

(3)正常完成关闭文件操作时,fclose 函数将带回一个返回值,其值为 0;若返回值为

EOF(−1)时,则表示关闭文件出现了错误。可以使用 ferror( )函数确定和显示错误的类型。

(4)在编写程序过程中,应养成在程序终止前关闭文件的好习惯,否则可能会造成数据丢失等状况。

10.3 文件的读写

文件打开之后,就可以对文件进行相应的读写操作。对文件的读和写是最常用的文件操作方式。在 C 语言中,提供了多种文件读写的函数:

字符读写函数: fgetc 和 fputc

字符串读写函数:fgets 和 fputs

数据块读写函数:freed 和 fwrite

格式化读写函数:fscanf 和 fprinf

使用以上函数都要求包含头文件"stdio. h",接下来对这些函数的使用进行一一讲解。

10.3.1 fgetc 函数和 fputc 函数

字符读写函数是以字符为单位的读写函数。每次可从文件读出或向文件写入一个字符。

1. fgetc 函数(getc 函数)

fgetc 函数,也可以是 getc 函数,即读字符函数,其功能是从指定的文件中读一个字符,函数调用的形式为:

字符变量 = fgetc(文件指针)

例如:

ch = fgetc(fp) ;

fp 为文件型指针变量,ch 为字符变量,语句的作用是从已经打开的用指针变量 fp 指向的文件中,通过 fgetc 函数读取一个字符,并赋值给字符变量 ch。

对于 fgetc 函数的使用有以下几点说明:

(1)在使用 fgetc 函数时,所需要读取字符的文件必须是以读或读写方式打开的。

(2)读取字符的结果也可以对字符变量赋值, 例如:

fgetc(fp) ;

但是读出的字符不能保存。

(3)在使用 fgetc 函数时,要注意位置指针的变化。在文件内部有一个位置指针,它与文件指针不是一回事。文件指针是指向整个文件的,须在程序中定义说明,只要不重新赋值,文件指针的值是不变的。文件内部的位置指针用以指示文件内部的当前读写位置,每读写一次,该指针均向后移动,它不需在程序中定义说明,是由系统自动设置的。

【例 10 −1】读入文件 c1. txt,在屏幕上输出。

源程序:

```
#include "stdio. h"
main( )
```

```
    {
      FILE  * fp;
      char ch;
      if( ( fp = fopen( "d:\\lianxi\\c1. txt" , "rt" ) ) = = NULL)
      {
        printf( "Cannot open file! \n" );
        getch( );
        exit( 1 );
      }
      ch = fgetc( fp );
      while( ch!  = EOF)
      {
        putchar( ch );
        ch = fgetc( fp );
      }
      printf( " \n" );
      fclose( fp );
    }
```

运行结果:

  C PROGRAM!   (c1. txt 中的信息)

2. fputc 函数(putc 函数)

fputc 函数,也可以是 putc 函数,即写字符函数,其功能是把一个字符写入到指定的文件中,函数调用的形式为:

fputc(字符量,文件指针)

其中,待写入的字符量可以是字符常量或变量,例如:

fputc('a' , fp);

其意义是把字符 a 写入到指针变量 fp 所指向的文件中。

对于 fputc 函数的使用也要说明几点:

(1)被写入的文件可以用写"w"、读写" + "、追加"a"方式打开。用写或读写方式打开一个已存在的文件时将清除原有的文件内容,写入字符从文件开头开始。如需保留原有文件内容,希望写入的字符以文件末尾开始存放,必须以追加"a"方式打开文件。被写入的文件若不存在,则创建一个新的文件。

(2)在使用 fputc 函数时,要注意位置指针的变化。每写入一个字符,文件内部的位置指针将向后移动一个字节。

(3)fputc 函数有一个返回值,如写入成功则返回写入的字符,若写入失败则返回 EOF(-1),可用返回的值来判断写入是否成功。

【例 10 -2】从键盘输入一行字符,写入一个文件,再把该文件内容读出显示在屏幕上。

源程序:

#include "stdio. h"

```
main( )
{
    FILE  * fp；
    char ch；
    if( ( fp = fopen( "d：\\lianxi\\c1. txt" ，"wt + " ) ) = = NULL)
    {
        printf( "Cannot open file！ \n" ) ；
        getch( ) ；
        exit( 1) ；
    }
    printf( "input a string：\n" ) ；
    ch = getchar( ) ；
    while ( ch！ = '\n' )
    { fputc( ch,fp) ；
        ch = getchar( ) ；
    }
    rewind( fp) ；
    ch = fgetc( fp) ；
    while( ch！ = EOF)
    {
        putchar( ch) ；
        ch = fgetc( fp) ；
    }
    printf( " \n" ) ；
    fclose( fp) ；
}
```

运行结果：

> input a string：
> 123456789abcdefg   <回车 >
> 123456789abcdefg

10.3.2 字符串读写函数 fgets 和 fputs

字符串读写函数是以字符串为单位的读写函数。每次可从文件读出或向文件写入一个字符串。

1. fgets 函数

fgets 函数,即字符串读函数,其功能是从指定的文件中读一个字符串到字符数组中,函数调用的形式为：

fgets(字符数组名,n,文件指针)

其中的 n 是一个正整数,表示从文件中读出的字符串不超过 $n-1$ 个字符。在读入最后一个字符后自动加上结束标志'\0'。例如：

    fgets(str,n,fp);

其意义是从 fp 所指的文件中读出 n−1 个字符送入字符数组 str 中。

【例 10−3】从 c1. txt 文件中读入一个含 10 个字符的字符串。

源程序：

```
#include "stdio. h"
main( )
{ FILE  * fp;
  char str[11];
  if((fp = fopen("d:\\lianxi\\c1. txt","rt")) = = NULL)
  {
    printf("Cannot open file! \n");
    getch( );
    exit(1);
  }
  fgets(str,11,fp);
  printf("\n% s\n",str);
  fclose(fp);
}
```

运行结果：

> abcdefghij　　　（c1. txt 中的信息）

对 fgets 函数的使用进行以下几点说明：

（1）在使用 fgets 函数读出 n−1 个字符之前，如果读取到了换行符或 EOF，则字符串的读出操作会提前结束。

（2）使用 fgets 函数时，也会有返回值，其返回值是字符数组的首地址。

2. fputs 函数

fputs 函数，即写字符串函数，其功能是向指定的文件写入一个字符串，其调用形式为：

fputs(字符串,文件指针)

其中字符串可以是字符串常量，也可以是字符数组名，或指针变量，例如：

    fputs('abcd',fp);

其意义是把字符串"abcd"写入指针变量 fp 所指的文件之中。

【例 10−4】向例 10−3 的 c1. txt 文件中追加一个字符串。

源程序：

```
#include "stdio. h"
main( )
{
  FILE  * fp;
  char ch,st[20];
  if((fp = fopen("d:\\lianxi\\c1. txt","at + ")) = = NULL)
```

```
    {
      printf("Cannot open file!");
      getch();
      exit(1);
    }
    printf("input a string:\n");
    scanf("%s",st);
    fputs(st,fp);
    rewind(fp);              /* rewind 是一个函数,作用是使位置指针回到文件开头 */
    ch = fgetc(fp);
    while(ch! = EOF)
    { putchar(ch);
        ch = fgetc(fp);
    }
    printf("\n");
    fclose(fp);
  }
```

运行结果:

input a string:

abcdefgh　　　　　< 回车 >

abcdefghijklmnopqrstuvwxyz1234567890123456abcdefgh

运行结果中,"abcdefghijklmnopqrstuvwxyz1234567890123456"为文件 c1. txt 原来的内容,追加的字符串"abcdefgh"加在文件的末尾。

10.3.3 fread 函数和 fwrite 函数

C 语言还提供了用于整块数据操作的读写函数。可用来读写一组数据,如一个数组元素,一个结构变量的值等。

fread 函数,即读数据块函数,其调用的一般形式为:

fread(buffer,size,count,fp)

fwrite 函数,即写数据块函数,其调用的一般形式为:

fwrite(buffer,size,count,fp)

其中:

buffer 是一个指针,在 fread 函数中,它表示存放输入数据的首地址。

　　　　　　　　在 fwrite 函数中,它表示存放输出数据的首地址。

size 表示数据块的字节数。

count 表示要读写的数据块块数。

fp 表示文件指针。

例如:

fread(f,4,6,fp);

其意义是从 fp 所指的文件中,每次读四个字节(一个实数)送入实数组 f 中,连续读六次,即读六个实数到 f 中。

【例 10 −5】从键盘输入 5 个学生的信息,并将信息保存到磁盘文件 stud_ent. txt 上去。

源程序:

```c
#include "stdio. h"
#include "stdlib. h"
typedef struct student
{ char name[16];
  int num;
  int age;
  char add[20];
}STD;
STD stud[5];
void savepace( )
{
    FILE  * sp;
    if( ( sp = fopen( "c:\\stud_ent. txt" ,"wb" ) ) = = NULL)
        { printf( "cannot open stud_ent. txt\n" );
            exit(0);
        }
    if( fwrite( stud ,sizeof( STD ) ,5 ,sp) = = NULL) printf( "write error\n" );
    else printf( "write succeed\n" );
    fclose( sp);
}
void main( )
{ int i;
  for( i =0;i <5;i + + )
  scanf( "% s% d% d% s" ,stud[i]. name ,&stud[i]. num ,&stud[i]. age ,stud[i]. add);
  savepace( );
}
```

运行结果:

```
write succeed
```

【例 10 −6】从磁盘文件 stud_ent. txt 中将五条学生信息读取出来并显示在屏幕上。

源程序:

```c
#include "stdio. h"
#include "stdlib. h"
typedef struct student
{ char name[16];
  int num;
```

```
        int age;
        char add[20];
     }STD;
  STD stud[5];
  void main()
  { int i;
     FILE  *sp;
     if((sp = fopen("c:\\stud_ent.txt","rb")) = = NULL)
        { printf("cannot open stud_ent.txt\n");
           exit(0);
        }
  printf("read succeed.\n");
  for(i = 0;i < 5;i + +)
  { fread(&stud[i],sizeof(STD),1,sp);
     printf("%s %d %d %s\n", stud[i].name, stud[i].num, stud[i].age, stud[i]
     .add);
     }
     fclose(sp);
  }
```

运行结果:

sun 2005 22 addr_5

10.3.4 fscanf 函数和 fprintf 函数

fscanf 函数和 fprintf 函数与前面使用的 scanf 和 printf 函数的功能相似,都是格式化读写函数。两者的区别在于 fscanf 函数和 fprintf 函数的读写对象不是键盘和显示器,而是磁盘文件。

1. fscanf 函数

fscanf 函数,即格式化读函数,其调用的一般形式为:

fscanf(文件指针,格式字符串,输入表列)

此函数可从文件指针所指向的文件中读入 ASCⅡ 字符,函数返回值为大于 0 的数则表示函数调用成功,否则函数调用失败。例如:

fscanf (fp, "%d, %s",&i,&s);

其作用是从 fp 所指向的文件中,将%d 读入的整型数据赋值给整型变量 i,将%s 读入的字符串赋值给 s。如果磁盘文件上有以下字符:

10,CHINA

则将磁盘文件中的数据 10 赋值给 i,将"CHINA"赋值给 s。

2. fprintf 函数

fprintf 函数,即格式化写函数,其调用的一般形式为:

fprintf(文件指针,格式字符串,输出表列)

此函数将格式数据输出到文件指针所指向的文件,函数返回值为大于 0 的数则表示函数调

用成功,否则函数调用失败。例如:

> fprintf(fp,"% d % c",j,ch);

其作用是将整型变量 j 和字符型变量 ch 的值按% d 和% c 的格式输出到 fp 指向的文件上。如果 j = 10,ch = 'A',则输出到磁盘文件上的是以下的格式:

> 10 A

用 fprintf 和 fscanf 函数对磁盘文件进行读写,使用方便,容易理解。但由于输入时要将 ASCⅡ码转换为二进制形式,输出时要将二进制形式转换为 ASCⅡ码,花费时间比较多。因此建议在内存与磁盘频繁交换数据的情形下,最好使用 fread 函数和 fwrite 函数,尽量不要使用 fprintf 函数和 fscanf 函数。

10.4. 文 件 定 位

在文件中有一个位置指针,指向当前读写的位置。如果顺序读写一个文件,每次只能读写一个字符,在读写完一个字符后,位置指针自动移动指向下一个字符位置。如果想改变位置指针的移动规律,强制使位置指针指向其它定的位置,则可以使用相关的函数。在 C 语言中,移动文件内部位置指针的函数主要有三个: rewind 函数、fseek 函数和 ftell 函数。

10.4.1 rewind 函数

rewind 函数的作用是把文件内部的位置指针移到文件首,其调用形式为:

rewind(文件指针)

【例 10 - 7】有一个磁盘文件,第一次将它的内容显示在屏幕上,第二次把它复制到另一文件上。

源程序:

```
#include "stdio. h"
void main( )
{
    FILE  * f1 , * f2 ;
    f1 = fopen( "test1. c" ,"r" ) ;
    f2 = fopen( "test2. c" ,"w" ) ;
    while( ! feof( f1 ) ) putchar( fgetc( f1 ) ) ;
    rewind( f1 ) ;
    while( ! feof( f1 ) ) putc( fgetc( f1 ) ,f2 ) ;
    fclose( f1 ) ;
    fclose( f2 ) ;
}
```

在第一次将文件的内容显示在屏幕以后,文件 f1. c 的位置指针已经指到文件末尾,此时函数 feof(判断是否到达文件末尾的函数)的值为非零(真)。执行 rewind 函数后,使文件 f1 的位置指针重新定位于文件开头,并使函数 feof 的值恢复为 0(假)。

10.4.2 fseek 函数

fseek 函数的作用是用来改变文件内部位置指针的位置,其调用的一般形式为:

fseek(文件指针,位移量,起始点)

其中:

"文件指针"表示指向被移动文件的指针变量。

"位移量"表示移动的字节数,要求位移量必须是 long 型数据,以便在文件长度大于 64KB 时不会出错。当用常量表示位移量时,在数字末尾加后缀"L",以表示 long 型。

"起始点"表示从何处开始计算位移量,规定的起始点有三种:文件首,当前位置和文件尾,其表示方法如表 10 - 2 所示。

表 10 - 2　三种起始点表示方法

起始点	表示符号	数字表示
文件首	SEEK_SET	0
当前位置	SEEK_CUR	1
文件末尾	SEEK_END	2

fseek 函数一般用于二进制文件,位移量为正整数,表示后移;为负整数,表示前移。而 fseek 函数一般不用于文本文件,因为文本文件在使用的时候要进行相应的字符转换,计算位置时往往会发生混乱,即使应用于文本文件,也要求位移量必须为 0,否则字符翻译会造成位置上的错误。

下面来看看 fseek 函数调用的几个例子:

(1)feek (fp, 20L, 0)

将位置指针向后移动到离文件头 20 个字节处。

(2)feek (fp, 30L, 1)

将位置指针向后移动到离当前位置 30 个字节处。

(3)feek (fp, -40L, 2)

将位置指针从文件末尾处向前移前位置 40 个字节。

10.4.3 ftell 函数

ftell 函数的作用是得到文件中位置指针的当前值,其调用的一般形式为:

ftell(文件指针)

此函数得到文件中位置指针的当前值,是用相对于文件开始的位移量来表示。本函数调用成功返回文件位置指针的当前值;调用失败返回值为 -1L。

10.5. 文件检测函数和处理函数

在 C 语言中,还提供了一些函数用来检测输入输出函数调用中的错误。常用的有 feof 函数,ferror 函数和 clearerr 函数。

10.5.1 feof 函数

feof 函数,即文件结束检测函数,其调用的一般格式为:

feof(文件指针)

此函数的作用是判断文件是否处于文件末尾位置,如果文件处于末尾位置,则返回值为1,若文件未处理末尾位置,则返回值为0。

10.5.2 ferror 函数

ferror 函数,即读写文件出错检测函数,其调用的一般格式为:

ferror(文件指针)

此函数的作用是检查文件在用各种输入输出函数进行读写时是否出错。如果未出现错误,则返回值为0,如果出现错误,则返回值为1。

10.5.3 clearerr 函数

clearerr 函数,即清除文件出错标志和文件结束标志函数,调用的一般格式为:

clearerr(文件指针)

此函数的作用是清除出错标志和文件结束标志,使它们的值置为0。

10.5.4 exit 函数

exit 函数,即程序终止函数,调用的一般格式为:

exit(状态值)

此函数的作用是使程序立即终止。状态值为0表示正常终止程序;状态值为非0表示出现错误后终止程序。执行 exit( )函数将清除缓冲区和关闭所有打开的文件,释放缓冲区所占内存空间,程序按正常情况由 main( )函数结束,并返回操作系统。

---- → 项目学习实践 ← ----

【例10-8】从键盘输入一个字符串,将其中的小写字母全部转换成大写字母,然后输出到一个磁盘文件 a1 中保存,输入的字符串以! 结束。

源程序:

```
#include "stdio. h "
#include "stdlib. h "
#include "string. h "
void main( )
  { FILE * fp;
    char str[100];
    int i = 0;
    if( ( fp = fopen( "a1" , "w" ) ) = = NULL)
      { printf( "can not open file\n " );
        exit(0);
```

```
        }
    printf("input a string:\n");
    gets(str);
    while(str[i]! = '!')
    { if(str[i] > = 'a'&& str[i] < = 'z')
        str[i] = str[i] -32;
    fputc(str[i],fp);
    i + + ;
    }
    fclose(fp);
    fp = fopen("a1","r");
    fgets(str,strlen(str) +1,fp);
    printf("%s\n",str);
    fclose(fp);
    }
```

运行结果:

input a string:
i love china!   <回车>
I LOVE CHINA

【例10 -9】有两个磁盘文件"A"和"B"。各存放一行字母,要求把这两个文件中的信息合并(按字母顺序排列),输出到一个新文件"C"中。(先用【例10 -8】分别建立两个文件 A 和 B,其内容分别是"I LOVE CHINA"和"I LOVE BEIJING".

解题思路:将 A、B 文件的内容读出放到数组 c 中,再对数组 c 排序。最后将数组内容写到 C 文件中。)

源程序:

```
#include "stdio. h "
#include "stdlib. h "
void main()
    { FILE * fp;
int i,j,n,i1;
    char c[100],t,ch;
        if(( fp = fopen("A","r")) = = NULL)
        { printf("can not open file\n");
                exit(0);
}
printf("file A :\n");
for(i =0;(ch = fgetc(fp))! = EOF;i + +)
{
    c[i] = ch;
```

```
    putchar(c[i]);
}
fclose(fp);
i1 = i;
if((fp = fopen("B","r")) == NULL)
{ printf("can not open file\n");
        exit(0);
}
printf("\nfile B :\n");
for(i = i1;(ch = fgetc(fp))! = EOF;i + +)
{
  c[i] = ch;
  putchar(c[i]);
}
fclose(fp);
n = i;
for(i = 0;i < n;i + +)
  for(j = i + 1;j < 10;j + +)
    if(c[i] > c[j])
    {
        t = c[i];
        c[i] = c[j];
        c[j] = t;
    }
printf("\nfile C :\n");
fp = fopen("C","w");
for(i = 0;i < n;i + +)
{ putc(c[i],fp);
putchar(c[i]);
    }
printf("\n");
fclose(fp);
}
```

运行结果:

file A:	
I LOVE CHINA	(磁盘文件 A 中的内容)
file B:	
I LOVE BEIJING	(磁盘文件 B 中的内容)
file C:	
ABCEEEGHIIIIIJLLNNOOVV	(合并后存放在磁盘文件 C 中)

【例10－10】从键盘输入若干行字符(每行长度不等),输入后把它们存储到一磁盘文件中。再从该文件中读入一些数据,将其中小写字母转换成大写字母后在显示屏上输出。

```c
#include "stdio. h "
void main( )
  { FILE * fp;
    int i, flag;
    char str[80],c;
fp = fopen("text" ,"w" ) ;
  flag = 1;
      while(flag = = 1)
      {
        printf("input string:\n " ) ;
        gets(str) ;
        fprintf(fp ,"% s " ,str) ;
        printf("continue?" ) ;
        c = getchar( ) ;
        if( ( c = = 'N'||c = = 'n') )
      flag = 0;
      getchar( ) ;
      }
      fclose(fp) ;
fp = fopen("text" ,"r" ) ;
      while(fscanf(fp ,"% s " ,str)!   = EOF)
      {
        for(i = 0;str[i]!  = '\0';i + + )
        if( ( str[i] > = 'a') && (str[i] < = 'z') )
          str[i] - = 32;
      printf("% s\n" ,str) ;
      }
      fclose(fp) ;
  }
```

运行结果:

input string:abcdef	＜回车＞
continue? y	＜回车＞
input string: ghijkl	＜回车＞
continue? y	＜回车＞
input string: mnopqrst	＜回车＞
continue? n	＜回车＞

> ABCDEF
>
> GHIJKL
>
> MNOPQRST

此程序运行结果是正确的,但是如果输入的字符中包含了空格,就会发生一些问题,例如输入:"i am a student"得到的结果是:

> I
>
> AM
>
> A
>
> STUDENT

把一行分成几行输出。这是因为用 fscanf 函数从文件读入字符串时,把空格作为一个字符串的结束标志,因此把该行作为 4 个字符串来处理,分别输出在 4 行上。请读者考虑怎样解决这个问题。

习 题 十

一、填空题

1. 若 fp 是指向某文件的指针,且未读到文件的末尾,则表达式 feof(fp)返回值是_____。

2. 若执行 fopen( )函数时发生错误,则函数的返回值是_____。

3. 下面程序把从终端读入的 10 个整数以二进制数方式写到一个名为 bi. dat 的新文件中,请填空。

```
#include "stdio. h"
 FILE * fp;
main( )
{
  int i,j;
  if( ( fp = fopen(_____ ,"wb" ) ) = = NULL) exit(0) ;
  for( i = 0;i < 10;i + + )
  scanf( "% d" ,&j) ;
  fwrite( &j,sizeof( int) ,1 ,_____) ;}
  _____
}
```

二、编程题

1. 有一磁盘文件 employee,用于存放职工的数据。每个职工的数据包括:职工姓名、职工号、姓名、职工号、性别、年龄、住址、工资、健康状况及文化程度。要求将职工姓名和工资信息单独抽出来另建一个简单的职工工资文件。说明:数据文件 employee 是事先建立好的,其中已有职工数据,而 emp_salary 文件则是由程序建立的。

建立 employee 文件的程序如下:

```
#include "stdio. h"
```

```
struct employee
{ char num[6];
  char name[10];
  char sex[2];
  int age;
  char addr[20];
  int salary;
  char health[8];
  char class[10];
} em[10];
void main()
{ FILE * fp;
  char str[100];
  int i;
  printf("input No. name sex age addr salary health class\n");
    for(i=0;i<4;i++)
  scanf("% 4s% 8s% 4s% 6d% 10s% 6d% 10s% 8s", em[i]. num, em[i]. name, em
  [i]. sex,
  em[i]. age, em[i]. addr, em[i]. salary, em[i]. health, em[i]. class);
  if((fp=fopen("employee ","w"))==NULL)
    { printf("can not open file. \n");
      exit(0);
    }
  for(i=0;i<4;i++)
  if(fwrite(&em[i], sizeof(struct employee) ,1,fp)! =1)
  printf("error" \n);
fclose(fp);
}
```

2. 从上题的简明"职工工资"文件中删去一个职工的数据,再存放回源文件。

3. 有五位学生,每位学生有三门课程的成绩。从键盘输入数据(包括学号、姓名、三门课程成绩),计算出平均成绩,将原有数据和计算出的平均分数存放在磁盘文件 stud 中。

附录一　ASCⅡ码表

高四位→ 低四位↓	0000 ctrl	0000 代码	0000 字符解释	0000 十进制	0000 字符	0001 ctrl	0001 代码	0001 字符解释	0001 十进制	0001 字符	0010 十进制	0010 字符	0011 十进制	0011 字符	0100 十进制	0100 字符	0101 十进制	0101 字符	0110 十进制	0110 字符	0111 十进制	0111 字符	0111 ctrl
0000 (0)	^@	NUL	空	0	BLANK NULL	^P	DLE	数据链路转意	16	▲	32		48	0	64	@	80	P	96	`	112	p	
0001 (1)	^A	SOH	头标开始	1	☺	^Q	DC1	设备控制1	17	▼	33	!	49	1	65	A	81	Q	97	a	113	q	
0010 (2)	^B	STX	正文开始	2	☻	^R	DC3	设备控制2	18	↕	34	"	50	2	66	B	82	R	98	b	114	r	
0011 (3)	^C	ETX	正文结束	3	♥	^S	DC3	设备控制3	19	‼	35	#	51	3	67	C	83	S	99	c	115	s	
0100 (4)	^D	EDT	传输结束	4	♦	^T	DC4	设备控制4	20	¶	36	$	52	4	68	D	84	T	100	d	116	t	
0101 (5)	^B	ENQ	查询	5	♣	^U	NAK	反确认	21	§	37	%	53	5	69	E	85	U	101	e	117	u	
0110 (6)	^F	ACK	确认	6	♠	^V	SYN	同步空闲	22	▬	38	&	54	6	70	F	86	V	102	f	118	v	
0111 (7)	^G	BEL	震铃	7	●	^W	ETB	传输块结束	23	↨	39	'	55	7	71	G	87	W	103	g	119	w	
1000 (8)	^H	BS	退格	8	◘	^X	CAN	取消	24	↑	40	(	56	8	72	H	88	X	104	h	120	x	
1001 (9)	^I	TAB	水平制表符	9	○	^Y	EM	媒体结束	25	↓	41	)	57	9	73	I	89	Y	105	i	121	y	
1010 (A) 10	^J	LF	换行/新行	10	◙	^Z	SUB	替换	26	→	42	*	58	:	74	J	90	Z	106	j	122	z	
1011 (B) 11	^K	VT	竖直制表符	11	♂	^[	ESC	转义	27	←	43	+	59	;	75	K	91	[	107	K	123	{	
1100 (C) 12	^L	FF	换页/新页	12	♀	^\	FS	文件分隔符	28	∟	44	,	60	<	76	L	92	\	108	l	124	|	
1101 (D) 13	^M	CR	回车	13	♪	^]	GS	组分隔符	29	↔	45	–	61	=	77	M	93	]	109	m	125	}	
1110 (E) 14	^N	SO	移出	14	♫	^6	RS	记录分隔符	30	◄	46	.	62	>	78	N	94	^	110	n	126	~	
1111 (F) 15	^O	SI	移入	15	☼	^–	US	单元分隔符	31	►	47	/	63	?	79	O	95	_	111	o	127	△	`Back-space

ASCⅡ非打印控制字符（0000、0001）　　ASCⅡ打印字符（0010～0111）

注：表中的ASCⅡ字符可以用："ALT＋小键盘上的数字键"输入

续表

扩充 ASCII 码字符表

低四位＼高四位	1000 (8) 十进制	1000 (8) 字符	1001 (9) 十进制	1001 (9) 字符	1010 (A/10) 十进制	1010 (A/10) 字符	1011 (B/16) 十进制	1011 (B/16) 字符	1100 (C/32) 十进制	1100 (C/32) 字符	1101 (D/48) 十进制	1101 (D/48) 字符	1110 (E/64) 十进制	1110 (E/64) 字符	1111 (F/80) 十进制	1111 (F/80) 字符
0000 0	128	Ç	144	É	160	á	176	░	192	└	208	╨	224	α	240	≡
0001 1	129	ü	145	æ	161	í	177	▒	193	┴	209	╤	225	β	241	±
0010 2	130	é	146	Æ	162	ó	178	▓	194	┬	210	╥	226	Γ	242	≥
0011 3	131	â	147	ô	163	ú	179	│	195	├	211	╙	227	π	243	≤
0100 4	132	ä	148	ö	164	ñ	180	┤	196	─	212	╘	228	Σ	244	⌠
0101 5	133	à	149	ò	165	Ñ	181	╡	197	┼	213	╒	229	σ	245	⌡
0110 6	134	å	150	û	166	ª	182	╢	198	╞	214	╓	230	µ	246	÷
0111 7	135	ç	151	ù	167	º	183	╖	199	╟	215	╫	231	τ	247	≈
1000 8	136	ê	152	ÿ	168	¿	184	╕	200	╚	216	╪	232	Φ	248	°
1001 9	137	ë	153	Ö	169	⌐	185	╣	201	╔	217	┘	233	Θ	249	∙
1010 A	138	è	154	Ü	170	¬	186	║	202	╩	218	┌	234	Ω	250	·
1011 B	139	ï	155	¢	171	½	187	╗	203	╦	219	█	235	δ	251	√
1100 C	140	î	156	£	172	¼	188	╝	204	╠	220	▄	236	∞	252	ⁿ
1101 D	141	ì	157	¥	173	¡	189	╜	205	═	221	▌	237	φ	253	²
1110 E	142	Ä	158	₧	174	«	190	╛	206	╬	222	▐	238	ε	254	■
1111 F	143	Å	159	ƒ	175	»	191	┐	207	╧	223	▀	239	∩	255	BJ.ANK

注:表中的 ASCⅡ字符可以用:ALT + "小键盘上的数字键" 输入

附录二　考 试 大 纲

全国计算机等级考试二级（C 语言程序设计）考试大纲
（2008 版）

公共基础知识

基 本 要 求

1. 掌握算法的基本概念。
2. 掌握基本数据结构及其操作。
3. 掌握基本排序和查找算法。
4. 掌握逐步求精的结构化程序设计方法。
5. 掌握软件工程的基本方法，具有初步应用相关技术进行软件开发的能力。
6. 掌握数据库的基本知识，了解关系数据库的设计。

考 试 内 容

一、基本数据结构与算法

1. 算法的基本概念；算法复杂度的概念和意义（时间复杂度与空间复杂度）。
2. 数据结构的定义；数据的逻辑结构与存储结构；数据结构的图形表示；线性结构与非线性结构的概念。
3. 线性表的定义；线性表的顺序存储结构及其插入与删除运算。
4. 栈和队列的定义；栈和队列的顺序存储结构及其基本运算。
5. 线性单链表、双向链表与循环链表的结构及其基本运算。
6. 树的基本概念；二叉树的定义及其存储结构；二叉树的前序、中序和后序遍历。
7. 顺序查找与二分法查找算法；基本排序算法（交换类排序，选择类排序，插入类排序）。

二、程序设计基础

1. 程序设计方法与风格。
2. 结构化程序设计。
3. 面向对象的程序设计方法，对象，方法，属性及继承与多态性。

三、软件工程基础

1. 软件工程基本概念，软件生命周期概念，软件工具与软件开发环境。
2. 结构化分析方法，数据流图，数据字典，软件需求规格说明书。
3. 结构化设计方法，总体设计与详细设计。
4. 软件测试的方法，白盒测试与黑盒测试，测试用例设计，软件测试的实施，单元测试、集成测试和系统测试。
5. 程序的调试，静态调试与动态调试。

四、数据库设计基础

1. 数据库的基本概念:数据库,数据库管理系统,数据库系统。

2. 数据模型,实体联系模型及 E - R 图,从 E - R 图导出关系数据模型。

3. 关系代数运算,包括集合运算及选择、投影、连接运算,数据库规范化理论。

4. 数据库设计方法和步骤:需求分析、概念设计、逻辑设计和物理设计的相关策略。

考 试 方 式

1. 公共基础知识的考试方式为笔试,与 C 语言程序设计的笔试部分合为一张试卷。公共基础知识部分占全卷的 30 分。

2. 公共基础知识有 10 道选择题和 5 道填空题。

C 语言程序设计

基 本 要 求

1. 熟悉 Visual C + +6.0 集成开发环境。

2. 掌握结构化程序设计的方法,具有良好的程序设计风格。

3. 掌握程序设计中简单的数据结构和算法并能阅读简单的程序。

4. 在 Visual C + +6.0 集成环境下,能够编写简单的 C 程序,并具有基本的纠错和调试程序的能力。

考 试 内 容

一、C 语言的结构

1. 程序的构成,main 函数和其他函数。

2. 头文件,数据说明,函数的开始和结束标志。

3. 源程序的书写格式。

4. C 语言的风格。

二、数据类型及其运算

1. C 的数据类型(基本类型、构造类型、指针类型、空类型)及其定义方法。

2. C 运算符的种类、运算优先级和结合性。

3. 不同类型数据间的转换与运算。

4. C 表达式类型(赋值表达式,算术表达式,关系表达式,逻辑表达式,条件表达式,逗号表达式)和求值规则。

三、基本语句

1. 表达式语句,空语句,复合语句。

2. 输入与输出函数的调用,正确输入数据并正确设计输出格式。

四、选择结构程序设计

1. 用 if 语句实现选择结构。

2. 用 switch 语句实现多分支选择结构。

3. 选择结构的嵌套。

五、循环结构程序设计

1. for 循环结构。

2. while 和 do – while 循环结构。

3. continue 语句和 break 语句。

4. 循环的嵌套。

六、数组的定义和引用

1. 一维数组和二维数组的定义、初始化和数组元素的引用。

2. 字符串与字符数组。

七、函数

1. 库函数的正确调用。

2. 函数的定义方法。

3. 函数的类型和返回值。

4. 形式参数与实在参数,参数值的传递。

5. 函数的正确调用,嵌套调用,递归调用。

6. 局部变量和全局变量。

7. 变量的存储类别(自动,静态,寄存器,外部),变量的作用域和生存期。

八、编译预处理

1. 宏定义和调用(不带参数的宏,带参数的宏)。

2. "文件包含"处理。

九、指针

1. 地址与指针变量的概念,地址运算符与间址运算符。

2. 一维、二维数组和字符串的定义以及指向变量、数组、字符串、函数、结构体的指针变量的定义。通过指针引用以上各类型数据。

3. 用指针作函数参数。

4. 返回地址值的函数。

5. 指针数组,指向指针的指针。

十、结构体(即"结构")与共用体(即"联合")

1. 用 typedef 说明一个新类型。

2. 结构体和共用体类型数据的定义和成员的引用。

3. 通过结构体构成链表,单向链表的建立,结构点的输出、删除与插入。

十一、位运算

1. 位运算符的含义及使用。

2. 简单的位运算。

十二、文件操作

只要求缓冲文件系统(即高级磁盘 I/O 系统),对非标准缓冲文件系统(即低级磁盘 I/O 系统)不要求。

1. 文件类型指针(FILE 类型指针)。

2. 文件的打开与关闭(FOPEN,FCLOSE)。

3. 文件的读写(FPUTC,FGETC,FPUTS,FGETS,FREAD,FWRITE,FPRINTF,FSCANF 函

数），文件的定位（REWIND，FSEEK 函数）。

考 试 方 式

1. 笔试：90 分钟，满分 100 分，其中含公共基础知识部分的 30 分。

2. 上机：90 分钟，满分 100 分。

上机操作包括：

（1）填空。

（2）改错。

（3）编程。

附录三　C 语言的运算符和结合性

优先级	运算符	含义	要求运算对象的个数	结合方向
1	( )	圆括号		自左至右
	【】	下标运算符		
	- >	指向结构体成员运算符		
	.	结构体成员运算符		
2	!	逻辑非运算符	（单目运算符）	自右至左
	~	按位取反运算符		
	+ +	自增运算符		
	- -	自减运算符		
	-	负号运算符		
	（类型）	类型转换运算符		
	*	指针运算符		
	&	取地址运算符		
	sizeof	长度运算符		
3	*	乘法运算符	2（双目运算符）	自左至右
	/	除法运算符		
	%	求余运算符		
4	+	加法运算符	2（双目运算符）	自左至右
	-	减法运算符		
5	< <	左移运算符	2（双目运算符）	自左至右
	> >	右移运算符		
6	< < = > > =	关系运算符	2（双目运算符）	自左至右
7	= =	等于运算符	2（双目运算符）	自左至右
	! =	不等于运算符		
8	&	按位与运算符	2（双目运算符）	自左至右
9	∧	按位异或运算符	2（双目运算符）	自左至右
10	│	按位或运算符	2（双目运算符）	自左至右
11	&&	逻辑与运算符	2（双目运算符）	自左至右
12	‖	逻辑或运算符	2（双目运算符）	自左至右
13	? :	条件运算符	3（三目运算符）	自右至左
14	= + = - = * = / = % = > > = < < = & = ∧ = │ =	赋值运算符	2（双目运算符）	自右至左
15	,	逗号运算符（顺序求值运算符）		自左至右

说明：

（1）同一优先级的运算符，运算次序由结合方向决定。例如 ∗ 与/具有相同的优先级别，其结合方向为自左至右，因此 3∗5/4 的运算次序是先乘后除。－ 和 ＋＋ 为同一优先级别，结合方向为自右向左，因此 −i＋＋ 相当于 −(i＋＋)。

（2）不同的运算符要求有不同的运算对象个数，如 ＋（加）和 －（减）为双目运算符，要求在运算符两侧各有一个运算对象（如 3＋5、8－3 等）。而 ＋＋ 和 －（负号）运算符是单目运算符，只能在运算符的一侧出现一个运算对象（如 −a、i＋＋、－−i、(float)i、sizeof（int）、∗p 等）。条件运算符是 C 语言中唯一的一个三目运算符，如 x? a:b。

（3）从上表中可以大致归纳出各类运算符的优先级：

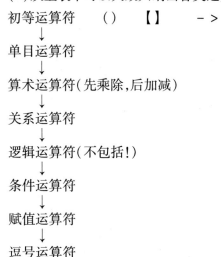

初等运算符　　（ ）　　【 】　　 －＞
　　　↓
单目运算符
　　　↓
算术运算符（先乘除，后加减）
　　　↓
关系运算符
　　　↓
逻辑运算符（不包括!）
　　　↓
条件运算符
　　　↓
赋值运算符
　　　↓
逗号运算符

以上的优先级别由上到下递减。初等运算符优先级最高，逗号运算符优先级最低。位运算符的优先级比较分散，有的在算术运算符之前（如：~），有的在关系运算符之前（如：＜＜和＞＞），有的在关系运算符之后（如:&、∧）。为了容易记忆，使用位运算符时可加圆括号。

附录四　C 语言常用语法

为读者查阅方便,下面列出 C 语言语法中常用的一些部分的提要。为便于理解,没有采用严格的语法定义形式,只是备忘性质,供参考。

一、标识符

标识符可由字母、数字和下划线组成。标识符必须以字母和下划线开头。大、小写的字母分别认为是两种不同的字符。不同的系统对标识符的字符数有不同的规定,一般允许 7 个字符。

二、常量

在 C 语言中,可以使用的常量有:

1. 整型常量

* 十进制常数

* 八进制常数(以 0 开头的数字序列)

* 十六进制常数(以 0x 开头的数字序列)

* 长整型常数(在数字后加字符 L 和 l)

2. 字符常量

用单撇号括起来的一个字符,可以使用转移字符。

3. 实型常量(浮点型常量)

* 小数形式

* 指数形式

4. 字符串常量

用双撇号括起来的字符序列。

三、表达式

1. 算术表达式

* 整型表达式:参加运算的运算量是整型量,结果也是整型数。

* 实型表达式:参加运算的运算量是实型量,运算过程中先转换成 double 型,结果为 double 型。

2. 逻辑表达式

用逻辑运算符连接的整型量,结果为一个整数(0 或 1)。逻辑表达式可以认为是整型表达式的一种特殊形式。

3. 字位表达式

用位运算符连接的整型量,结果为整数。字位表达式也可以认为是整型表达式的一种特殊形式。

4. 强制类型转换表达式

用"(类型)"运算符使表达式的类型进行强制转换,如(int)a。

5. 逗号表达式(顺序表达式)

其形式为

表达式 1,表达式 2,…,表达式 n

顺序求出表达式 1,表达式 2,…,表达式 n 的值,结果为表达式 n 的值。

6. 赋值表达式

将赋值号"="右侧表达式的值赋给赋值号左边的变量。赋值表达式为执行赋值后被赋值的变量的值。

7. 条件表达式

其形式为

逻辑表达式? 表达式 1:表达式 2

逻辑表达式的值若为非零,则条件表达式的值等于表达式 1 的值;若逻辑表达式的值为零,则条件表达式的值等于表达式 2 的值;

8. 指针表达式

对指针类型的数据进行运算,例如,$p-2$、$p1-p2$ 等(其中 p、$p1$、$p2$ 均已定义为指向数组的指针变量,$p1$ 与 $p2$ 指向同一数组中的元素),结果为指针类型。

以上各种表达式可以包含有关的运算符,也可以是不包含任何运算符的初等量(例如,常数是算术表达式的最简单的形式)。

四、数据定义

对程序中用到的所有变量都需要进行定义。对数据要定义其数据类型,需要时要指定其存储类别。

1. 类型标识符可用

int

short

long

unsigned

char

float

double

struct 结构体名

union 共用体名

enum 枚举类型名

用 typedef 定义的类型名

结构体与共用体的定义形式为:

struct 结构体名

{ 成员表列 };

union 共用体名

{ 成员表列 };

用 typedef 定义新类型名的形式为:

typedef 已有类型 新定义类型

例如:

typedef int FUN;

2. 存储类别可用

static

register

extern

（如不指定存储类型，作 auto 处理）

变量的定义形式为：

存储类别　数据类型　变量表列

例如：

static float x，y，z；

注意外部数据定义只能用 extern 或 static，而不能使用 auto 或 register。

五、函数定义

其形式为：

存储类别　数据类型　函数名（形参列表）

**　函数体**

函数的存储类别只能用 extern 或 static。函数体是用花括号括起来的，可包括数据定义和语句。函数的定义举例如下：

```
static int min( int a，int b)
{
    int t；
    t = a < b? a：b；
        return( t )；
}
```

六、变量的初始化

可以在定义时对变量或数组指定初始值。

静态变量或外部变量如未初始化，系统自动使其值为零（对数值型变量）或空（对字符型数据）。对自动变量或寄存器变量，若未初始化，则其初值为一不可预测的数据。

七、语句

1. 表达式语句

2. 函数调用语句

3. 控制语句

4. 复合语句

5. 空语句

其中控制语句包括：

1. if(表达式)语句

　　　或

if(表达式)语句 1

else 语句 2

2. while（表达式)语句

3. do 语句

while（表达式）；

4. for(表达式 1；表达式 2；表达式 3)

　　语句

5. switch（表达式）

{

　　case　常量表达式 1：语句 1；

　　case　常量表达式 2：语句 2；

　　　　　…

　　case　常量表达式 n：语句 n；

　　default；语句 $n+1$；

}

　　前缀 case 和 default 本身并不改变控制流程，它们只起标号作用，在执行上一个 case 所标志的语句后，继续顺序执行下一个 case 前缀所标志的语句，除非上一个语句中用 break 语句使控制转出 switch 结构。

6. break 语句

7. continue 语句

8. return 语句

9. goto 语句

八、预处理指令

define 宏名 字符串

define 宏名(参数 1，参数 2，…，参数 n)字符串

undef 宏名

include "文件名"（或 < 文件名 >）

if 常量表达式

ifdef 宏名

ifndef 宏名

endif

附录五　C 库 函 数

　　库函数并不是 C 语言的一部分,它是由人们根据需要编制并提供用户使用的。每一种 C 编译系统都提供了一批库函数,不同的编译系统所提供的库函数的数目和函数名以及函数功能是不完全相同的。ANSI C 标准提出了一批建议提供的标准库函数,它包括了目前多数 C 编译系统所提供的库函数,但也有一些是某些 C 编译系统未曾实现的。考虑到通用性,本书列出 ANSI C 标准建议提供的、常用的部分库函数。对多数 C 编译系统,可以使用这些函数的绝大部分。由于 C 库函数的种类和数目很多(例如,还有屏幕和图形函数、时间日期函数、与系统有关的函数等,每一类函数又包括各种功能的函数),限于篇幅,本附录不能全部介绍,只从教学需要的角度列出最基本的。读者在编制 C 程序时可能要用到更多的函数,请查阅所用系统的手册。

一、数学函数

　　使用数学函数时,应该在该源文件中使用以下命令行:

　　#include <math. h>　　或　#include "math. h"

函数名	函数原型	功能	返回值	说明
abs	int abs(int x);	求整数 x 的绝对值	计算结果	
acos	double acos(double x);	计算 $\cos^{-1}(x)$ 的值	计算结果	x 在 −1 到 1 范围内
asin	double asin(double x);	计算 $\sin^{-1}(x)$ 的值	计算结果	x 在 −1 到 1 范围内
atan	double atan(double x);	计算 $\tan^{-1}(x)$ 的值	计算结果	
atan2	double atan2(double x,double y);	计算 $\tan^{-1}/(x/y)$ 的值	计算结果	
cos	double cos(double x);	计算 $\cos(x)$ 的值	计算结果	x 的单位为弧度
cosh	double cosh(double x);	计算 x 的双曲余弦 $\cosh(x)$ 的值	计算结果	
exp	double exp(double x);	求 e^x 的值	计算结果	
fabs	double fabs(double x);	求 x 的绝对值	计算结果	
floor	double floor(double x);	求出不大于 x 的最大整数	该整数的双精度实数	
fmod	double fmod(double x,double y);	求整除 x/y 的余数	返回余数的双精度数	
frexp	double frexp (double val, int * eptr);	把双精度数 val 分解为数字部分(尾数)x 和以 2 为低的指数 n,即 val = x * 2ⁿ,n 存放在 eptr 指向的变量中	返回数字部分 x $0.5 \leqslant x < 1$	
log	double log(double x);	求 $\log_e x$,即 ln x	计算结果	
log10	double log10(double x);	求 $\log_{10} x$	计算结果	
modf	double modf(double val, double * iptr);	把双精度数 val 分解为整数部分和小数部分,把整数部分存放到 iptr 指向的单元	val 的小数部分	
pow	double pow (double x, double y);	计算 x^y 的值	计算结果	

续表

函数名	函数原型	功能	返回值	说明
rand	int rand(void);	产生 -90 到 32767 间的随机整数	随机整数	
sin	double sin(double x);	计算 sin(x) 的值	计算结果	x 的单位为弧度
sinh	double sinh(double x);	计算 x 的双曲正弦 sinh(x) 的值	计算结果	
sqrt	double sqrt(double x);	计算 $\sqrt{X}$	计算结果	x 应≥0
tan	double tan(double x);	计算 tan(x) 的值	计算结果	x 的单位为弧度
tanh	double tanh(double x);	计算 x 的双曲正切 tanh(x) 的值	计算结果	

二、字符函数和字符串函数

ANSI C 标准要求在使用字符串函数时要包含头文件"string. h",在使用字符函数时要包含头文件"ctype。h". 有的 C 编译不遵循 ANSI C 标准的规定,而用其他名称的头文件。请使用时查有关手册。

函数名	函数原型	功能	返回值	包含文件
isalnum	int isalnum(int ch);	检查 ch 是否是字母(alpha)或数字(numeric)	是字母或者数字返回 1;否则返回 0	ctype. h
isalpha	int isalpha(int ch);	检查 ch 是否是字母	是,返回 1;不是,则返回 0	ctype. h
iscntrl	int iscntrl (int ch);	检查 ch 是否是控制字符(ASCⅡ码在 0 和 0x1F 之间)	是,返回 1;不是,则返回 0	ctype. h
isdigit	int isdigit (int ch);	检查 ch 是否是数字(0~9)	是,返回 1;不是,则返回 0	ctype. h
isgraph	int isgraph (int ch);	检查 ch 是否可打印字符(ASCⅡ码在 0x21 和 0x7E 之间),不包括空格	是,返回 1;不是,则返回 0	ctype. h
islower	int islower (int ch);	检查 ch 是否是小写字母(a~z)	是,返回 1;不是,则返回 0	ctype. h
isprint	int isprint (int ch);	检查 ch 是否可打印字符(包括空格),ASCⅡ码在 0x20 和 0x7E 之间	是,返回 1;不是,则返回 0	ctype. h
ispunct	int ispunct (int ch);	检查 ch 是否是标点字符(不包括空格,即除字母、数字和空格以外的所有可打印字符)	是,返回 1;不是,则返回 0	ctype. h
isspace	int isspace (int ch);	检查 ch 是否是空格、跳格符(制表符)或换行符	是,返回 1;不是,则返回 0	ctype. h
isupper	int isupper (int ch);	检查 ch 是否是大写字母(A~Z)	是,返回 1;不是,则返回 0	ctype. h
isxdigit	int isxdigit (int ch);	检查 ch 是否是一个十六进制数字字符(即 0~9,或 A 到 F,或 a~f)	是,返回 1;不是,则返回 0	ctype. h

函数名	函数原型	功能	返回值	包含文件
strcat	char * strcat(char * str1,char * str2);	把字符串 str2 接到 str1 后面,str1 最后面的'\0'被取消	str1	string. h
strchr	char * strcht (char * str,int ch);	找出 str 指向的字符串中第一次出现字符 ch 的位置	返回指向该位置的指针,如找不到,则返回空指针	string. h
strcmp	int strcat(char * str1,char * str2);	比较两个字符串 str1、str2	str1 < str2,返回负数; str1 = str2,返回 0; str1 > str2,返回整数	string. h
strcpy	char * strcpy(char * str1,char * str2);	把 str2 指向的字符串复制到 str1 中去	返回 str1	string. h
strlen	unsigned int strlen (char * str);	统计字符串 str 中字符的个数(不包括终止符'\0')	返回字符个数	string. h
strstr	char * strstr (char * str1,char * str2);	找出 str2 字符串在 str1 字符串中第一次出现的位置(不包括 str2 的串结束符)	返回该位置的指针,如找不到,返回空指针	string. h
tolower	int tolower(int ch);	将 ch 字符转换为小写字母	返回 ch 所代表的字符的小写字母	ctype. h
toupper	int toupper (int ch);	将 ch 字符转换为大写字母	与 ch 相应的大写字母	ctype. h

三、输入输出函数

凡用以下的输入输出函数,应该使用#include < stdio. h > 把 stdio. h 头文件包含到源程序文件中。

函数名	函数原型	功能	返回值	说明
clearer	void clearer (FILE * fp);	使 fp 所指文件的错误,标志和文件的结束标志置 0	无	
close	int close(int fp);	关闭文件	关闭成功返回 0;不成功,返回 -1	非 ANSI 标准函数
creat	int creat (char * filename,int mode);	以 mode 所指定的方式建立文件	成功则返回正数;否则返回 -1	非 ANSI 标准函数
eof	int eof(int fd);	检查文件是否结束	遇文件结束,返回 1;否则返回 0	非 ANSI 标准函数
fclose	int fclose (FILE * fp);	关闭 fp 所指的文件,释放文件缓冲区	有错则返回非 0;否则返回 0	
feof	int feof(FILE * fp);	检查文件是否结束	遇文件结束符返回非零值;否则返回 0	
fgetc	int fgetc (FILE * fp);	从 fp 所指定的文件中取得下一个字符	返回所得到的字符,若读入出错,返回 EOF	
fgets	char * fgets (char * buf, int n, FILE * fp);	从 fp 指向的文件读取一个长度为(n-1)的字符串,存入起始地址为 buf 的空间	返回地址 buf,若遇文件结束或出错,返回 NULL	

函数名	函数原型	功能	返回值	包含文件
fopen	FILE * fopen (char * filename, char * mode);	以 mode 指定的方式打开名为 filename 的文件	成功,返回一个文件指针(文件信息区的起始地址);否则返回 0	
fprintf	int printf (FILE * fp, char * format, args,…);	把 args 的值以 foamat 指定的格式输出到 fp 所指定的文件中	实际输出的字符数	
fputc	int fputc (char ch, FILE * fp);	将字符 ch 输出到 fp 指向的文件中	成功,则返回该字符;否则返回非 0	
fputs	int fputs(char * str, FILE * fp);	将 str 指向的字符串输出到 fp 所指定的文件	成功返回 0;若出错返回非 0	
fread	int fread (char * pt, unsigned size,unsigned n, FILE * fp);	从 fp 所指定的文件中读取长度为 size 的 n 个数据项,存到 pt 所指向的内存区	返回所读的数据项个数,如遇文件结束或出错返回 0	
fscanf	int fscanf (FILE * fp, char format, args,…);	从 fp 所指定的文件中按 format 给定的格式将输入数据送到 args 所指向的内存单元(args 是指针)	已输入的数据个数	
fseek	int fseek(FILE * fp, long offset,int base);	将 fp 所指向的文件的位置指针移到以 base 所给出的位置为基准、以 offset 为位移量的位置	返回当前位置;否则,返回 −1	
ftell	long ftell (FILE * fp);	返回 fp 所指向的文件中的读写位置	返回 fp 所指向的文件中的读写位置	
fwrite	int fwrite(char * ptr, unsigned size,unsigned n, FILE * fp);	把 ptr 所指向的 n * size 个字节输出到 fp 所指向的文件中	写到 fp 文件中的数据项的个数	
getc	int getc (FILE * fp);	从 fp 所指向的文件中读入一个字符	返回所读的字符,若文件结束或出错,返回 EOF	
getchar	int getchar(void);	从标准输入设备读取下一个字符	所读字符。若文件结束或出错,则返回 −1	
getw	int getw (FILE * fp);	从 fp 所指向的文件读取下一个字(整数)	输入的整数。如文件结束或出错,返回 −1	非 ANSI 标准函数
open	int open (char filename,int mode);	以 mode 指出的方式打开已存在的名为 filename 的文件	返回文件号(整数);如打开文件失败,返回 −1	非 ANSI 标准函数
printf	int printf(char * format,args,…);	按 format 指向的格式字符串所规定的格式,将输出表列 args 的值输出到标准输出设备	输出字符的个数,若出错,返回负数	format 可以是一个字符串,或字符数组的起始地址
putc	int putc(int ch, FILE * fp);	把一个字符串 ch 输出到 fp 所指的文件中	输出的字符 ch,若出错,返回 EOF	

函数名	函数原型	功能	返回值	包含文件
put-char	int putchar(char ch);	把字符 ch 输出到标准输出设备	输出的字符 ch,若出错,返回 EOF	
puts	int puts (char * char);	把 str 指向的字符串输出到标准输出设备,将'\0'转换为回车换行	返回换行符,若失败,返回 EOF	
putw	int putw(int w, FILE * fp);	讲一个整数 w(即一个字)写到 fp 指向的文件中	返回输出的整数,若出错,返回 EOF	非 ANSI 标准函数
read	int read (int fd, char * buf, unsigned count);	从文件号 fd 所指示的文件中读 count 个字节到由 buf 指示的缓冲区	返回真正读入的字节个数如遇文件结束返回 0,出错返回 -1	非 ANSI 标准函数
rename	int rename (char * oldname, char * newname);	把由 oldname 所指的文件名,改为由 newname 所指的文件名	成功返回 0;出错返回 -1	
rewind	void rewind (FILE * fp);	将 fp 指示的文件中的位置指针置于文件开头位置,并清除文件结束标志和错误标志	无	
scanf	int scanf(char * format,args,…);	从标准输入设备按 format 指向的格式字符串所规定的格式,输入数据给 args 所指向的单元	读入并赋给 args 的数据个数,遇文件结束返回 EOF,出错返回 0	args 为指针
write	int write(int fd,char * buf,unsigned count);	从 buf 指示的换成区输出 count 个字符到 fd 所标志的文件中	返回实际输出的字节数,如出错返回 -1	非 ANSI 标准函数

四、动态存储分配函数

ANSI 标准建议设 4 个有关的动态存储分配的函数,即 calloc( )、malloc( )、free( )、realloc( )。实际上,许多 C 编译系统实现时,往往增加了一些其他函数。ANSI 标准建议在"stdlib. h"头文件中包含有关的信息,但许多 C 编译系统要求用"malloc. h"而不是"stdlib. h"。读者在使用时应查阅有关手册。

ANSI 标准要求动态分配系统返回 void 指针。void 指针具有一般性,它们可以指向任何类型的数据。但目前有的 C 编译所提供的这类函数返回 char 指针。无论以上两种情况的哪一种,都需要用强制类型转换的方法把 void 或 char 指针转换成所需要的类型。

函数名	函数原型	功能	返回值
calloc	void * calloc(unsigned n,unsign size);	分配 n 个数据项的内存连续空间,每个数据项的大小为 size	分配内存单元的起始地址,如不成功,返回 0
free	void free(void * p);	释放 p 所指的内存区	无
malloc	void * malloc(unsigned size);	分配 size 字节的存储区	所分配的内存区起始地址,如内存不够,返回 0
realloc	void * realloc (void * p, unsigned size);	将 p 所指出的已分配内存区的大小改为 size,size 可以比原来分配的空间大或小	返回指向该内存区的指针

附录六　C库文件

C系统提供了丰富的系统文件,称为库文件。C的库文件分为两类:

一类是头文件,即扩展名为".h"的文件。在".h"文件中包含了常量定义、类型定义、宏定义、函数原型以及各种编译选择设置等信息。

另一类是函数库,包括了各种函数的目标代码,供用户在程序中调用。

通常在程序中调用一个库函数时,要在调用之前包含该函数原型所在的".h"文件。

下面给出Turbo C的全部".h"文件。

ALLOC. H	说明内存管理函数(分配、释放等)。
ASSERT. H	定义assert调试宏。
BIOS. H	说明调用IBM—PC ROM BIOS子程序的各个函数。
CONIO. H	说明调用DOS控制台I/O子程序的各个函数。
CTYPE. H	包含有关字符分类及转换的名类信息(如isalpha和toascii等)。
DIR. H	包含有关目录和路径的结构、宏定义和函数。
DOS. H	定义和说明MSDOS和8086调用的一些常量和函数。
ERRON. H	定义错误代码的助记符。
FCNTL. H	定义在与open库子程序连接时的符号常量。
FLOAT. H	包含有关浮点运算的一些参数和函数。
GRAPHICS. H	说明有关图形功能的各个函数,图形错误代码的常量定义,正对不同驱动程序的各种颜色值,及函数用到的一些特殊结构。
IO. H	包含低级I/O子程序的结构和说明。
LIMIT. H	包含各环境参数、编译时间限制、数的范围等信息。
MATH. H	说明数学运算函数,还定了HUGE VAL宏,说明了matherr和matherr子程序用到的特殊结构。
MEM. H	说明一些内存操作函数(其中大多数也在STRING. H中说明)。
PROCESS. H	说明进程管理的各个函数,spawn···和EXEC ···函数的结构说明。
SETJMP. H	定义longjmp和setjmp函数用到的jmp buf类型,说明这两个函数。
SHARE. H	定义文件共享函数的参数。
SIGNAL. H	定义SIG[ZZ(Z)[ZZ)]IGN和SIG[ZZ(Z)[ZZ)]DFL常量,说明rajse和signal两个函数。
STDARG. H	定义读函数参数表的宏。(如vprintf,vscarf函数)。
STDDEF. H	定义一些公共数据类型和宏。
STDIO. H	定义Kernighan和Ritchie在Unix System V中定义的标准和扩展的类型和宏。还定义标准I/O预定义流:stdin,stdout和stderr,说明I/O流子程序。
STDLIB. H	说明一些常用的子程序:转换子程序、搜索/ 排序子程序等。
STRING. H	说明一些串操作和内存操作函数。
SYS\STAT. H	定义在打开和创建文件时用到的一些符号常量。

SYS\TYPES. H　说明 ftime 函数和 timeb 结构。

SYS\TIME. H　定义时间的类型 time[ZZ(Z][ZZ)]t。

TIME. H　定义时间转换子程序 asctime、localtime 和 gmtime 的结构，ctime、difftime、gmtime、localtime 和 stime 用到的类型，并提供这些函数的原型。

VALUE. H　定义一些重要常量，包括依赖于机器硬件的和为与 Unix System V 相兼容而说明的一些常量，包括浮点和双精度值的范围。

参 考 文 献

［1］谭浩强. C 程序设计［M］. 2 版. 北京：清华大学出版社，1999.

［2］谭浩强. C 程序设计［M］. 3 版. 北京：清华大学出版社，2005.

［3］谭浩强. C 程序设计［M］. 4 版. 北京：清华大学出版社，2010.

［4］谭浩强，张基温，唐永炎. C 语言程序设计教程［M］. 北京：高等教育出版社，1992.

［5］谭浩强. C 程序设计题解与上机指导［M］. 2 版. 北京：清华大学出版社，1999.

［6］赵凤芝. C 语言程序设计能力教程［M］. 2 版. 北京：中国铁道出版社，2006.

［7］李春葆. C 语言与习题解答［M］. 北京：清华大学出版社，1999.

［8］苏小红. C 语言大学实用教程［M］. 北京：电子工业出版社，2004.

［9］康英健. C 语言程序设计实训教程［M］. 北京：海洋出版社，2004.

［10］全国计算机等级考试命题研究中心. 全国计算机等级考试笔试·上课一本通——二级 C 语言［M］. 北京：人民邮电出版社，2004.

［11］胡燏. 计算机中十进制转换为二进制的另一方法——"定位减权法"［J］. 硅谷，2008：24，109.

［12］胡燏，刘忠. 进位计数制相互转换的方法［J］. 中国西部科技，2006，28.